非氧化物陶瓷高温反应动力学及应用

侯新梅　著

北　京

冶金工业出版社

2021

内 容 提 要

本书主要围绕非氧化物陶瓷的高温反应行为展开，重点从实验/理论模型和软件模拟等角度介绍了非氧化物陶瓷在高温氧化和高温含水腐蚀条件下的反应行为及反应动力学。

本书可供从事非氧化物陶瓷等高温结构材料研究的企业技术人员、教师、研究生和本科生阅读。

图书在版编目（CIP）数据

非氧化物陶瓷高温反应动力学及应用/侯新梅著.
—北京：冶金工业出版社，2020.3（2021.4 重印）
ISBN 978-7-5024-8397-5

Ⅰ.①非… Ⅱ.①侯… Ⅲ.①高温陶瓷—化学
动力学—研究 Ⅳ.①TQ174.75

中国版本图书馆 CIP 数据核字（2020）第 025236 号

出 版 人 苏长永
地 址 北京市东城区嵩祝院北巷 39 号 邮编 100009 电话 (010)64027926
网 址 www.cnmip.com.cn 电子信箱 yjcbs@cnmip.com.cn
责任编辑 杨盈园 美术编辑 郑小利 版式设计 禹 蕊
责任校对 石 静 责任印制 李玉山
ISBN 978-7-5024-8397-5
冶金工业出版社出版发行；各地新华书店经销；北京中恒海德彩色印刷有限公司印刷
2020 年 3 月第 1 版，2021 年 4 月第 2 次印刷
169mm×239mm；16 印张；313 千字；246 页
78.00 元

冶金工业出版社 投稿电话 (010)64027932 投稿信箱 tougao@cnmip.com.cn
冶金工业出版社营销中心 电话 (010)64044283 传真 (010)64027893
冶金工业出版社天猫旗舰店 yjgycbs.tmall.com
（本书如有印装质量问题，本社营销中心负责退换）

前　言

随着科技的发展，信息、材料和能源逐渐成为当代文明的三大支柱。其中，材料作为人类赖以生存和发展的物质基础，更是被誉为科学技术发展和进步的核心和先导，是反映一个国家科技发展水平的重要标志。结构陶瓷作为材料体系的一个重要分支，扮演着越来越重要的角色。作为结构陶瓷的重要组成之一的非氧化物陶瓷自然也在众多领域中发挥着不可替代的作用，在冶金、化工、机械、航空航天等领域扮演着重要的角色，但上述领域的高温气固反应很大程度上限制了非氧化物陶瓷功效的发挥，因而深入研究非氧化物陶瓷的高温反应动力学，进而预测材料服役寿命和提升材料性能就显得尤为关键。

1999年，在郑州大学读大三时作者首次接触到了"非氧化物陶瓷"这个词汇。尽管对此领域不是很了解，但通过大学学习也产生了一定兴趣。尔后师从郑州大学的钟香崇院士和北京科技大学的周国治院士围绕非氧化物陶瓷的高温反应及动力学完成了硕士研究生和博士研究生学习。在两位老先生的指导下，作者对非氧化物陶瓷及其高温反应动力学有了深入的了解，并将其作为工作后始终坚持的研究方向。在与非氧化物陶瓷邂逅满20年之际，在综合国内外有关文献和著作以及在课题组开展的科研工作的基础上，以此书对非氧化物陶瓷高温气固反应动力学研究进展进行系统的描述和总结，以期对相关领域从业者有所启发。全书共分6章：第1章简单地介绍了非氧化物陶瓷的组成、性质及合成；第2章介绍非氧化物陶瓷的高温氧化行为和表征手段；第3章介绍了非氧化物陶瓷在高温含水条件下的腐蚀行为；第4章系统介绍了动力学模型在描述非氧化物陶瓷高温反应行为方面的应用；第 5 章详细介绍了计算软件在模拟非氧化物陶瓷高温反应行为方面的应用；第 6 章给出了已有研究工作的应用拓展及未来研究工作的展望。书中内容，特别是关于非氧化物陶瓷高温氧化和含水腐蚀反应以及动力学模型部分，是作者课题组多年来研究工作的成果。

本书可供从事非氧化物陶瓷研究的企业技术人员、教师、研究生和本科生参考。

本书的出版得到国家自然科学基金优秀青年基金项目（冶金耐火与保温材料 51522402）、国家自然科学基金面上项目（大尺寸碳硅化铝（Al_4SiC_4）可控制备及对钢包精炼过程的影响机制 51974021）和青年项目（高温含水条件下氮化硼（BN）基非氧化物材料失效的基础研究 51104012、应力作用下冶金用氮化硅（Si_3N_4）基复合材料高温界面反应的基础研究 51904021）、中央高校基本科研业务费项目（功能化耐火材料的设计及可控制备 FRF-TP-15-006C1）的大力支持，在此一并表示感谢。

课题组人员对本书的完成做出了很大的贡献，其中王恩会博士研究生参与了第 1~6 章的内容撰写和校对，郭春雨博士研究生、孙倩博士研究生、武伟硕士研究生、陈慧颖硕士研究生、康俊一硕士研究生、徐林超硕士研究生参与了第 2 章和第 3 章的撰写，方志博士研究生和蔡建鹏硕士研究生参与了第 5 章的撰写，对上述参与者表示衷心的感谢。本书引用了许多参考文献，在此也衷心感谢所引用文献的作者。

由于编者水平有限，存在的缺点和不足请广大读者批评指正。

作　者
2019 年 9 月

目　　录

1　非氧化物陶瓷的组成和性质

1.1　非氧化物陶瓷概述

随着科技的发展，信息、材料和能源逐渐成为当代文明的三大支柱。其中，材料作为人类赖以生存和发展的物质基础，更是被誉为科学技术发展和进步的核心和先导，是反映一个国家科技发展水平的重要标志。结构陶瓷作为材料体系的一个重要分支，扮演着越来越重要的角色；作为结构陶瓷的重要组成之一的非氧化物陶瓷自然也在众多领域中发挥着不可替代的作用。

非氧化物陶瓷是由在门捷列夫元素周期表中Ⅲ~Ⅴ族轻量元素（B，C，N，Al，Si）构成的难熔化合物的基础之上形成的。非氧化物陶瓷的化学组成不含氧，原子间主要是以共价键结合在一起，因而赋予了其较高的硬度、模量、抗蠕变、抗氧化、耐腐蚀等基本性能，同时非氧化物陶瓷还有许多特殊电学、光学、生物化学性能，如导电性、导热性、铁电性、压电性等。正因为如此，非氧化物陶瓷已经渗透到各个尖端科技领域，极大地推动了现代高新科技的进步，对经济和国防建设做出了不可磨灭的贡献。

1.2　非氧化物陶瓷的分类、特点及用途

自然界很少存在非氧化物陶瓷，需要人工合成原料，然后再按照陶瓷工艺做成陶瓷制品。非氧化物主要由键性很强的共价键组成，因而非氧化物陶瓷一般比氧化物陶瓷难熔和难烧结。非氧化物陶瓷主要包括碳化物陶瓷、氮化物陶瓷、硼化物陶瓷和硅化物陶瓷。

1.2.1　碳化物陶瓷

碳化物陶瓷的共同特点是熔点高，碳化物的软化点多在3000℃以上。尽管碳化物在非常高的温度下均会发生氧化，但许多碳化物的抗氧化能力都比石墨以及W、Mo等高熔点金属好，这是因为在许多情况下碳化物氧化后形成的氧化膜具有提高抗氧化性能的作用。表1-1为几种常见碳化物的主要性能。

表 1-1　几种常见碳化物主要性能

碳化物	晶系	熔点/℃	密度 /g·cm^{-3}	电阻率 /Ω·cm	热导率 /W(m·K)$^{-1}$	显微硬度 /GPa
SiC(α)	六方		3.2	$10^{-5} \sim 10^{13}$	84	33.4

续表 1-1

碳化物	晶系	熔点/℃	密度 /g·cm⁻³	电阻率 /Ω·cm	热导率 /W(m·K)⁻¹	显微硬度 /GPa
SiC(β)	立方	2100 （相变）	3.21	107~200	84	33.4
B₄C	六方	2450	2.51	0.3~0.8	28.8	49.5
TiC	立方	3160	4.94	$(1.8~2.5)\times10^{-4}$	17.1	30
HfC	立方	3887	12.2	1.95×10^{-4}	22.2	29.1
ZrC	立方	3570	6.44	7×10^{-5}	20.5	29.3
WC	立方	2865	15.50	1.2×10^{-5}	约100	24.5

在高温领域，碳化硅（SiC）材料是应用最为广泛的碳化物陶瓷。SiC 是 Si-C 间键力很强的共价键化合物，具有金刚石结构，共有晶型大约 120 多种，其晶格的基本结构单位是共价键结合的［SiC₄］和［CSi₄］四面体配位。正是碳硅双原子层的排列顺序不同造成了碳化硅多种晶型之间的区别。如果碳硅双原子层的密堆积次序是 ABCABCABCABC…形式，其结构为立方闪锌矿结构；如果碳硅双原子层的密堆积次序是 ABABABAB…形式，其结构为六方纤锌矿结构，如图 1-1 所示。对于不同的碳化硅晶型，一般采用数字加字母的形式来表示：其中数字表示单位晶胞中包含的碳硅双原子层的层数；字母表示其晶格类型（C 表示立方晶系；H 表示六方晶系；R 表示菱方晶系）。

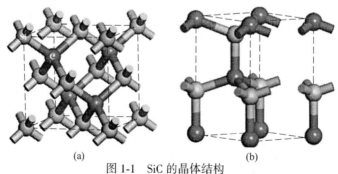

图 1-1 SiC 的晶体结构

（a）闪锌矿结构；（b）纤锌矿结构

在 SiC 的多种晶型之中，只有 3C 晶型属于立方结构，被称为 β-SiC，其余晶型统称为 α-SiC。α-SiC 是高温稳定相，β-SiC 是低温稳定相，在 2100℃，β-SiC 开始向 α-SiC 发生不可逆转的转变，在 2400℃快速转变为 α-SiC。SiC 没有熔点，在 0.1MPa 压力下的分解温度为 2830℃。

SiC 材料基于典型的闪锌矿型结构、宽的能带隙和高的热导率使其在制备高温、高频、高功率、高速度半导体器件方面具有很大优势。SiC 高温抗氧化性好，主要是由于 SiC 材料氧化后表面生成的一层 SiO_2 产物层，可以有效地阻止 O_2 向内部扩散的速度，实现惰性氧化。同时 SiC 材料的高温蠕变速率小，能耐急冷急热，高温抗腐蚀性能优异，因而 SiC 材料常用在飞机、火箭等的燃烧器部件、火箭喷嘴及轴承、滚珠、机械密封等处。除此之外，以特殊工艺把 SiC 粉体涂布于水轮机叶轮或汽缸体的内壁，可提高其耐磨性并延长使用寿命 1~2 倍；用 SiC 制成的高级耐火材料，耐热震、体积小、重量轻而强度高，节能效果好，相关制品已经广泛应用于冶金、化工等领域。

1.2.2 氮化物陶瓷

氮化物陶瓷的熔点都比较高，Si_3N_4、AlN、BN 等在高温下不出现熔融状态，而是直接升华分解。此外氮化物陶瓷一般都有非常高的硬度，即使对于硬度很低的六方 BN，当其晶体结构转变为立方结构后也具有仅次于金刚石的硬度。同时，一些共价键强的氮化物难以烧结，往往需要加入烧结助剂，甚至需要采用热压工艺。氮化物陶瓷通常密度小、热膨胀系数小，组成可在一定范围内变化，可作为高级耐火材料。在高温领域，氮化硅（Si_3N_4）和氮化铝（AlN）材料是应用最为广泛的氮化物陶瓷。

1.2.2.1 Si_3N_4 材料

Si_3N_4 主要有 α 型和 β 型两种晶型（图 1-2）。两种晶型均为六方晶系，都是单体的 $[SiN_4]$ 四面体结构在空间中共用顶点形成的三维立方结构。α 相是由两层不同且有形变的非六方环层重叠而成，在 α 型晶胞中含有 4 个分子，其结构按照 ABCD 层叠而成，其空间群为 P31c，晶胞常数为 $a \approx 0.7754nm$，$c \approx 0.5622nm$；β 相 Si_3N_4 每一个重叠层的结构是相同的，每层都是由近似完全对称的 6 个 $[SiN_4]$ 四面体构成的六边环形结构，β 型晶胞含有 2 个分子，其结构由 Si-N 层按 ABAB 层叠而成，其空间群为 P63/m，晶胞常数为 $a \approx 0.7604nm$，$c \approx 0.2908nm$。曾有报道指出 Si_3N_4 有第三种晶型，即 $\gamma\text{-}Si_3N_4$，这种 γ 型只有在高温高压的情况下才可能存在。Si_3N_4 的理论密度为（3.19 ± 0.10）g/cm^3，实际测得 $\alpha\text{-}Si_3N_4$ 密度为 $3.184g/cm^3$，$\beta\text{-}Si_3N_4$ 为 $3.187g/cm^3$。$\alpha\text{-}Si_3N_4$ 到 $\beta\text{-}Si_3N_4$ 的相变属结构重建型，在 1420℃ 左右，α 向 β 相转变。由于 $\beta\text{-}Si_3N_4$ 特有的 ABAB 堆积通孔结构，这种 β 相呈现长柱状或针状形貌。α→β 相变是单向和不可逆的，目前还未发现 β→α 相变。

Si_3N_4 材料的性能随制备工艺的不同会发生一定的变化，表 1-2 为三种不同工艺制得 Si_3N_4 材料的综合性能。

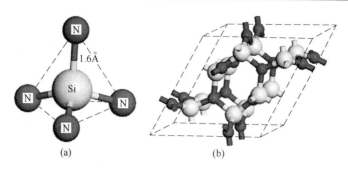

图 1-2 Si₃N₄ 四面体（a）及晶胞结构（b）

表 1-2 不同工艺获取的 Si₃N₄ 材料的综合性能

性 能 参 数	材　　料		
	热压烧结 Si₃N₄	无压烧结 Si₃N₄	反应烧结 Si₃N₄
密度/g·cm⁻³	3.07~3.37	2.8~3.4	2.0~2.8
热传导率/W·(m·K)⁻¹	29.3	15.5	2.6~20
抗弯强度/MPa	20℃，450~1200	20℃，275~1000	20℃，约 300
	1400℃，约 600	1400℃，约 800	1400℃，约 400
压缩强度/MPa	4500	4000	—
线膨胀系数/×10⁻⁶℃⁻¹	20~1000℃	20~1000℃	20~1000℃
	3~3.9	约 3.5	2.5~3.1
杨氏模量/GPa	20℃，250~320	20℃，195~315	20℃，100~220
	1400℃，175~250	—	1400℃，120~200
	175~250	—	
断裂韧性/MPa·m¹ᐟ²	2.8~12	3.0~10	约 3.6

　　由于 Si₃N₄ 材料兼有抗氧化、抗热震、高温蠕变小、结构稳定、电绝缘优良、化学性能稳定等特性，故成为一种新型的有前途的材料，在冶金、航空、化工、机械、半导体等工业部门的应用日益广泛。基于高温性质稳定剂轻质的特点，Si₃N₄ 材料主要用于超高温燃气透平、飞机引擎、透平叶片、热交换器等。利用 Si₃N₄ 重量轻和刚度大的特点，可制造滚珠轴承，它比金属轴承具有更高的精度，产生热量少，而且能在较高的温度和腐蚀性介质中操作。Si₃N₄ 在炼钢行业中的重要应用是用做水平连铸的分离环，在水平连铸中，分离环把钢液分成熔融钢液区与钢液开始凝固区，起着分离钢的液固界面的作用，对保持稳定的钢液凝固起点和铸坯质量起着极大的作用。随着高炉的大型化，Si₃N₄ 材料在其中也得到了广泛的应用，使用部位从风口、炉腹、炉腰到炉身下中部，这主要是利用其耐侵蚀、耐磨损、抗热震等优点。

1.2.2.2 AlN 材料

在室温下，AlN 晶体的稳定相为六方纤锌矿结构，属于 P63mc 空间群，对称性为 C6v-4。其结构单位为 [AlN₄] 四面体，即每个晶胞中每个 Al 原子被 4 个 N 原子包围，其晶体结构如图 1-3 所示，晶格常数为 $a=0.3110nm$，$c=0.4978nm$。

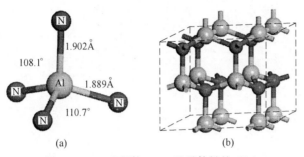

图 1-3　AlN 四面体（a）及晶体结构（b）

基于上述晶体结构，AlN 材料具有一系列优异的物理及化学特性，具体见表 1-3。首先，可以看出 AlN 材料具有高的热导率、高的电阻率和相当的热膨胀系数。从室温到 873K，AlN 热膨胀系数比商品化的 SiC 还要低，作为基片材料的 AlN，从室温到 473K 的温度范围内均具有优良性能，而且 AlN 的平均热膨胀系数与 Si 的相近。因此，AlN 基片材料在室温范围内都非常适用于大型集成电路的封装。其次，AlN 材料具有很好的化学稳定性，常温下不与酸碱反应。完全致密的 AlN 材料在空气气氛中 1273K 下才发生氧化，由于氧化过程中生成一种氧化保护膜层，所以即使在高达 1723K 的温度下其氧化速度也相当低。真空中，AlN 材料可稳定至 1773K。基于良好的高温稳定性和导热性，AlN 材料可作为热交换材料应用于燃气轮机的热交换器上，同时也可以作为铝、钙等金属的保护管和浇注磨具。再次，AlN 陶瓷具有优良的机械性能，它的硬度适中，抗弯强度超过 Al_2O_3 和 BeO。由于高的热导率和低的热膨胀系数，其抗热冲击性能也很好，在消除了微孔和第二相的影响下，其弹性模量接近理论值。这些优异的机械性能辅以高温强度性能，使得 AlN 可制作切割工具、砂轮、拉丝模具以及制造工具材料、金属陶瓷的原料。

表 1-3　氮化铝的性能

性　能　参　数		数值
基本性能	密度/g·cm⁻³	3.26
	熔点/K	3300
	热分解温度/K	2790

性　能　参　数		数值
力学性能	维氏硬度/MPa	12. 25 ~ 12. 30
	抗弯强度/MPa	310
	弹性模量/GPa	35
热学性能	比热容 (c_p, 300K)/cal·(mol·K)$^{-1}$	7. 2
	线膨胀系数 (25~200℃)/×10^{-6}℃$^{-1}$	4. 03
	热传导率 (25℃)/W·(m·K)$^{-1}$	270
电学性能	电阻率 (25℃)/Ω·cm	约 10^{13}
	介电常数	9. 14
	能带宽/eV	6. 2

1.2.3　硼化物陶瓷

硼化物陶瓷具有高熔点、高硬度、高电导率、高化学稳定性、高抗氧化性、高自润滑性和高耐磨性等性能。近几十年来，世界各国都在加紧研究开发硼化物陶瓷及其复合材料。在硼化物陶瓷中，TiB_2、ZrB_2 和 CrB_2 及其与 Al_2O_3 的复合材料因其性能优异而被认为是最有希望得到广泛应用的硼化物陶瓷，尤其是在耐磨耐蚀工程领域应用前景十分广阔。随着材料制备技术的完善，在新的合成工艺下，还可以获得传统方法所没有的一些新性能。在高温领域，硼化锆（ZrB_2）材料是应用最为广泛的硼化物陶瓷。

ZrB_2 是一种良好的高温陶瓷，具有密度小、成本低、熔点高的特点。ZrB_2 密度为 6. 09g/cm^3，具有陶瓷和金属的双重特性，是六方晶系 C32 型的准金属结构化合物，空间群 P6/mmm，晶胞参数 a = 0. 3169nm，c = 0. 3532nm，α = β = 90°，γ = 120°，图 1-4 所示为 ZrB_2 的晶胞结构。

ZrB_2 晶体的各项结构参数以及物理性能见表 1-4。ZrB_2 陶瓷具有高熔点、高硬度、高化学稳定性、良好的电热导率及良好的中子吸收能力等优异性能。在耐火材料领域，ZrB_2 陶瓷被用作高温热电偶保护套管、冶金金属的坩埚、铸模等。作为热电偶保护套的 ZrB_2 能够在熔化的紫铜、黄铜、铁水熔体中长时间使用。在电极材料领域，ZrB_2 可用于触点材料和电极材料，是金属热电偶的电极和高温发热元件的候选材料。在超高温陶瓷领域，ZrB_2-SiC 超高温复相陶瓷以其罕见的高熔点、高热导率、高弹性模量、良好的抗热震性和适中的热膨胀率等特性成为耐超高温材料领域最具前途的材料之一，近年来受到国内外研究者们的极大关注。

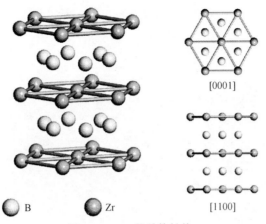

B   Zr   [1100]

图 1-4 ZrB$_2$ 的晶体结构

表 1-4 ZrB$_2$ 的基本性能

性 能 参 数	数 值
硬度/GPa	20~23
热膨胀系数/K^{-1}	5.9×10^{-6}
25℃时的热容量/J·(mol·K)$^{-1}$	48.2
电导率/S·m^{-1}	1.0×10^7
导热系数/J·(mol·K)$^{-1}$	60
25℃时的生成焓/kJ·mol^{-1}	−322.6
25℃时的自由能 kJ·mol^{-1}	−318.2

1.2.4 硅化物陶瓷

硅化物陶瓷以其优异的高温抗氧化性、熔点高、高温蠕变强度高、良好的耐腐蚀和导电、传热性能，在电热元件、高温抗氧化涂层及集成电路领域具有广泛的应用。在高温领域，硅化钼（MoSi$_2$）材料是应用最为广泛的硼化物陶瓷，下面做具体的介绍。

MoSi$_2$ 是 Mo-Si 不同条件下反应生成的三种金属间化合物中 Si 含量最高的，其在不同温度下存在两种不同的结构，一般情况下是稳定的四方结构，如图 1-5（a）所示，结构符号为 C11$_b$，空间群为 I4/mmm，晶体常数 $a = 0.3208$nm，$c = 0.7845$nm，$c/a = 2.448$。这种晶体结构可以看做是 3 个体心立方晶胞沿 C 轴方向经过 3 次重叠而成，Mo 原子位于中心结点和 8 个顶角上，而 Si 原子位于其他结点上。从原子的密排面（110）上原子组态可以看出，Si-Si 原子之间形成共价键链，Mo-Mo 原子之间形成金属键，Mo-Si 原子之间的结合介于共价键和金属键之间，这使得这种结构中的原子结合具有金属键和共价键共存的特征。在 1900℃ 以上温度时，MoSi 是亚稳态的六方结构，如图 1-5（b）所示，结构符号为 C40，空间群为 P6222，晶格常数 $a = 0.4596nm$，$c = 0.655nm$，$c/a = 1.425$。

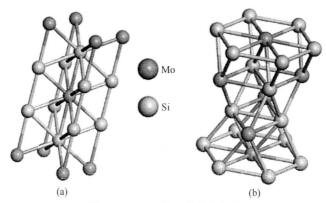

图 1-5　MoSi$_2$ 的两种晶体结构

(a) C11$_b$；(b) C40

　　基于上述结构及相应优异的物理化学性能，MoSi$_2$ 材料的应用已经扩展到航空、航天、冶金、化工和机械等许多领域。在高温结构材料领域，MoSi$_2$ 可作为涡轮发动机构件，如涡轮叶片、燃烧室及喷管的候选材料。在高温发热元件领域，以 MoSi$_2$ 为主要原料制成的硅钼棒在氧化性气氛及高温下使用，表面生成一层连续的光亮致密的石英（SiO$_2$）玻璃质薄膜保护层，在此环境下 MoSi$_2$ 最高使用温度为 1800℃。在高温抗氧化涂层领域，MoSi$_2$ 常作为难熔金属和 C/C 复合材料的高温抗氧化涂层材料。通过 MoSi$_2$ 的复合化等改性途径，MoSi$_2$ 有望成为高温耐磨和耐氧化/腐蚀环境下的廉价的耐磨材料。在航空航天领域，航空发动机叶片外面的空气密封装置部件采用的是 MoSi$_2$-Si$_3$N$_4$ 作基体，加入纤维后的材料在室温到 1400℃ 范围内的断裂韧性为 $35MPa \cdot m^{1/2}$。其抗冲击能力比 SiC 高得多，能和铸造超合金相媲美。这样的力学性能使其能够成为制造高韧性和具有高抗冲击能力的航空发动机部件的理想材料。

1.3　非氧化物陶瓷的合成方法

　　非氧化物陶瓷在以下 3 个方面不同于氧化物陶瓷：（1）非氧化物陶瓷自然界很少存在，需要人工合成原料，然后再按照陶瓷工艺做成陶瓷制品；（2）非氧化物标准生成的自由焓一般都大于相应氧化物标准生成的自由焓，所以，在原料的合成和陶瓷烧结时，易生成氧化物。（3）氧化物原子间的化学键主要是离子键，而非氧化物一般是键性很强的共价键，因此，非氧化物陶瓷一般比氧化物陶瓷难熔和难烧结。

1.3.1 碳化物粉体的制备和陶瓷的烧结

本节以高温领域应用最为广泛的 SiC 材料为代表，对碳化物粉体的制备和陶瓷的烧结进行介绍。

1.3.1.1 SiC 粉体的制备

SiC 粉体的合成方法主要有化合法、碳热还原法、气相沉积法、有机硅前驱体裂解法、自蔓延高温合成法、溶胶-凝胶法等。

（1）化合法。将单质 Si 和 C 在碳管电炉中直接化合而成，其反应式如下：

$$SiC + C \Longrightarrow \beta\text{-}SiC$$

（2）自蔓延高温合成法。自蔓延高温合成法依靠反应时自身放出的热量维持反应的进行，计算表明 SiC 的温度为 1800℃（放热反应使产物达到的最高温度）。以高纯硅和天然石墨为原料（Si：C=2.33：1），采用自蔓延工艺，在石墨炉中于 1300℃下反应大约 3.5h，可得到 β-SiC 粉体。

（3）溶胶-凝胶法。采用溶胶-凝胶工艺可得到平均晶粒尺寸为 10nm 的 β-SiC 纳米粉体。以蔗糖和活性炭作为碳源制备 SiC 超微粉体时，发现采用蔗糖制得的 SiC 平均晶粒大小为 0.2μm，约为采用活性炭制得的 SiC 的一半。也有研究者采用改良的溶胶-凝胶技术制备了中空的 SiC 超微粉体，晶粒尺寸在 0.2~2μm 之间，晶粒内孔平均直径为 10nm，比表面积达 112m²/g。

1.3.1.2 SiC 陶瓷的烧结

20 世纪 50 年代中期，Alliegro 等研究 B、Al、Fe、Ni、Cr、Ca、Li、Al-Fe、Zr-B 等添加物对热压碳化硅致密化的影响后，世界各国的科学工作者相继开展了以添加剂促进 SiC 烧结的研究。根据烧结机制及助烧剂的不同，将 SiC 的烧结分为固相烧结和液相烧结。固相烧结即以 B、C 为助烧剂的 SiC 烧结；液相烧结即以 Al_2O_3、Y_2O_3 为助烧剂的 YAG-SiC。另外还有以 Al、B 和 C 为助烧剂的 ABC-SiC。

A SiC 陶瓷的固相烧结

20 世纪 70 年代初，S. Prochazka 首先采用 B、C 作为添加剂，使无压烧结 SiC 陶瓷获得成功，当 SiC 中加入 C 后，根据热力学计算，在一定的实验温度范围内发生下列化学反应：

$$SiO_2(s) + C(s) \longrightarrow SiO(g) + CO(g) \tag{1-1}$$

$$SiC(s) + SiO(g) \longrightarrow 2Si(s) + CO(g) \tag{1-2}$$

$$Si(s) + C(s) \longrightarrow SiC(s) \tag{1-3}$$

根据 Si-B-C 系相图，SiC-B-C 系统属于固相烧结的范畴，需要很高的烧结温度（大于2100℃），难以完全致密化。近几年来，对SiC的固相烧结的研究报道不多，日本学者Yutaka Shinoda等以纳米级细粉采用热等静压方法制备了SiC陶瓷，其烧结温度可降低到1600℃，压力为980MPa，样品相对密度达97.1%。

B　YAG-SiC陶瓷的烧结

在1800~1950℃的温度范围内可获得接近理论密度的YAG-SiC陶瓷，其力学性能明显高于固相烧结的SiC陶瓷。对YAG-SiC陶瓷进行热等静压后处理后，其抗弯强度和断裂韧性分别达到745MPa和7.80MPa·m$^{1/2}$。当烧结温度升至1900℃时SiC已基本致密化。随着温度的升高和保温时间的延长，其密度反而下降，这是因为在保温期间，生成了易挥发的氧化物，例如Al$_2$O、SiO、CO等。当起始粉体为β-SiC，由于在大于1950℃时发生β→α相变，生成长柱状的晶粒而形成固定的网络状结构，故阻碍了进一步的致密化。根据热力学计算，在液相烧结的温度范围内可能发生的化学反应如下：

$$SiO_2(s) + Al_2O_3(s) \longrightarrow SiO(g) + Al_2O(s) + CO(g) \qquad (1-4)$$

而后，生成产物会按照式（1-2）和式（1-3）继续反应直至生成致密的SiC。

C　AlBC-SiC的烧结

20世纪70年代末，德国的W. Boker等人成功地以Al、C为助烧剂无压烧结β-SiC，其相对密度可达98%~99%，抗弯强度和断裂韧性分别可达650MPa和7.1MPa·m$^{1/2}$。在烧结过程中，Al首先熔融，促进SiC颗粒的生长及致密化。根据B$_4$C-Al$_4$C$_3$-SiC三元相图，当烧结温度达1800℃时，形成稳定的化合物Al$_8$B$_4$C$_7$，它以液相存在于晶界，并促进SiC的活化烧结。黄汉铨等人的研究表明，在1900℃前，B$_4$C、Al$_4$C$_3$和C的数量随着温度升高而逐渐减少，1900℃达到最低点，而Al$_8$B$_4$C$_7$数量则是逐渐增加，并在1900℃达到最大值。这期间添加物发生如下反应：

$$4B(s) + 4C(s) + 4Al(s) \longrightarrow Al_4C_3(s) + B_4C(s) \qquad (1-5)$$

$$2Al_4C_3(s) + B_4C(s) \longrightarrow Al_8B_4C_7(g) \qquad (1-6)$$

在合成Al$_8$B$_4$C$_7$的温度下，SiC材料获得最大的收缩。随着温度的升高，Al$_8$B$_4$C$_7$挥发分解。由于Al$_8$B$_4$C$_7$在形成液相促进烧结后立即挥发、分解而消减，不残留在晶界，故对SiC材料的性能不会造成不利的影响。

1.3.2　氮化物陶瓷粉体的合成

本节以高温领域应用最为广泛的Si$_3$N$_4$和AlN材料为代表，对碳化物粉体的制备和陶瓷的烧结进行介绍。

1.3.2.1　Si$_3$N$_4$粉体的制备

制取氮化硅粉体有以下几种方法。

（1）硅粉氮化法。将金属硅粉置于 N_2（或 N_2/H_2）流动气氛中，在 $1300 \sim 1400℃$ 保温一定时间，充分氮化即可获得 α 相质量分数最高达 93% 的氮化硅粉体。硅粉氮化法是工业生产最常用的方法。其最大缺点是氮化时间较长，不能获得优质氮化硅粉体。

（2）碳热还原氮化法。碳热在 1350℃ 的温度下较易制备氮化硅晶须，也可获得较细的氮化硅颗粒。这种方法需加入过量碳以确保 SiO_2 完全反应；残留的碳在氮化后经 600℃ 煅烧可除去。这种方法有可能产生 SiO 和 SiC，除非对组分和温度加以严格的控制。

（3）$SiCl_4$ 氨解法。此法可制得 α 相质量分数最高达 97% 以上的高纯高 α 相 Si_3N_4，是目前公认最好的商品氮化硅粉，以日本 UBE 公司生产的粉体为代表。但此法工艺复杂，成本较高，且存在腐蚀。

（4）激光诱导气相沉积法（LICVD）。利用反应气体分子对特定波长激光束的吸收而产生热解或化学反应，经过核生长形成微粉。整个过程基本上是热化学反应和形核生长的过程。实验中最常使用的是连续波 CO_2 激光器（波长 106nm），加热速率可达 $106 \sim 108℃/s$，加热时间约为 $10^{-4} s$。加热速率快，高温驻留时间短，迅速冷却，可以获得均匀超细、最低颗粒尺寸小于 10nm 的粉体。

（5）等离子体气相合成法（PCVD）。等离子气相合成法是制备超细 Si_3N_4 粉体的主要手段之一。此法利用等离子体的高温将硅粉汽化与氮反应或将 $SiCl_4$ 汽化与 NH_3 反应生成非晶氮化硅粉体，或再经高温晶化处理得到高 α 相含量的氮化硅粉体。等离子法由于升温迅速，使得反应物在等离子焰内滞留时间短，易于获得均匀、尺寸小的 Si_3N_4 粉体。等离子体法最显著的特点是容易实现批量生产；其缺点是能耗高、氧质量分数高、价格太高。如纳米粉体粒度为 $30 \sim 60nm$，氧质量分数高达 $2.8\% \sim 4.6\%$，价格高达 $100 \sim 300$ 美元/kg。亚微米超细粉体的粒度为 $0.20\mu m$，价格为 $400 \sim 500$ 元/kg。

（6）燃烧法。使用金属单质 Si 粉在氮气中燃烧合成氮化硅这一工艺，最早由俄罗斯科学家在 1981 年提出。Holt 和 Munir 于 1983 年曾尝试在 P_{N_2} 为 0.1MPa 下用硅粉合成 Si_3N_4，但未取得成功。1986 年，日本的 Kiyoshi Hirao 和俄罗斯 A. S. Mukasyan 分别成功地燃烧合成了氮化完全的 Si_3N_4 粉并初步研究了其反应机制。相对于硅粉氮化工艺而言，燃烧合成氮化硅具有工艺简单、反应迅速、成本低廉、污染少、转化率高以及平衡分解温度高等一系列优点。

1.3.2.2　AlN 粉体的制备

AlN 粉体的纯度、粒度、氧含量等对其烧结性及烧结体的性能影响很大，粉体的粒度对粉体的烧结活性也有重要影响。要制备出性能优良的 AlN 陶瓷，首先得制备高质量的 AlN 粉体。合成 AlN 粉体的方法很多，应用最多的有直接氮化法、Al_2O_3 碳热还原法、高温自蔓延合成法。

（1）直接氮化法。直接氮化法就是在高温氮气氛围中，铝粉直接与氮气化合生成氮化铝粉体。化学反应式为：

$$2Al(s) + N_2(g) \longrightarrow 2AlN(s) \tag{1-7}$$

铝粉直接氮化法原料丰富、工艺简单，没有副反应，适宜大规模生产。但是在此反应初期，Al 颗粒表面被氮化生成 AlN 层，会阻碍 N 向颗粒中心的扩散，从而造成 Al 粉转化率低，产品质量差。另外该反应是强放热反应，反应温度高，过程不易控制，容易产生自烧结，形成团聚。为提高转化率和防止粉体团聚，反应产物往往需要进行多次粉碎处理和氮化，延长了工艺周期，提高了成本。因此铝粉直接氮化法难以得到纯度高、粒度均匀的颗粒。

Kimura 等以 N_2 和 NH_3 的混合气体代替纯 N_2，采用悬浮氮化方法制取 AlN 粉，其转化率可达 100%，粉体粒度为 $10\mu m$ 左右。因 AlN 颗粒表面有裂纹，很容易粉碎为粒度小于 $0.2\mu m$ 的颗粒。这种粉体具有很好的烧结性，可在不添加任何烧结助剂的情况下热压为透明陶瓷。

（2）Al_2O_3 碳热还原法。碳热还原法就是将 Al_2O_3 和 C 混合均匀，在 N_2 气氛中加热，Al_2O_3 被 C 还原，其产物与 N_2 反应生成 AlN。其化学反应式为：

$$Al_2O_3(s) + 3C(s) + N_2(g) \longrightarrow 2AlN(s) + 3CO(g) \tag{1-8}$$

碳热还原法是目前在工业生产中应用最为普遍的方法，具有原料丰富、价格低、工艺过程简单等特点，合成的粉体纯度较高，粒度细小均匀，烧结性能好。但反应需要较高的温度和较长的时间，在反应后还需要对过量的碳进行脱碳处理，工艺较复杂且提高了成本。

（3）等离子体化学合成法。用于制取 AlN 超微粉的等离子体化学合成法主要有两种：电弧等离子体法和射频等离子体法。等离子体法的主要优点在于制得的 AlN 粉很微细，但存在效率低、设备复杂、反应不完全、制得的 AlN 粉含氧量高等缺点。该方法目前只是在实验室使用。

（4）气相反应法。气相反应法是采用铝的挥发性化合物与 NH_3 或 N_2 起化学反应，从气相中沉积氮化铝的方法。气相法具有生成物的纯度高（含氧量特别低）、粒度微细且分布范围小等优点，但存在产量小、反应不易控制等缺点，故尚未能在工业上得到应用。

（5）电弧法。将铝粉在电弧等离子体中蒸发并与氮反应生成 AlN，可制得粒度为 30nm、比表面积为 $60 \sim 100m^2/g$ 的 AlN 纳米粉体。此外，还可将铝在低压 N_2 或 NH_3 中用电子束来加热，使之蒸发并与含氮气体反应，可制得粒度小于 10nm 的 AlN 粉。有人研究了不同的锂盐（$LiNO_3$，$LiOH \cdot H_2O$，Li_2CO_3）对低温直接氮化合成 AlN 的影响。$LiOH \cdot H_2O$ 能最有效地降低合成温度；虽然添加锂对采用细的 Al 粉原料的反应温度降低不明显，但可以有效降低大颗粒 Al 原料的反应温度；添加锂还可以提高 AlN 粉的结晶度。

（6）高温自蔓延合成法。高温自蔓延合成法就是将 Al 粉在高压氮气中点燃后，利用 Al 和 N_2 之间的高化学反应热使反应自动维持下去，直到反应完全，其本质与铝粉直接氮化法相同。该方法不用在高温下对 Al 粉进行氮化，只需在开始将其点燃，故能耗低、生产效率高、成本低，目前已经开始应用于工业生产。但由于此反应是自发进行，故存在难以控制的缺点；另外由于反应速度极快，其产物容易结块，形状不规则，粒度分布不均匀。为了提高粉体的可烧结性，应该对粉体进行进一步的球磨细化处理。

1.3.2.3 Si_3N_4 陶瓷的烧结

氮化硅分子是高共价性化合物，而且氮原子和硅原子的自扩散系数很低，致密化所必需的体积扩散及晶界扩散速度、烧结驱动力很小，只有当烧结温度接近氮化硅分解温度（大于 1850℃）时，原子迁移才有足够的速度。这决定了常规的纯氮化硅不能靠常规固相烧结达到致密化，所以除用硅粉直接氮化的反应烧结外，其他方法都需采用烧结助剂，利用液相烧结原理进行致密化烧结。因而液相参与的烧结是当前研究的重点。目前已发展多种氮化硅的烧结方法，如常压烧结、反应烧结、热压烧结、重烧结、气氛压力烧结、热等静压烧结、微波烧结、放电等离子烧结。

A 反应烧结法

反应烧结氮化硅是把 Si 粉或 Si 粉与 Si_3N_4 粉的混合物成形后，在1200℃左右通氮气进行预氮化，之后机械加工成所需件，最后在1400℃左右进行最终氮化烧结；氮化后产品为 α 相和 β 相的混合物。此法的优点是，不需添加助烧结剂，经预氮化的素坯可机械加工，其反应本身将在坯体内部产生 22% 的体积膨胀，而整个毛坯外形尺寸基本不发生变形（烧结后收缩率极低约3%），正是因为反应前后其产品尺寸和素坯尺寸基本相同，因而可以精确地制造形状很复杂的产品，这是该工艺的一个特点。同时由于烧结过程无添加剂，故材料高温性能不下降。缺点是因硅粉和 Si_3N_4 都是固相，故反应进行很慢，烧结时间较长，一般要几十小时。反应烧结制品密度主要取决于成形素坯的密度，一般含有13%~20%的气孔，密度不可能太高，残留游离 Si，常温（200~300MPa）和高温强度均低于其他工艺制备的材料。适当的添加剂可以提高氮化速率，促进烧结，常用的添加剂有 Fe_2O_3、CaF_2、BaF_2 等，加入量一般为 1%~2%。

B 常压烧结法

常压烧结氮化硅主要是以高纯、超细、高 α 相含量的氮化硅粉与少量助烧剂混合，通过成形、烧结等工序制备而成。在常压烧结中，α 相氮化硅的含量要求苛刻，因为在烧结过程中，α 相向液相溶解，之后析出在 β-Si_3N_4 晶核上，变为 β-Si_3N_4，这有利于烧结过程的进行。烧结时必须通入氮气，以抑制 Si_3N_4 的高温分解，一般来说，在 1900~2100℃时相应的氮气压力要达到 1~5MPa 才能保证优异的烧结性能和小于 2%的分解失重。常压烧结 Si_3N_4。研究的关键是选用合适的烧结助剂，对此人们做了大量的研究工作，常用的烧结助剂有 ZnO_2、Y_2O_3、Al_2O_3、MgO、La_2O 等，可以单独加入，也可以复合加入，复合加入的效果较好。常压烧结的特点是可以低成本制造形状复杂的产品、性能优良的陶瓷，但很难得到近似于理论密度的烧结制品，主要原因是由于烧结温度高（1700~1800℃），会导致 Si_3N_4 高温分解，因此优化工艺的关键是防止 Si_3N_4 的分解。在外加剂、烧成制度和烧结用坩埚等方面要进行合理选择。典型的烧成制度为：氮气压力 1~5MPa，烧结温度 1900~2100℃，保温 1~3h；也可以采用两步烧结，先在 2000℃和 0~2MPa 的氮气压力加热 15min，然后提高氮气压力到 7MPa，以获得高密度的制品（可达理论密度 99%以上）。坩埚一般选择涂有 BN 的石墨坩埚，加上比例为 Si_3N_4：BN：MgO = 70：20：10（或者为 50：40：10）或 80%Si_3N_4+10%Y_2O_3+10%BN 的均匀混合埋粉。

常压烧结氮化硅制品在烧结过程中收缩率较大，一般为 16%~26%，易使制品开裂变形；同时由于坯体中玻璃相较多，影响了材料的高温强度，限制了其使用范围。

C 热压烧结法

热压工艺以氮化硅粉体（α 相质量分数大于 90%）和适量的添加剂（如 MgO、Y_2O_3、Al_2O_3、MgF_2 和 Fe_2O_3 等，添加剂可以单独加入，也可复合加入）为原料，磨细后均匀混合，先在钢模内压制成形，成形压力一般为 50MPa，然后放入石墨模具中，在热压炉内一边用高频电流加热石墨模具，一边对其加压烧结。通常热压温度为 1700~1800℃，在氮气气氛中进行，压力为 20~30MPa，保温、保压 30~120min。由于外加压力提高了烧结驱动力，故加快了 α 向 β 相的转变及致密化速度。热压法可得到致密度大于 95%的高强氮化硅陶瓷，材料性能高（抗弯强度可达 1000MPa，断裂韧性 5~8MPa·$m^{1/2}$），强度在高温（1000~1100℃）仍不下降，且制造周期短。经热压的制品，可根据需要进行研磨精加工，但是这种方法只能制造形状简单的制品，而且由于单向加压，组织存在择优取向，使性能在与热压面平行及垂直方向有差异，此外，由于硬度高，热压后加工到所需的形状尺寸也非常困难。

D 重烧结法

重烧结是一种将反应烧结和常压烧结结合起来的复合烧结工艺，有时也称为二次反应烧结。首先对氮化硅坯体进行反应烧结，所需要的助烧剂可在硅粉球磨时引入，也可在反应烧结后浸渍加入，加入烧结助剂与 Si_3N_4 的质量分数比例一般为（4%～15%）：（85%～96%）。再在较高的温度下进行烧结，使之进一步致密化。由于反应烧结过程中可预加工，在重烧结过程中的收缩仅有 6%～10%，所以可制备形状复杂、性能优良的部件。重烧结烧结温度为 1720～1820℃，为抑制 Si_3N_4 的高温分解，在重烧结过程中必须保持较高的氮气压力，一般采用几兆帕，直至 200MPa。重烧结可将反应烧结后氮化硅中的气孔率从 13%～20% 减小至 5% 左右，烧成收缩比较小。所以重烧结 Si_3N_4 具有较高的密度和强度，通常在理论密度的 90% 以上，最高可达 99%；抗折强度在 500MPa 以上，最高达 1000MPa。

E 气氛压力烧结法

气氛压力烧结（GPS）是将氮化硅坯体放入 5～12MPa 的氮气中于 1800～2100℃下进行烧结。较高的氮气压力可有效地抑制氮化硅的分解，可以以更高的温度对其进行烧结，而且有利于选用能形成高耐火度晶间相的助烧剂，来提高材料的高温性能。

F 热等静压烧结法

将氮化硅成型坯放在高压釜中，用氮气作为压力传递的介质，在高温高压下可使素坯致密化。也可使已经反应烧结的 RBSN 素坯进一步排除气孔，获得热等静压氮化硅（HIPSN）。热等静压烧结是高温结构陶瓷烧结中对致密化最有效的一种先进的烧结方法，它能大幅度地提高陶瓷的性能，尤其对共价键结合的陶瓷烧结更为有效。使用热等静压时，只需加入少量添加剂，所得制品性能优于其他方法制备的氮化硅。有研究表明，对添加 5% 质量分数的 Y_2O_3 和 Si_3N_4 粉料，用热压法（40MPa）还不能够完全致密化，而用热等静压烧结法（100～200MPa）则能达到完全致密化。但热等静压工艺复杂，成本较高。

G 其他快速烧结方法

近年来迅速发展的一些快速烧结方法，如微波烧结、放电等离子体烧结等因独特的烧结机理特性，如整体性加热升温速度快、热效率高等，而成为新型陶瓷的热门烧结技术。由于其极快的加热速度和独特的加热机理，因而利于提高致密化速率并可有效抑制晶粒生长，同时获得常规烧结无法实现的独特的性能和结构。

1.3.2.4 AlN 陶瓷的烧结

AlN 的烧结是长期困扰 AlN 陶瓷发展的一个难点。AlN 属于共价化合物，熔点高、自扩散系数小，所以纯 AlN 粉体在通常的烧结温度下很难致密，一般需要加入助烧结剂并且在 1850℃以上的高温下进行烧结。烧结体的致密度、微观结构与其性能密切相关，因此添加效果良好的助烧结剂并选择合适的烧结技术，才能得到高致密度和良好性能的 AlN 陶瓷。

A 助烧结剂

研究者们选择了许多助烧结剂进行了大量的实验研究，发现在 AlN 粉体中加入某些稀土金属氧化物和氟化物、碱土金属氧化物和氟化物，例如 Y_2O_3、YF_3、CaO、CaF 等，可以有效促进 AlN 烧结致密化。

一般认为，在烧结体系中助烧结剂主要起两个作用：（1）助烧结剂在较低温度下可与 AlN 颗粒表面的 Al_2O_3 反应形成低熔物，生成液相，通过液相加速烧结过程，促进烧结体的致密化；（2）高热导率是 AlN 陶瓷的重要性能，而通常制备的 AlN 陶瓷中存在许多缺陷，使其实际热导率值远远低于理论值。氧杂质是形成缺陷的主要原因，助烧结剂可与氧杂质反应形成铝酸盐，在晶界以第二相析出，降低 AlN 晶格的氧含量，从而提高热导率。近年来又发现某些助烧结剂还能在相对低温下（通常为 1600~1700℃）发挥助烧结作用。找到合适的低温助烧结剂，实现 AlN 低温烧结，就可以减少能耗、降低成本，便于进行连续生产。

B 烧结工艺

在 AlN 粉体的烧结中，最常见的烧结方法是无压烧结。例如，周和平等人以 B_2O_3-Y_2O_3 为助烧结剂进行无压烧结，在 1850℃ 的烧结温度下获得密度为 3.26g/cm³，热导率达 189W/(m·K) 的 AlN 陶瓷。无压烧结所需设备相对简单，但一般所需的烧结温度高、烧结时间长、烧结体的密度较低。除无压烧结外，在研究中人们使用到的还有反应烧结、热压烧结、放电等离子烧结及微波烧结等工艺方法。

反应烧结是利用 Al 与 N 的放热反应使原料进行烧结。这种烧结方法为早期 AlN 陶瓷的烧结所用，难以得到致密的烧结体，被用来制造坩埚等耐腐蚀、高强度的制品，不适合制造高导热基板。

热压烧结是在加热粉体的同时进行加压，利用通电产生的焦耳热和加压造成的塑性变形这两个因素来促进烧结过程的进行。相对于无压烧结来说，热压烧结的烧结温度要低得多，而且烧结体致密、气孔率低，但其加热、冷却所需时间较长，能耗大、生产效率低、成本较高，且只能制备形状不太复杂的样品。热压烧结是目前制备高热导率致密化 AlN 陶瓷的主要工艺。日本研究者在 20 世纪 80 年代就利用热压烧结制备出了热导率达 260W/(m·K) 的 AlN 陶瓷，并在几家电子公司推广应用。

研究表明，采用放电等离子烧结技术，在 1700~1800℃ 下保温数分钟即可得到接近理论密度的 AlN 烧结体。利用微波烧结工艺对添加 3% 质量分数的 Y_2O_3 的氮化铝粉体进行的烧结研究表明，在 1600℃ 保温 4min 得到致密度达 98.7% 的烧结体，且内部晶粒细小，结构均匀。

综观以上几种烧结手段可以看到，这些方式各有所长，也各有各的不足之处。热压烧结 AlN 虽然是目前研究较多且使用最为普遍的制备手段，能够获得高热导率的 AlN 陶瓷，但也有其缺点——能耗大、产能低、烧结温度高。而放电等离子烧结作为一种比较新的烧结手段，具有高效能、可在较低温度下烧结等特点，有很大的发展潜力。

1.3.3　硼化物陶瓷粉体的制备和陶瓷的烧结

本节以高温领域应用广泛的 ZrB_2 材料为代表，对硼化物粉体的制备和陶瓷的烧结进行介绍。

1.3.3.1　ZrB_2 粉体的制备

制备 ZrB_2 粉体的方法很多，按反应原理不同可分为元素直接合成法、碳热还原法、金属热还原法、固相热分解法、化学法等；按加热方式不同可分为常规加热法、自蔓延高温合成法（SHS）、微波合成法及熔盐电解法等；按反应物状态不同可分为固相法、液相法和气相法，主要包括共沉淀法和溶胶-凝胶法（Sol-Gel）等。

A　直接合成法

在惰性或还原条件下，加热锆粉和硼粉合成 ZrB_2：

$$Zr(s) + 2B(s) \longrightarrow ZrB_2(s) \tag{1-9}$$

这个反应是强放热反应。在不加以控制的条件下，反应产生的热量可以引发自蔓延反应，并达到完全融化 $Zr(T_m \approx 1850℃)$ 的温度，因此该反应常被用于自蔓延合成 ZrB_2。但是当降低升降温速率（约 1℃/min）并延长保温时间（600℃保温 6h）时，并不会引发自蔓延反应；在这样的条件下，通过该反应在 600℃ 的低温下即可合成出纯相 ZrB_2。同时 ZrB_2 晶粒尺寸和 Zr 的粒度密切相关，当锆粉研磨时间为 240min 时，产生的 ZrB_2 晶粒尺寸为 10nm 左右。直接合成法产物纯度高，操作简单；但成本较高，烧结性不佳，后续加工处理较难，因此应用范围较小，难以实现工业化生产。

B　碳热还原法

碳热还原法是以 C 粉为还原剂，根据以下两个反应来制备 ZrB_2：

$$ZrO_2(s) + B_2O_3(s) + 5C(s) \longrightarrow ZrB_2(s) + 5CO(g) \tag{1-10}$$

$$2ZrO_2(s) + B_4C(s) + 3C(s) \longrightarrow 2ZrB_2(s) + 4CO(g) \tag{1-11}$$

为弥补高温下 B_2O_3 蒸发导致的 B 损失，常需在 ZrO_2-B_2O_3-C 反应体系中加入过量的 B_2O_3，从而使 ZrB_2 的纯度得到提高。魏春城等采用此体系，在 1750℃保温 1h 的条件下成功合成出 ZrB_2 粉体，还原剂为活性炭时粉体颗粒细小、分布均匀，形貌为球形，平均粒径在 80nm 左右。合成温度和保温时间的增加，虽有益于降低产物的杂质含量，但同时引起晶粒的增长，因此高纯超细 ZrB_2 粉体的合成就需要一个适宜的条件。方舟等人在 1700℃ 保温 1h 成功制备了 ZrB_2 粉体，最佳的原料配比为：B_4C 和 C 分别过量 15% 和 10%（摩尔分数）。碳热还原法原料易得、价格低廉、工艺简单，广泛应用于工业化生产。但固相反应速率较低，反应不彻底，转化率不高，杂质含量较多，副产物组成复杂；同时，反应耗能费时，产物颗粒尺寸较大，可加工性不高，不利于后续加工。

　　C　金属热还原法

　　以金属 Al 或 Mg 作为还原剂，采用金属热还原法可以制备出 ZrB_2，其原理见反应式（1-12）和式（1-13）：

$$3ZrO_2(s) + 3B_2O_3(s) + 10Al(s) \longrightarrow 3ZrB_2(s) + 5Al_2O_3(s) \qquad (1-12)$$

$$ZrO_2(s) + B_2O_3(s) + 5Mg(s) \longrightarrow ZrB_2(s) + 5MgO(s) \qquad (1-13)$$

　　Katsuhiro 等人研究了金属热还原法和传统方法制备硼化物的反应自由能和温度的关系，发现在相对较低的温度下，金属热还原法的反应自由能比传统方法的低很多，且 Al 或 Mg 更适合作为还原剂。因此，采用金属热还原法在较低温度下就可以制得 ZrB_2，同时反应的副产物 Al_2O_3 和 MgO 可通过化学提纯工艺（酸洗等）除掉。铝热还原法制取 ZrB_2 主要是按照反应式（1-12）进行，从节省成本的角度考虑，也可以选用其他反应体系。如以锆英砂（$ZrSiO_4$）、硼砂（$Na_2B_4O_7 \cdot 10H_2O$）和金属铝粉为原料，通过铝热还原法，在 1550℃ 保温 2h 制备出 ZrB_2，当原料配比为：$Na_2B_4O_7 : ZrSiO_4 : Al = 3 : 4 : 16$（摩尔比）时，产物中 ZrB_2 的含量最高。

　　D　自蔓延高温合成法

　　自蔓延高温合成法又称燃烧合成法，是由 Merzhanovl 等于 1967 年提出的一种材料合成和制备新技术。基本原理为：利用原料在初始点燃后自身的放热，使燃烧反应持续自发进行，反应在极短的时间内结束，最终获得指定成分的产物。该法具有生产工艺简便、成本低廉、能耗少、效率高、合成产物活性高等优点，可有效地用于制备难熔硼化物陶瓷。SHS 法制备 ZrB_2 常以 Zr-B 体系或 ZrO_2-H_3BO_3-Mg 体系为原料。

　　Camurlul 等以锆粉和硼粉为原料，NaCl 为添加剂，采用 SHS 法合成了纳米 ZrB_2 粉体，当 NaCl 的含量为 40%（质量分数）时，ZrB_2 的颗粒尺寸为 32nm，这有助于提高 ZrB_2 的烧结性能。但目前还难以实现对反应过程、材料尺寸和形貌的良好控制，且产物气孔率较大，所以 ZrB_2 的 SHS 法合成还需要更深入的研究。

　　通常情况下，为增加反应转化率，提高产物纯度，常需提高原料的纯度和均匀性，减小颗粒尺寸。

　　E　液相法

　　液相法可以使原料在较低的分子级水平上得到均匀混合，同时反应过程中会出现非晶相，合成产物纯度高、颗粒细小，且具有较高的活性，可使材料的烧结温度得到有效降低。其主要包括共沉淀法和溶胶-凝胶法（Sol-Gel法），尤其是溶胶-凝胶法在合成过程中能够产生无定形的亚稳相，反应充分，常用于低温下合成超细粉体。溶胶-凝胶法通过液相的化学途径，可以使材料组分在分子级水平上实现均匀化。

其基本原理为：在合适的条件下（温度、pH值等），金属醇盐或无机盐与溶剂相互作用，经水解或醇解和缩聚过程后，依次形成溶胶和凝胶，最后经过干燥和加热等处理即可合成出所需物质。它的优点具体表现在：化学均匀性好、制备温度低、制品纯度高、可精确调控反应过程中凝胶的微观结构、工艺简单、成本低、产品形式及应用范围广。

溶胶-凝胶法制备 ZrB_2 是基于 ZrO_2-B_2O_3-C 体系中发生碳热还原的原理。Zhu 等人和 Yan 等人以硝酸氧锆（或氧氯化钴）、硼酸和酚醛树脂作为 ZrO_2、B_2O_3 和 C 的来源，利用无机盐溶胶-凝胶法，在 1500℃ 保温 1h 成功制备出超细 ZrB_2 粉体。Zhang 等人以正丙醇锆、硼酸和蔗糖为原料，通过醇盐溶胶-凝胶法，在 1550℃ 保温 2h 合成出单相 ZrB_2 纳米粉体，颗粒均匀性很高，平均粒径约 50nm。李运涛等同样通过醇盐溶胶-凝胶法，以聚乙酰丙酮锆、硼酸和或酚醛树脂为原料，在 1600℃ 保温 2h 合成出微米级 ZrB_2 粉体。

F 微波合成法

微波加热是一种新型高效的高温加热技术，与常规加热相比具有快速升温、无污染、节能等诸多优点，是合成高纯纳米材料的理想方法，近年来得到了广泛应用。ZrB_2 的合成温度一般为 1500℃ 左右，传统的合成方法中升降温速率较低，能耗较高，且所得颗粒尺寸偏大；而采用低温快烧的微波加热可合成出高纯超细的 ZrB_2 粉体，合成时间短、能耗低。张海军等以 ZrO_2、B_4C、炭黑为原料，氩气气氛下，在微波实验炉（功率为 3kW，频率为 2.45GHz）中进行微波碳热还原反应，1373K 保温 2h 即可制备出纯度较高的 ZrB_2 粉体，该温度比常规合成方法降低了 400K。温度对 ZrB_2 粉体的合成影响明显：温度升高，产物中 ZrB_2 的含量显著增加，1523K 时制备的粉体中 ZrB_2 的含量可达 95%，且 ZrB_2 晶粒粒径在 100nm 以下。贾全利等以 $ZrOCl_2 \cdot 8H_2O$、H_3BO_3 和蔗糖为原料，利用同样的装置，采用溶胶-凝胶微波碳热还原法，在 1100℃ 保温 2h 制备出 ZrB_2 粉体，而 1300℃ 保温 2h 合成的粉体中 ZrB_2 的含量可达 95% 以上。He 等人以化学纯 ZrO_2、B_2O_3 和工业铝粉为原料，在微波高温炉（功率为 5kW，频率为 2.45GHz）中，利用铝热还原法合成了 ZrB_2，合成温度低（900～1100℃），加热时间短（约 2h）；物相分析表明原料转化率为 100%。可以看出微波合成法的优点是：合成速度快、产物纯度高、颗粒尺寸小等。

1.3.3.2　ZrB$_2$陶瓷的烧结

ZrB$_2$的致密化是由扩散控制的过程，由于它具有很高的熔点和极强的共价键，且体积和晶界的扩散速率均较低，中间产物容易挥发，因此ZrB$_2$的致密化通常需要在很高的温度下才能实现。为使烧结温度降低，通常情况下需要加入一些适宜的助烧剂，如Si$_3$N$_4$（可以降低硼化物表面的氧含量，提高硼的活性，从而促进致密化）、AlN、ZrSi$_2$、MoSi$_2$、SiC（有助于在颗粒间形成液相，从而降低烧结温度）、Al$_2$O$_3$、Y$_2$O$_3$、Mo等。目前常用的烧结工艺主要有热压烧结、无压烧结、反应热压烧结、常压烧结、放电等离子体烧结及微波烧结等。

A　热压烧结

热压烧结不仅可以实现低温烧结，而且烧结过程中颗粒的异常长大可得到有效抑制，孔隙率降低，材料的强度明显提高；同时能够大大缩短致密化的时间，提高烧结体的致密度。

Liu等人采用纳米SiC粉体，通过热压烧结工艺，在30MPa的压力下，1900℃保温60min制得ZrB$_2$-20%SiC（体积分数）复合陶瓷，晶内纳米结构的形成有助于提高材料的机械强度，其抗弯强度和断裂韧性分别为（930±28）MPa和（6.5±0.3）MPa·m$^{1/2}$。Hwang等人采用热压烧结工艺在1650℃下制备ZrB$_2$/SiC复相陶瓷，其相对密度高达99.9%，且SiC颗粒尺寸的降低和原料分散性的提高都有助于促进ZrB$_2$/SiC复合材料的致密化。

B　反应热压烧结

反应热压烧结是一种很有潜力的制备ZrB$_2$陶瓷的方法，具有杂质少，较低温下即可达到高致密度的优点。其主要分为两个过程：原位反应形成前驱体粉体和致密化，这两个过程在加热和保温阶段都是同时完成的。因此可以在反应过程中形成ZrB$_2$纳米颗粒，从而降低表面自由能，增加烧结动力，促进致密化。Wu等人以Zr、Si和B$_4$C为原料，采用反应热压烧结，在较低的温度下（1600℃）下制备出ZrB$_2$-SiC-ZrC复相陶瓷，相对密度为97.3%，显气孔率为0.6%，其力学性能接近于高温条件下制备的复合材料的力学性能。

C　无压烧结法

1970年以前，ZrB$_2$的致密化只能通过热压烧结工艺才能实现，这是因为其需要极高的温度和压力。直到1980年，ZrB$_2$的无压烧结才变为可能。相比热压烧结，对于具有复杂几何形状的陶瓷，无压烧结能形成近网状结构、降低烧结成本，且设备和工艺简单，但烧结温度高，制品致密化程度低。原料尺寸、烧结助剂的使用及表面氧含量对无压烧结ZrB$_2$的致密度有很大影响，当表面氧含量小于0.5%（质量分数）时，蒸发凝结过程降低到最小程度，这有助于减少晶体增长和孔增长，几乎达到完全致密化。

Yan 等人以 Mo 为烧结助剂，采用无压烧结制备了 ZrB_2-SiC（20%）（质量分数）复合陶瓷；氩气气氛下，2250℃保温 2h，致密度可达到理论密度的 97.7%，维氏硬度（14.82±0.25）GPa，断裂韧性为（5.39±0.13）MPa·$m^{1/2}$；EDS 结果表明 Mo 与 ZrB_2 形成了固溶体，从而增加了烧结驱动力，促进了致密化。

D　放电等离子烧结法

放电等离子烧结是一种快速致密化方法，其基本原理为：在电能作用下，粉体颗粒间的瞬间放电可以产生极高的温度，烧结体内部颗粒能够实现整体均匀加热，表面扩散阶段的时间得到极大的缩短，可有效地抑制晶粒的生长，样品的致密度明显改善。与传统的烧结方法相比，其热损失、烧结时间、能耗均大大降低，而且能够限制原材料的晶粒增长，使得制备的材料晶粒均匀细小、性能优异。Zhao 等人以 Zr、B_4C 和 Si 为原料，采用 SPS 在 1450℃、30MPa 下保温 3h 成功制备出 98.5% 理论密度的 ZrB_2/ZrC 复合粉体，颗粒分布均匀，ZrB_2 平均颗粒粒径小于 5μm。

E　微波烧结法

微波烧结能够实现快速烧结和致密化。和常规烧结相比，其加热速率非常快，烧结温度低、时间短，材料组织均匀，性能优异，从而被誉为"新一代烧结技术"。

Zhu 等人采用 2.45GHz 的多模腔，埋 BN+C 混合粉以在低温下加热试样，在氩气气氛下，1720℃烧结 90min 可得到相对密度大于 98% 的 ZrB_2-B_4C 复合材料。相比于传统烧结，微波烧结的升降温速率较高（50℃/min 和 100℃/min），样品的维氏硬度（17.5GPa）和断裂韧性（3.8MPa·$m^{1/2}$）与传统烧结得到的同等致密度的样品相当，而烧结温度和时间却降低，能耗减少。

1.3.4　硅化物陶瓷粉体的合成

本节以高温领域应用广泛的 $MoSi_2$ 材料为代表，对硅化物粉体的制备和陶瓷的烧结进行介绍。

1.3.4.1　$MoSi_2$ 粉体的制备

制备 $MoSi_2$ 粉体的方法有很多。常见的几种制备 $MoSi_2$ 的方法有机械合金化（MA）、自蔓延高温合成（SHS）、热等静压法（HIP）、固态置换反应（Solid State Displacement Reaction）、原位反应热压法、自生复合技术（Insitu Reaction Synthesis）等技术。

A　机械合金化法

机械合金化是一种高能球磨粉体合成材料的新技术。该工艺不仅可以在室温下产生原子级的合金化，获得杂质含量非常低的合金，对 $MoSi_2$ 合成而言，有助于减少合金粉体的氧混入，而且可以实现元素粉体混合物或化合物的纳米晶化甚至非晶化，同时还可使增强相达到最佳分散和最佳粒度。在机械合金化过程中，球磨参数，如球料比、MoSi 组成比、球磨介质、球磨速度和球磨方式等对 $MoSi_2$ 的机械合金化都有重要影响。在机械合金化过程中，$MoSi_2$ 的形成机理有两种：Mo 粉和 Si 粉按化学计量比混合的体系，以高温自蔓延（SHS）的机理形成 $MoSi_2$，反应速度快，反应产物为低温的 C11$_b$ 型体心正方晶体结构 α-$MoSi_2$ 相；按非化学计量比混合的 Mo-Si 体系，反应需要更长的孕育期，且反应过程较慢，一般认为这种机械合金化的机理是机械合金化诱导扩散控制反应（MDR），其反应产物既有低温的 C11$_b$ 型体心正方晶体结构 α-$MoSi_2$ 相，又有高温的 C40 型六方结构 β-$MoSi_2$ 相。在 MA 过程中 $MoSi_2$ 晶粒可被细化到 5~10nm，同其他制备技术相比，用 MA 技术生产的 $MoSi_2$ 在硬度上没有显著的差别。然而，机械合金化粉体的超细结构使热压固结温度较普通粉体烧结降低 400℃，$MoSi_2$ 相对密度超过 97%，而且能够减少氧的含量，具有相当好的化学均匀性，很适于制备高熔点的 $MoSi_2$ 及其复合材料。

B　自蔓延高温合成法

自蔓延高温合成是利用粉体组元间强烈的放热反应来形成新材料的一种技术。采用自蔓延高温合成的方法可以制备出高纯、单相的 $MoSi_2$ 粉体。与传统方法合成的 $MoSi_2$ 粉体相比，自蔓延高温合成的 $MoSi_2$ 粉体不但具有较低的氧杂质含量，而且还具有更好的烧结活性。对于自蔓延燃烧合成 $MoSi_2$ 的反应机理目前研究较少。Deevi 的研究表明，在自蔓延燃烧过程中 $MoSi_2$ 是通过熔融态的 Si 和固态 Mo 之间的放热扩散反应生成的，而且当反应过程中加热速率低于 100℃/min 时，Si 和 Mo 首先反应生成 Mo_5Si_3，然后 Mo_5Si_3 再与熔融态的 Si 反应生成 $MoSi_2$；当加热速率高于 100℃/min 时，熔融态的 Si 和固态 Mo 直接反应生成 $MoSi_2$。王学成等人分析了自蔓延燃烧合成 $MoSi_2$ 产物的结构特征，认为反应过程中首先在 Mo 粉表面 Mo、Si 直接接触处发生固溶反应，形成 25~30μm 的过渡反应薄层，其成分呈梯度变化，然后在薄层富 Si 成分的一侧以结晶方式形成 $MoSi_2$。SHS 技术存在的主要问题是：一方面，难以获得致密材料；另一方面，因反应速度过快导致合成反应过程和材料性能难以控制。

C　热等静压法

Sastry 等人通过热等静压法将 $MoSi_2$ 粉体在 207MPa 的压力下于 1200~1400℃ 的温度范围内，热压 1~4h 制备了 $MoSi_2$ 材料，研究了热压温度、压力和时间的影响。随着热压温度的升高和热压时间的延长，材料的致密度增加，在 1400℃ 下热压 4h 材料的相对密度可达 99%。同时，随着热压条件的变化，材料的晶粒度也在 23~34μm 的范围内变化。热压温度从 1200℃增加到 1400℃，材料的晶粒尺寸约长大 7μm；而当热压时间从 1h 增加到 4h 时，材料的晶粒尺寸约长大 3μm。在热等静压制备的 $MoSi_2$ 材料中，几乎没有相对很小的晶粒存在，表明扩散并不是主要的致密化机制。

D 固态置换反应

固态置换反应是制备金属间化合物基复合材料的一种技术。Henager 等人利用 Mo_2C 和 Si 之间的固态置换反应，合成了 $MoSi_2$-SiC 复合材料，其反应为：

$$Mo_2C + 5Si \longrightarrow 2MoSi_2 + SiCMo_2C \qquad (1\text{-}14)$$

$MoSi_2$ 和 Si 组成的扩散偶在 10^{-4} Pa 压力的真空炉中，1200℃保温 20h 或 1350℃保温 16h 得到了 SiC 为片层状的 $MoSi_2$-SiC 复合材料。固态置换反应能够产生很洁净的基体增强体界面，没有外来的污染。但受扩散控制的固态置换反应通常速度慢并且能耗大，从而限制了其应用。

1.3.4.2 $MoSi_2$ 陶瓷的烧结

$MoSi_2$ 陶瓷的烧结主要有如下几种方法。

A 电弧熔炼法

电弧熔炼指借助电弧供热重熔金属或合金的工艺，电弧熔炼过程一般在真空（0.01~0.1Pa）条件下进行，电弧熔炼炉是电弧熔炼工艺的关键设备。通过微合金化手段改变 $MoSi_2$ 晶格参数或键合状况来调整晶体结构达到提高性能的目的。采用电弧熔炼制备技术是制备 $MoSi_2$ 基合金的主要方法之一。

电弧熔炼技术与传统的熔炼技术相比具有以下优点：

（1）重熔合金纯净度高，在 5000K 的电弧加热条件下反复重熔，精炼效果好。

（2）气体和金属杂质在真空下去除，不会引入杂质。

（3）在高真空条件或保护气氛下进行熔炼过程，易氧化元素不易烧损。

（4）电弧熔炼温度高，可用于熔铸难熔金属和使用要求较严格的高温合金及特殊钢。

电弧熔炼技术不足之处在于：采用该方法制备金属硅化物材料时，成分偏析较严重，往往需要进行多次反复熔炼才能获得成分均匀的合金，而且该技术生产效率较低、能耗高，对设备要求苛刻。

B 无压烧结法

无压烧结是最简单最传统的烧结工艺。其原理是：在无外界压力条件下，将具有一定形状的块体放在一定温度和气氛条件下经过物理化学过程变成致密、体积稳定，具有一定性能的固结致密块体。无压烧结是通过粉体颗粒间的原子扩散引起的物质迁移完成致密化过程，其驱动力主要是孔隙表面自由能的降低。

烧结过程中大致可分为三个阶段：低温阶段，主要是预烧。可以彻底将粉体中的结晶水挥发干净，金属会发生回复，密度基本没有变化。中温升温阶段，这个阶段温度在持续上升，会发生再结晶，界面逐渐形成烧结颈。高温烧结阶段，这个阶段内密度增加很快，颗粒联结在一起。

C　热压烧结法

热压烧结是一种加压烧结的方法，将粉体装在模腔内，在加压时使粉体加热到正常烧结温度甚至可以更低一些，经过较短时间烧结成致密而均匀的制品。由于从外部施加压力而补充驱动力，因此实际致密化驱动力（p_t）可由式（1-15）表示：

$$p_t = p_e + \frac{\gamma}{r_p} - p_i \tag{1-15}$$

式中，p_e 为额外作用力下内部气孔压力；γ 为表面能；r_p 为气孔半径；p_i 为内部气孔压力。

对于热压烧结法，采用不同的增强剂和合成方法，材料的性能会有所不同，对于 $MoSi_2$ 基材料的热压工艺要根据材料的增强剂和应用环境来进行调整。

D　等离子烧结法

近些年出现的火花等离子烧结技术（SPS）具有操作简单、升温速度快、烧结时间短且加热均匀、产品致密性高、表面纯净的优点，可广泛用于磁性材料、功能梯度材料、纳米陶瓷、纤维增强陶瓷和金属间化合物等一系列新型材料的烧结。

Shimizu 用 SHS 工艺制备了 $MoSi_2$ 粉体，然后在 1254℃、30MPa 的压力下在 SPS 设备中烧结 10min，制备了致密度达到 97.3%，晶粒尺寸为 7.5μm，维氏硬度为 10.6GPa，断裂韧性为 4.5MPa·$m^{1/2}$，气弯曲强度为 560MPa 的材料。在 1000℃，$MoSi_2$ 的强度可以维持在 325MPa 左右。Kuchino 把 Mo-Si 粉体按照原子比例 1:2 进行混合，装入石墨模具中，把石墨模具放到 6Pa 的真空室，给模具施以 40MPa 的压力，然后给粉体通入脉冲电流，以 0.17℃/s 的温度升温，最高烧结温度为 1400℃，保持 600s 原位合成了致密度达到 99% 的材料，所合成的材料在加速氧化区域（400~700℃）具有很好的抗氧化性。

1.4　其他多元非氧化物陶瓷简介

1.4.1　三元 MAX 相材料

除了上述二元的碳化物、氮化物、硼化物和硅化物外，近些年日益受到重视和获得应用的三元 MAX 相材料从广义上讲也应该属于非氧化物陶瓷的分支。能够形成 MAX 相的元素有很多（见图 1-6），其中 M 代表过渡金属元素，A 代表 A 组元素，X 代表 C、N 元素。在三元层状陶瓷的晶体结构中（见图 1-7），过渡金属原子 M 和碳原子或氮原子之间形成八面体，碳原子或氮原子位于八面体的中心，过渡金属原子 M 与碳原子或氮原子之间的结合力为强共价键；而过渡金属原子 M 与 A 原子层之间为类似层状石墨间范德华力的弱结合，使得 A 原子较容易挣脱 MX 片层的束缚；过渡金属原子 M 之间以金属键结合。

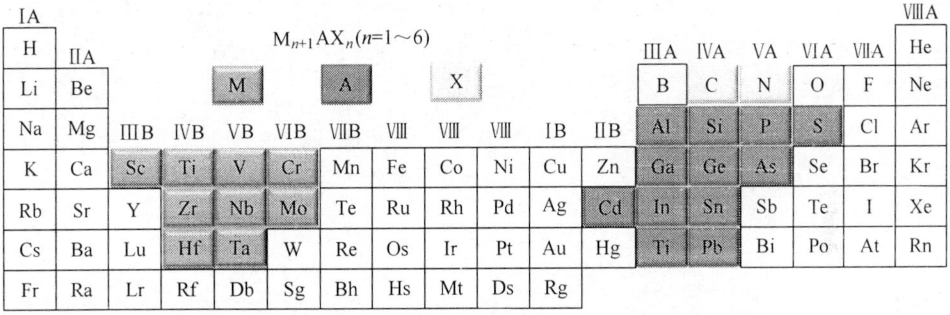

IA																	VIIIA
H	IIA				$M_{n+1}AX_n(n=1\sim6)$				IIIA	IVA	VA	VIA	VIIA				He
Li	Be				M	A	X						B	C	N	O	F	Ne
Na	Mg	IIIB	IVB	VB	VIB	VIIB	VIII	VIII	VIII	IB	IIB	Al	Si	P	S	Cl	Ar
K	Ca	Sc	Ti	V	Cr	Mn	Fe	Co	Ni	Cu	Zn	Ga	Ge	As	Se	Br	Kr
Rb	Sr	Y	Zr	Nb	Mo	Te	Ru	Rh	Pd	Ag	Cd	In	Sn	Sb	Te	I	Xe
Cs	Ba	Lu	Hf	Ta	W	Re	Os	Ir	Pt	Au	Hg	Ti	Pb	Bi	Po	At	Rn
Fr	Ra	Lr	Rf	Db	Sg	Bh	Hs	Mt	Ds	Rg							

图 1-6　三元层状陶瓷 MAX 相中 M、A、X 代表的元素分布

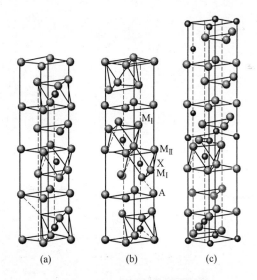

图 1-7　MAX 相材料的晶胞结构

　　三元层状陶瓷 MAX 相是一个新兴的陶瓷家族。表 1-5 总结了迄今为止所发现的 MAX 相。从表 1-5 中可以看出，最多的是 211 相，其数量接近 50 种。而已发现的 312 相 413 相分别为 7 种和 8 种。在 MAX 相陶瓷中，目前应用最为广泛和成熟的是 Ti_3AlC_2 和 Ti_3SiC_2。以 Ti_3AlC_2 为例，图 1-8 给出了其电荷密度分布图。可以看出，Ti 原子和 C 原子以强的共价键结合形成 Ti-C-Ti-C-Ti 共价键链，

从而使得以 Ti_3AlC_2 具有较高的强度和弹性模量；而 Ti-C-Ti-C-Ti 链与 Al 原子之间以较弱的共价键结合，使该材料容易产生滑移变形，从而表现出一定的显微塑性。由于其在结构上有上述独特的特点，三元层状陶瓷在性能上综合了金属和陶瓷的众多优点，既像金属一样具有较好的延展性、导电导热性能、机械加工性，又具备陶瓷的高熔点、抗氧化、高热稳定性、耐腐蚀等优点。由于 MAX 相陶瓷具有上述优异的综合性质，也使其具有广阔的应用前景。譬如用做汽车、船舶、石油、电子、航空航天以及作为裂变和聚变能源等领域的结构和功能材料。

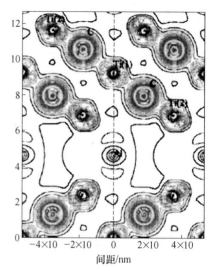

图 1-8　Ti_3AlC_2 在 $11\bar{2}0$ 面上的电荷密度分布

表 1-5　已发现的 MAX 相家族成员

$M_2AX(211)$			$M_3AX_2(312)$	$M_5AX_4(514)$
Ti_2AlC	Ti_2GeC	Ti_2TlC	Ti_3AlC_2	$(Ti_{0.5}Nb_{0.5})_5AlC_4$
V_2AlC	V_2GeC	Zr_2TlC	V_3AlC_2[①]	
Cr_2AlC	Cr_2GeC	Hf_2TlC	$(V_{0.5}Cr_{0.5})_3AlC_2$	$M_5A_2X_3(523)$
Nb_2AlC	V_2PC	Zr_2TlN	$Ta_3(Al_{0.6}Sn_{0.4})C_2$	$Ti_5Al_2C_3$
Ta_2AlC	Nb_2PC	Ti_2SnC	Ti_3SiC_2	$(V_{0.5}Cr_{0.5})_5Al_2C_3$
Ti_2AlN	V_2AsC	Zr_2SnC	Ti_3SnC_2	Ti_5SiC_3[①]
Ti_2AlC	Nb_2AsC	Nb_2SnC	Ti_3GeC_2	$Ti_5Ge_2C_3$[①]
Zr_2AlC	Ti_2SC	Hf_2SnC		
Mo_2AlC	Zr_2SC	Hf_2SnN	$M_4AX_3(413)$	$M_7A_2X_5(725)$
Ti_2GaC	Nb_2SC	Ti_2PbC	Ti_4AlN_3	$Ti_7Si_2C_5$[①]
V_2GaC	Hf_2SC	Zr_2PbC	α-Ta_4AlC_3	$Ti_7Ge_2C_5$[①]
Cr_2GaC	Sc_2InC	Hf_2PbC	β-Ta_4AlC_3	
Nb_2GaC	Ti_2InC		Nb_4AlC_3	$M_6AX_5(615)$
Mo_2GaC	Zr_2InC		V_4AlC_3	Ta_6AlC_5
Ta_2GaC	Nb_2InC		Ti_4SiC_3[①]	
Ti_2GaN	Hf_2InC		Ti_4GaC_3	$M_7AX_6(716)$
Gr_2GaN	Ti_2InC		Ti_4GeC_3	Ti_7SnC_6
V_2GaN	Zr_2InC			

①　仅在薄膜中发现的，没有制备出块体材料，可能是亚稳相。

关于体相 MAX 相陶瓷合成与致密化的方法主要有反应热压法、热等静压法、自蔓延法和放电等离子体烧结等。反应热压法是将原料粉体装在模腔中，在加压的同时将原料加热到烧结温度。譬如在 1800℃、30MPa 条件下，Zheng 等人同采用热压烧结 1h 得到 $(Ti_{0.5}Nb_{0.5})_5AlC_4$。此外，研究还发现热压烧结可以使得化学反应朝着生成 MAX 相的方向进行，从而消除杂质。热等静压法就是在高温加热的同时用高压气体作用于原料。Yu 等人采用热等静压烧结制得了 $Ti_2Al(C_xN_y)$ 固溶体，研究固溶效应对该材料合成、微观结构及其性能的影响。自蔓延法是使反应原料在一定条件下发生放热反应，利用该放热量促进反应自动蔓延下去形成新材料的方法。采用机械活化自蔓延高温合成法可将 Ti、Al 和 C 元素粉体合成，制备出高纯的 Ti_2AlC 和 Ti_2AlC/Ti_3AlC_2，通过单纯的自蔓延法不能制备。放电等离子体烧结法是在样品中施加大的脉冲电流加热从而烧结材料。在 1200℃ 条件下，将 TiC、Ti、Si 和 Al 粉体混合通过放电等离子体烧结法制得四元 MAX 相材料 $Ti_3Si_{1-x}Al_xC_2$，实验结果表明该材料晶格常数 a 和 c 随 Al 元素含量的增加而线性增加，但是密度和硬度却随 Al 元素含量的增加而降低。

1.4.2 四元 Si-B-C-N 非晶材料

相较于上述二元和三元的晶体材料，四元的 Si-B-C-N 非晶态非氧化物陶瓷成为近年来的研究热点。非晶 Si-B-C-N 陶瓷不像晶体陶瓷那样是原子的有序结构，而是一种长程无序、短程有序的结构。该材料的主要特点是原子在三维空间呈拓扑无序状排列，结构上没有晶界与堆垛层错等缺陷存在，因此具有一般晶态非氧化物材料所不具有的许多独特的物理、化学、机械和电磁等性能。第一，其热膨胀系数较低，在温度发生急剧变化时材料的体积变化较小，因而产生的热应力较小，这将有利于材料热稳定性的提高。第二，相对于晶态这种各向异性的材料而言，非晶态材料基本上为各相同性，当温度发生变化时，在各个方向上的体积变化相同，因而不会产生应力，材料在高温条件下使用时避免了因应力的产生而造成的破坏。第三，非晶态材料具有很好的化学稳定性，在高温条件下不易腐蚀和氧化。基于上述优异的性能，Si-B-C-N 非晶陶瓷在航空、航天、冶金、能源、信息等领域具有广阔的应用前景，并因此成为各个国家陶瓷领域研究的重点方向。

目前，制备 Si-B-C-N 非晶陶瓷的主要方法包括有机聚合裂解法、物理气相沉积法、化学气相沉积法、机械合金化法和液氨钠盐还原法等。采用有机聚合裂解法制备 Si-B-C-N 非晶陶瓷的工艺大致包括聚合物的合成、对聚合物进行不熔化处理和成型、在高温惰性气氛中裂解和在更高的温度下晶化处理等步骤，其典型工艺流程如图 1-9 所示。采用此方法合成陶瓷的高温稳定性好、纯度高、合成路线可控、所需设备相对简单；其缺点在于原料价格昂贵且具有污染环境的隐患，合成陶瓷致密度低。

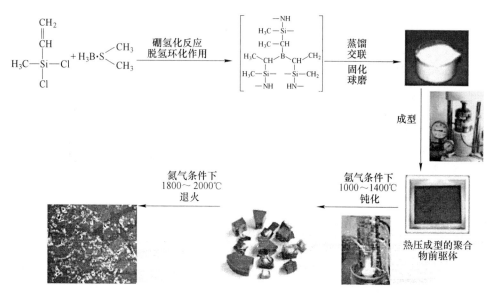

图 1-9　采用有机聚合物裂解法制备 Si-B-C-N 陶瓷的工艺流程

物理气相沉积方法如下：将含有 Si、B、C 三种元素的单质或化合物按照一定的比例制成靶材，将欲在其表面沉积薄膜的材料或零部件作为衬底。先将反应室抽真空，然后通入氮气或氮/氩混合气体，通过辉光放电使气体电离。靶材表面的原子因受到离子或电子的轰击而被激发成气态原子或离子，与氮气原子或离子发生反应后，在衬底表面沉积形成同时含有 Si、B、C、N 四种元素的薄膜。该方法适用于多种衬底材料或零部件但不适用于合成块体陶瓷。

机械合金化法主要采用硅粉、石墨粉和 h-BN 粉为原料，经过高能球磨后，得到大部分组织为非晶体的 Si-B-C-N 粉体，然后将粉体热压烧结或者 SPS 烧结后，得到纳米复相陶瓷。该方法的工艺过程如图 1-10 所示。采用该方法制备的 Si-B-C-N 陶瓷的工艺所用原料廉价、无毒，对人员和环境污染较小，使用的设备和工艺比较简单，可以制备出致密的大尺寸陶瓷样品。但是，相对于有机聚合物裂解法，采用机械合金化工艺制备 Si-B-C-N 陶瓷也有一些缺点。主要包括：（1）氮元素只能以化合物的形式被引入到陶瓷中，对其含量的调整能力较差；（2）在经过机械球磨得到的粉体中，元素之间发生化学反应的均匀性及各元素分布的均匀性较低；（3）非晶粉体在高温下的组织稳定性较低；（4）致密陶瓷的制备需要将粉体在高温高压下烧结来完成，这样的烧结条件将使非晶组织较容易晶化。所以，到目前为止，采用该工艺制备出的 Si-B-C-N 陶瓷均为晶粒尺寸约为 200~500nm 的复相陶瓷。

液氨钠盐还原法是一种合成 Si-B-C-N 纳米非晶粉体的新方法。该方法在低温液氨体系中，利用液氨能够溶解碱金属形成强还原介质的特性，以 SiCl$_4$、

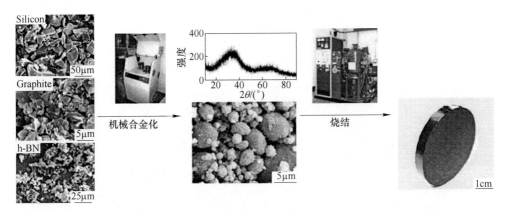

图 1-10　采用机械合金化工艺制备 Si-B-C-N

$SiCl_3CH_3$ 和 BBr_3 的混合溶液为原料，金属钠为还原剂，反应制备了 Si-B-C-N 纳米非晶粉体；并以该粉体为原料，采用放电等离子烧结的方式，制备了致密的 Si-B-C-N 非晶陶瓷，如图 1-11 所示。与现行的有机先驱体合成工艺相比，该方法省去了先驱体聚合物合成的复杂过程，具有工艺简单、流程短、制备温度低等特点，并且合成粉体的清洁度高、尺度很小，为纳米级。但是该合成工艺存在量产难度大的问题。

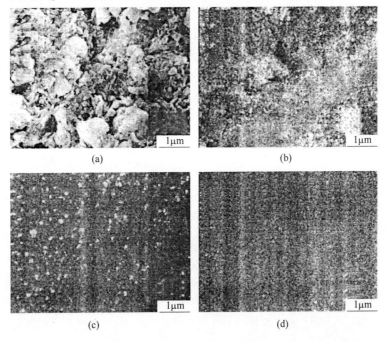

图 1-11　Si-B-C-N 粉体在不同温度下 SPS 烧结试样断面的扫描电镜照片

(a) 1450℃；(b) 1500℃；(c) 1550℃；(d) 1650℃

1.5　小结

非氧化物陶瓷近几十年取得了很大的发展，极大地推动了现代高新科技的进步，在人类社会进步的历程中有着巨大的促进作用，对经济和国防建设做出了不可替代的贡献。本章对传统二元碳化物、氮化物、硼化物和硅化物，以及三元的MAX 相陶瓷以及四元的非晶 Si-B-C-N 陶瓷的结构组成、性能特点、应用方向以及合成方法进行了介绍。其中多数材料已经实现了工业化应用，但是如何在降低制备成本的前提下，实现相关材料性能，尤其是高温稳定性能的提升还有待从业者进一步探讨。

2 非氧化物陶瓷的高温氧化行为

2.1 非氧化物陶瓷高温氧化的一般特点

由于非氧化物陶瓷的许多性能优于氧化物陶瓷，使之在许多特定场合的应用日益广泛，但在高温下使用时，非氧化物陶瓷往往存在氧化问题，这使得其的使用寿命受到限制，而且对其性能也有重要影响。从热力学上讲，高温下非氧化物陶瓷极易与氧气结合生成相应的氧化物和气体产物，如图 2-1 所示。然而，在实际服役环境下，非氧化物陶瓷的氧化进程更多是受到动力学过程（产物形貌变化、样品尺寸、氧分压等）的控制。

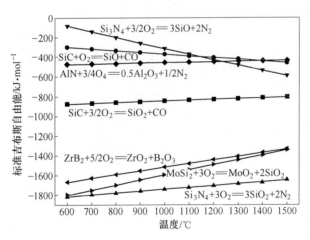

图 2-1 典型非氧化物陶瓷高温氧化反应标准吉布斯自由能与温度的关系

众所周知，非氧化物陶瓷（M）在高温下发生氧化后，要么以惰性氧化的方式形成相对致密的产物层 MO_x（见图 2-2），要么以活性氧化的方式生成挥发性的产物 MO_y，后者的出现主要取决于环境中氧化源气体的分压和温度。

在惰性氧化的最开始阶段，产物层相对较薄，此时反应由界面化学反应控制。随着氧化层厚度的增加，反应的限速环节迅速转换为扩散过程。虽然形成的氧化层能够使非氧化物陶瓷钝化，但也易导致材料发生开裂（非氧化物材料基体与产物层间有热膨胀系数差异），进而降低基体材料的性能。

在富燃料燃烧或者热处理环境，极低的氧分压并不足以形成保护性氧化物

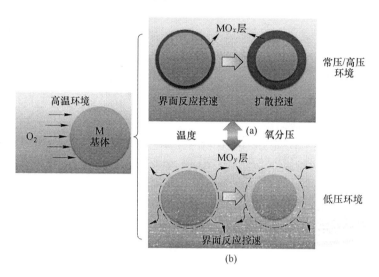

图 2-2　非氧化物陶瓷氧化过程示意图
（a）惰性氧化；（b）活性氧化

层。在这种情况下形成的气体氧化产物并没有保护非氧化物陶瓷基体的作用。通常，活化氧化并没有动力学的阻碍，这是因为气流通过气相边界层的扩散往往是可以被忽略的。因此，活化氧化会以较高的速率进行，进而加快非氧化物陶瓷的消耗速度。上述活化氧化的发生主要出现在含硅的材料中，如 SiC 和 Si_3N_4 等。

基于上述描述和讨论，可以发现非氧化物陶瓷的惰性和活性氧化反应间存在特定的联系。如图 2-2 所示，对于含硅的非氧化物陶瓷，这两种氧化形式可以通过氧分压和体系温度的变化实现相互转化。在实际应用当中，这种氧化形式的转换主要发生在高超声速再入飞行器的前缘或在低氧热处理环境中，而两者彼此之间相互转换的机理是不同的。

2.2　非氧化物陶瓷高温氧化的研究手段和表征方法

采用先进的测试仪器和表征技术是研究外部环境对非氧化物陶瓷气固界面反应影响的一种有效方法。测试技术主要是高温反应分析，通过分析可以获得反应动力学曲线和反应样品。至于表征技术，它们主要包含阶段使用 X 射线衍射（X-ray diffraction，XRD）分析，形态学分析使用光学显微镜（optical microscope，OM）、扫描电子显微镜（scanning electron microscope，SEM）、透射电子显微镜（TEM）和原子力显微镜（atomic force microscope，AFM）、拉曼光谱（Raman spectroscopy，RS）和微观结构分析、X 射线光电子能谱（X-ray photo-electric spectroscopy，XPS）和二次离子质谱仪（secondary ion mass spectrometer，SIMS）。

这些表征技术可以直观地观察到反应界面的各种变化，清晰地解释不同反应条件下的具体现象。

2.2.1 非氧化物陶瓷高温氧化的研究手段

高温炉是对非氧化物陶瓷高温气固反应进行分析必不可缺少的设备。通过高温炉可以获得特定反应条件下的重要动力学数据以及相应的反应样品，用于后续表征。对于非氧化物陶瓷，探求其氧化规律最常用的方法有两种：热重分析法和称量法。热重法（thermogravimetry，TG）就是利用热重分析仪，在程序控温下，在动态（连续升温）或静态（恒定在某一温度保持不同时间）条件下测量材料的质量与温度、时间的关系的一种技术。静态分析法就是把试样在各个给定的温度下加热到恒重，然后用温度-重量变化作图的方法。动态法则是在加热过程中，边升温，边连续称出样品的质量变化，然后按温度-质量变化作图的方法。由于试样质量变化的实际过程不是在某一温度下同时发生并瞬间完成的，因此热重曲线的形状不呈直角台阶状，而是形成带有过渡和倾斜区段的曲线。曲线的水平部分（即平台）表示质量是恒定的，曲线斜率发生变化的部分表示质量的变化。这种方法比较简单易行，并且在实验过程中根据材料实际使用条件可调整氧化气氛，使研究结果更符合实际情况。

尽管热重法具有以上优点，但由于该方法所需试样较少，因此不便于进一步分析其氧化过程，这时往往需要采用称量法。称量法是将经预处理后的试样放置或悬挂于加热炉中，在某一温度下保温不同时间，用灵敏度高的天平称量氧化前后质量来探求其氧化规律的方法。这种方法一般只能研究等温氧化规律。也有的研究者利用氮氧分析仪测量氧化后产物的含氧量，再由公式计算其氧化后的质量，从而得出其氧化行为变化规律。此外，通过分析不同时间反应后产物层厚度的变化，也能够对材料高温反应动力学过程进行分析和讨论。

2.2.2 非氧化物陶瓷高温氧化的表征方法

2.2.2.1 X射线衍射技术的原理及其应用

X射线衍射技术是材料科学研究中一种重要的手段，广泛地应用于材料的结构表征。X射线衍射分析是利用晶体形成的X射线衍射，对物质进行内部原子空间分布状况的结构分析方法。将具有一定波长的X射线照射到结晶性物质上时，X射线因在结晶内遇到规则排列的原子或离子而发生散射，散射的X射线在某些方向上相位得到加强，从而显示与结晶结构相对应的特有的衍射现象（见图2-3）。

物相分析是指通过X射线衍射技术对试样的物质材料构成进行测定的方法，即确定材料是由哪些相组成以及这些组成相的含量是多少。通过物相分析可以得

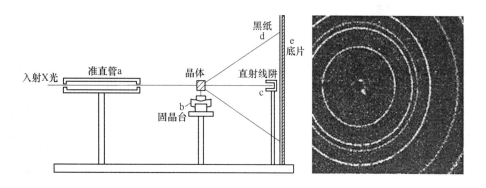

图 2-3　X 射线穿过晶体产生衍射过程

知材料的结构与成分信息，这对材料性质的研究与应用都是十分关键的。X 射线的物相分析具体可以分为定性分析和定量分析。利用 JCPDS 卡片，可以将获得的衍射峰与标准峰进行对比，从而对材料的晶型物相进行定性分析；同时，根据衍射线累积强度也可以进行物相的定量分析。

2.2.2.2　扫描电子显微镜的原理及其应用

扫描电子显微镜的制造依据是电子与物质的相互作用。从原理上讲扫描电子显微镜就是利用聚焦得非常细的高能电子束在试样上扫描，从而激发出试样的各种物理信息，然后通过对这些信息的接受、放大和显示成像，获得测试试样表面形貌的仪器。

扫描电子显微镜的试样为块状或粉体颗粒，成像信号可以是二次电子、背散射电子或吸收电子。其中二次电子是最主要的成像信号。由电子枪发射的能量为 5~35keV 的电子，以其交叉斑作为电子源，经二级聚光镜及物镜的缩小形成具有一定能量、一定束流强度和束斑直径的微细电子束，在扫描线圈驱动下，于试样表面按一定时间、空间顺序作栅网式扫描。聚焦电子束与试样相互作用，产生二次电子发射（以及其他物理信号），二次电子发射量随试样表面形貌而变化。二次电子信号被探测器收集转换成电信号，经视频放大后输入到显像管栅极，通过调制与入射电子束同步扫描的显像管亮度，可得到反映试样表面形貌的二次电子像。

由图 2-4 中可以看出，从电子枪阴极发出的直径 20~30nm 的电子束受到阴阳极之间的加速电压的作用，射向镜筒；经过聚光镜和物镜聚焦后，形成一个具有一定能量、强度和斑点直径的入射电子束。在物镜上部扫描线圈产生的磁场的作用下，入射电子束按一定时间、空间顺序作光栅式扫描。由于入射电子与样品之间的相互作用，从样品中激发出的信号被不同的检测器收集，并成像。

2.2.2.3 透射电子显微镜的工作原理及其应用

透射电子显微镜是以波长极短的电子束作为照明源，用电磁透镜对透射电子聚焦成像的一种具有高分辨本领、高放大倍数的电子光学仪器，可用来直接观察原子像。

透射电镜的总体工作原理是：由电子枪发射出来的电子束，在真空通道中沿着镜体光轴穿越聚光镜，通过聚光镜将之会聚成一束尖细、明亮而又均匀的光斑，照射在样品室内的样品上；透过样品后的电子束携带有样品内部的结构信息，样品内致密处透过的电子量少，稀疏处透过的电子量多；经过物镜的会聚调焦和初级放大后，电子束进入下级的中间透镜和第1、第2投影镜进行综合放大成像，最终被放大了的电子影像投射在观察室内的荧光屏板上；荧光屏将电子影像转化为可见光影像以供使用者观察（工作原理如图2-5所示）。

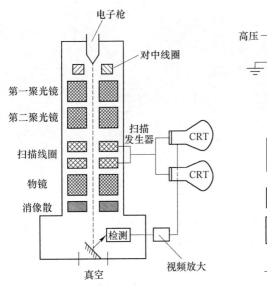

图2-4 扫描电子显微镜成像原理

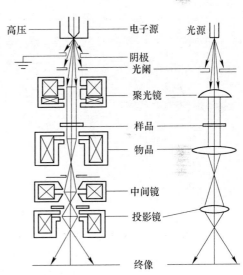

图2-5 透射电子显微镜的工作原理

透射电子显微镜成像模式可分为三种：（1）吸收像。当电子射到质量、密度大的样品时，样品上质量厚度大的地方对电子的散射角大，通过的电子较少，此种成像模式得到的像亮度较暗。（2）衍射像。电子束被样品衍射后，样品不同位置的衍射波振幅分布对应于样品中晶体各部分不同的衍射能力，样品组出现晶体缺陷时，衍射波的振幅分布不均匀，因此衍射像可以反映出晶体缺陷的分布。（3）相位像。当样品薄至10nm以下时，电子可以穿过样品，波的振幅变化可以忽略，此时的成像来自于相位的变化。透射电子显微镜的分辨率比光学显微镜高很多，可以达到 0.1~0.2nm，放大倍数为几万至百万倍。因此，使用透射电子显微镜可以用于观察样品的精细结构，甚至可以用于观察仅仅一列原子的结构，比光学显微镜能够观察的最小的结构小数万倍。TEM 在物理学和生物学相关的许多科学领域中都是重要的分析方法，如癌症研究、病毒学、材料科学，以及纳米技术、半导体研究等。

2.2.2.4　X 射线光电子能谱技术的原理及其应用

X 射线光电子能谱是一种基于光电效应的电子能谱，它是利用 X 射线去辐射样品，使原子或分子的内层电子或价电子受激发射出来。被光子激发出来的电子称为光电子。X 射线光子的能量在 1000~1500eV 之间，不仅可使分子的价电子电离而且也可以把内层电子激发出来，内层电子的能级受分子环境的影响很小。同一原子的内层电子结合能在不同分子中相差很小，所以它是特征的。光子入射到固体表面激发出光电子，利用能量分析器测量光电子的能量，以光电子的动能 /束缚能（$EB = hv$ 光能量-Ek 动能-w 功函数）为横坐标，相对强度（脉冲/s）为纵坐标可做出光电子能谱图。工作原理如图 2-6 所示。X 射线光电子能谱因对化学分析最有用，因此被称为化学分析用电子能谱。

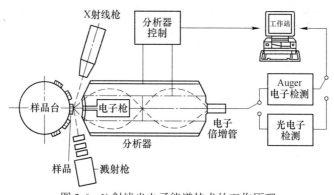

图 2-6　X 射线光电子能谱技术的工作原理

2.2.2.5　拉曼光谱技术的原理及其应用

拉曼光谱是一种散射光谱。拉曼光谱分析法是基于印度科学家 C. V. Raman 所发现的拉曼散射效应，对与入射光频率不同的散射光谱进行分析的方法。当用波长比试样粒径小得多的单色光照射气体、液体或透明试样时，大部分的光会按原来的方向透射，而一小部分则按不同的角度散射开来，产生散射光。在垂直方向观察时，除了与原入射光有相同频率的瑞利散射外，还有一系列对称分布着若干条很弱的与入射光频率发生位移的拉曼谱线，这种现象称为拉曼效应。由于拉曼谱线的数目、位移的大小、谱线的长度直接与试样分子振动或转动能级有关。

因此，与红外吸收光谱类似，对拉曼光谱的研究也可以得到有关分子振动或转动的信息。目前拉曼光谱分析技术已广泛应用于物质的鉴定、分子结构的谱线特征研究。

通过对拉曼图谱分析可以得出定性信息和定量信息。因为拉曼光谱常包含有许多确定的能分辨的拉曼峰，所以应用拉曼光谱分析可以定性地区分出各种各样的试样并限定这些可能物的数量。另外，通过拉曼光谱可以测得分析物的拉曼峰强度与分析物浓度间的线性比例关系，应用拉曼管光谱分析可以得到分析物拉曼峰面积与分析物浓度间的关系曲线。

2.2.2.6 二次离子质谱的原理及其应用

二次离子质谱是一种基于质谱的表面分析技术，由于其灵敏度高而被用于表面成分精密分析。二次离子质谱原理是基于一次离子与样品表面的互相作用（基本原理如图2-7所示）。带有几千电子伏特能量的一次离子轰击样品表面，在轰击的区域引发一系列物理及化学过程，包括一次离子散射及表面原子、原子团、正负离子的溅射和表面化学反应等，产生二次离子，这些带电粒子经过质量分析可得到关于样品表面信息的质谱，简称二次离子质谱。

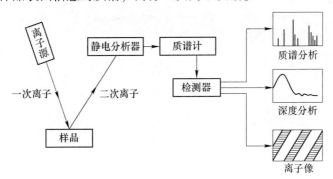

图2-7 二次离子质谱仪工作原理

通过质谱图可以获取样品表面的分子、元素及同位素的信息，可以探测化学元素或化合物在样品表面和内部的分布，也可以用于生物组织和细胞表面或内部化学成分的成像分析，配合样品表面扫描和剥离（溅射剥离速度可以达到 $10\mu m/h$），还可以得到样品表层或内部化学成分的三维图像。二次离子质谱具有很高的灵敏度，可达到 10^{-6} 甚至 10^{-9} 的量级，还可以进行微区成分成像和深度剖面分析。

2.2.2.7 原子力显微镜的原理及其应用

原子力显微镜是一种可用来研究包括绝缘体在内的固体材料表面结构的分析

仪器。它通过检测待测样品表面和一个微型力敏感元件之间的极微弱的原子间相互作用力来研究物质的表面结构及性质。

　　原子力显微镜系统（见图 2-8）可分成三个部分：力检测部分、位置检测部分、反馈系统。将一个对微弱力极端敏感的微悬臂一端固定，另一端的微小针尖接近样品，这时它将与其相互作用，作用力将使得微悬臂发生形变或运动状态发生变化。让样品表面与探针之间的距离小于 $3 \sim 4nm$，以及在它们之间检测到的作用力小于 $10^{-8}N$，扫描时控制这种作用力恒定，带针尖的微悬臂将对应于原子间作用力的等位面，在垂直于样品表面方向上起伏运动，因而会使反射光的位置改变而造成偏移量，通过光电检测系统（通常利用光学、电容或隧道电流方法）对微悬臂的偏转进行扫描，测得微悬臂对应于扫描各点的位置变化，此时激光检测器会记录此偏移量，也会把此时的信号给反馈系统，以利于系统做适当的调整，最后将信号放大并转换，从而得到样品表面形貌结构信息、粗糙度信息及表面原子级的三维立体形貌图像。原子力显微镜多应用于纸张质量检验、陶瓷膜表面形貌分析以及评定材料纳米尺度表面形貌特征。

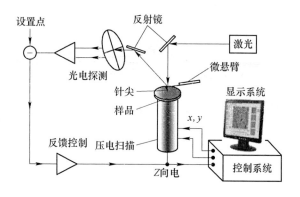

图 2-8　原子力显微镜的工作原理

2.2.2.8　金相显微镜的原理及其应用

　　光学显微镜是利用光学原理，把人眼不能分辨的微小物体放大成像，以供人们提取微细结构信息的光学仪器。显微镜的光学系统主要包括物镜、目镜、反光镜和聚光器四个部分。广义地说也包括照明光源、滤光器、盖玻片和载玻片等。（主要结构如图 2-9 所示）物镜是决定显微镜性能的最重要部件，安装在物镜转换器上，接近被观察的物体；目镜安装在镜筒的上端靠近观察者的眼睛；光器也叫集光器，由聚光镜和可变光阑组成，位于标本下方的聚光器支架上；反光镜是一个可以随意转动的双面镜，直径为 50mm，一面为平面，一面为凹面，其作用是将从任何方向射来的光线经通光孔反射上来。平面镜反射光线的能力较弱，是在光线较强时使用；凹面镜反射光线的能力较强，是在光线较弱时使用。

显微镜由两个会聚透镜组成（光学显微镜的结构如图 2-9 所示）。物体 AB 经物镜成放大倒立的实像 A_1B_1，A_1B_1 位于目镜的物方焦距的内侧，经目镜后成放大的虚像 A_2B_2 于明视距离处。显微镜是利用凸透镜的放大成像原理，将人眼不能分辨的微小物体放大到人眼能分辨的尺寸，其主要是增大近处微小物体对眼睛的张角（视角大的物体在视网膜上成像大），用角放大率 M 表示它们的放大本领。因同一件物体对眼睛的张角与物体离眼睛的距离有关，所以一般规定

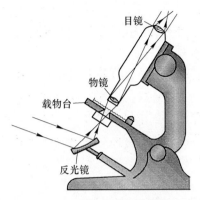

图 2-9 光学显微镜的结构

像离眼睛距离为 25cm（明视距离）处的放大率为仪器的放大率。显微镜观察物体时通常视角甚小，因此视角之比可用其正切之比代替。光学显微镜是一种既古老又年轻的科学工具，从诞生至今，光学显微镜已广泛应用于生物学、化学、材料性能研究、物理学和天文学中。

随着仪器设备加工工艺的提高，上述表征方法的精度也获得了很大的提升，因而在表征非氧化物陶瓷高温气固反应方面也扮演着越来越重要的角色。在后续对碳化物、氮化物、硼化物和硅化物等非氧化物陶瓷的高温氧化行为介绍和讨论中，将会对上述表征方法的应用也一并进行介绍。

2.3 碳化物陶瓷的高温氧化行为

在高温领域，SiC 材料是应用最为广泛的碳化物陶瓷，下面以该材料为例对碳化物陶瓷的高温氧化行为进行具体介绍和讨论。

2.3.1 高温惰性氧化行为

SiC 陶瓷在高温常压环境下氧化后通常会发生惰性氧化，形成保护性的致密相氧化产物（SiO_2），其反应可表示如下：

$$SiC(s) + \frac{3}{2}O_2(g) = SiO_2(s) + CO(g) \tag{2-1}$$

针对不同维度的 SiC 陶瓷，研究者在不同条件下已开展了较为系统的研究。

2.3.1.1 SiC 粉体

对 SiC 粉体在空气环境下 600～1500℃ 的变温氧化行为和在 1350～1400℃ 的恒温氧化行为进行了研究。图 2-10 所示为 SiC 粉体在 600～1500℃ 变温氧化的热

重结果。从图中可以看出，SiC 粉体氧化反应大约从 1000℃开始发生，随着反应温度的升高，其氧化速率逐渐变快。图 2-11 所示为 SiC 粉体在 1350℃和 1400℃恒温氧化的结果，可以看出在 1350℃和 1400℃条件下 SiC 粉体的氧化行为具有相似的规律，即反应初始阶段反应速率很快，而后随着反应时间的延长反应速率逐渐下降，这表明扩散过程是 SiC 粉体氧化的控制步骤。

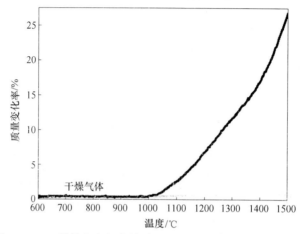

图 2-10　SiC 粉体在空气条件下 600~1500℃变温氧化热重结果

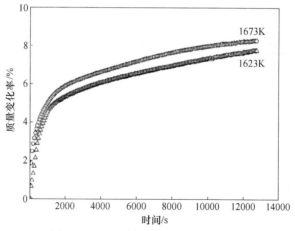

图 2-11　SiC 粉体的等温氧化热重曲线

　　为了进一步分析 SiC 粉体氧化前后显微形貌和物相组成的变化，进一步采用光学显微镜和 XRD 来进行表征，其结果如图 2-12 所示。图 2-12（a）是未反应的 SiC 粉体颗粒横截面的光学显微照片，其中灰色区域和较暗点分别代表金属条带 SiC。从图 2-12（a）可以看出，SiC 颗粒具有光滑的边缘和不规则的形状。图 2-12（b）和（c）分别对应于 1350℃和 1400℃氧化的 SiC 颗粒的横截面。与原料相比，形态没有太大变化，只是随着温度的升高，颗粒边缘变得更加平滑。对应于该温度范围的 XRD 结果表明，结晶氧化产物是二氧化硅，并且其强度随着氧化温度的升高而增加。

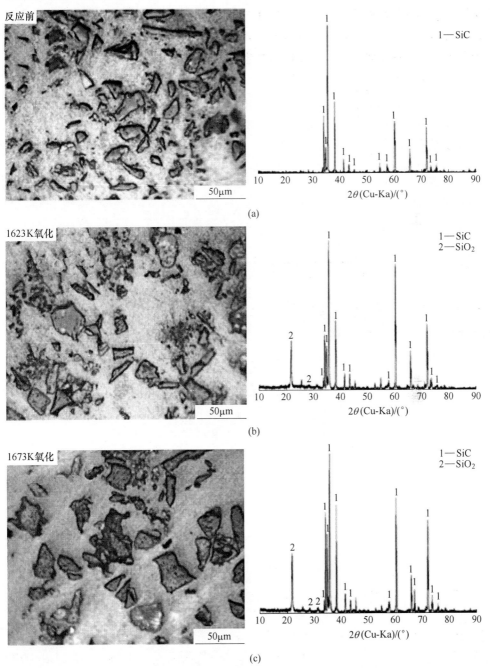

图 2-12　SiC 粉体氧化前后的形貌演变

（a）未反应的 SiC；（b）1350℃反应后的 SiC 形貌；（c）1400℃反应后的 SiC 形貌

2.3.1.2　SiC 纤维

作者课题组对合成的自成膜结构 SiC 纤维在空气条件下进行了氧化研究。图 2-13 所示为 SiC 纤维在 600~1500℃的非等温氧化行为。从图 2-13（a）可以看出，氧化反应从 700℃左右开始，质量增加率从 1100℃到 1500℃迅速增加。氧化后的微观结构（见图 2-13（b））表明，由于高温下的晶体生长，纤维直径变大，氧化后长度变短。主要原因是氧化产物、SiO_2 和 SiC 纤维之间的热膨胀系数差异会导致长纤维变短。反应后的 SiC 仍然保持着纤维的微观结构，这表明其具有良好的热稳定性。

图 2-13　SiC 纤维在空气中 600~1500℃的非等温氧化结果

（a）热重曲线；（b）氧化后形貌

基于变温氧化结果，进一步进行 SiC 纤维在 1250~1450℃的恒温氧化研究（见图 2-14）。

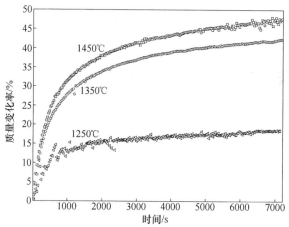

图 2-14　SiC 纤维在空气条件下 1250~1450℃恒温氧化热重曲线

　　从图 2-14 可以看出，SiC 纤维的氧化增重量与氧化温度成正比。在特定的温度下，材料前期氧化增重速率很快，随着时间延长逐渐趋于平稳，这说明 SiC 纤维的氧化是扩散控速为主。图 2-15 给出了 SiC 纤维在不同温度反应后显微结构的演变情况。在 1250℃氧化 2h 后，SiC 的纤维结构仍然存在（见图 2-15（a）），但由于高温下晶体生长，直径变大。这与非等温氧化后的相似。在高放大倍率下，可以看到部分纤维的表面出现了鼓包，如图沿着图 2-15（b）中的实线圆圈标记所示。EDS 分析（见图 2-15（c））显示，溶胀由 Si 和 O 组成，原子比为 1∶2，表明它们是二氧化硅。前期分析表明，部分 SiC 原始纤维的特定位置包含类似竹节状的形态。竹节区域由微孪晶组成，属于一种缺陷，暴露在空气中时优先被氧化。随着反应时间的延长，竹子接合区域的氧化层变厚，从而形成隆起。随着温度升高到 1350℃，由于反应能垒的减少，整个形态的演变更加明显，结果，纤维状微结构保留（见图 2-15（d）），而其长度变得相对较短，如图 2-15（e）和（f）所示。应该归因于图 2-15（e）中由圆圈标记的膨胀部分处的 SiO_2 和 SiC 纤维之间的不同热膨胀系数。这种现象在 1450℃时变得更加明显（见图 2-15（g）~（i））。如图 2-15（h）和（i）所示，由于合成原料（脉石）中含有 Fe、Na_2O 等杂质，反应完产物发生明显的烧结，这使得 SiC 多孔膜表面变成致密的 SiO_2 晶体簇（如图 2-15（h）中虚线圆圈所示）。由于形成致密的 SiO_2 层，阻挡了氧气到达反应界面的路径，并且随着时间的延长使氧化进行得非常缓慢。

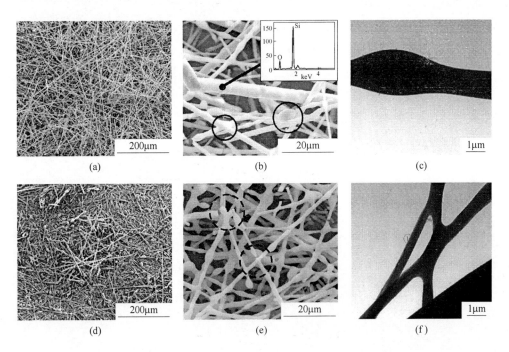

(a)　　　　　　　　　　(b)　　　　　　　　　　(c)

(d)　　　　　　　　　　(e)　　　　　　　　　　(f)

图 2-15　在不同温度下在空气中氧化 2h 后的 SiC 纤维的 SEM 和 TEM 图像

（a）~（c）1250℃；（d）~（f）1350℃；（g）~（i）1450℃

2.3.1.3　SiC 块体

F. Rodríguez-Rojas 等人对液相烧结（LPS）SiC 表面氧化进行了研究。图2-16 中显示了在 1100℃ 和 1450℃ 之间的温度下暴露于环境空气的 LPS SiC 陶瓷实验获得的特定质量变化曲线。首先，所有曲线都显示整个曝光期间的特定质量增加。其次，对于给定的暴露温度，特定质量增加的速率随着暴露于空气的时间增加而减慢；即氧化动力学是非线性的。总之，这两个观察结果表明在 LPS SiC 陶瓷表面上形成氧化皮。最后，特定质量增加率随着暴露于空气的温度增加而增加。低于 1350℃，缓慢的氧化速率和适度的最终质量增益表明氧化皮具有很强的保护性。相比之下，在 1350℃ 及以上，更快的氧化速率和明显的最终质量增加表明氧化皮的保护性较低温时弱。用 Al_2O_3-Y_2O_3 添加剂制备的 LPS SiC 在 1350℃ 下的抗氧化性突然降低，归因于在 1350℃ 时 Y_2O_3-Al_2O_3-SiO_2 三元系统中存在共晶相。共晶相的低黏度允许氧化剂物质更快传输，从而导致加速氧化。

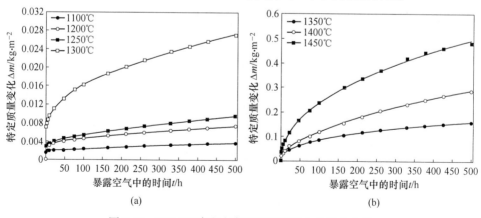

图 2-16　LPS SiC 陶瓷在高温空气环境中的氧化曲线

（a）1100~1300℃；（b）1350~1450℃

图 2-17 中显示了 LPS SiC 陶瓷在 1100~1450℃的温度下暴露于环境空气 500h 之前和之后的宏观照片。相对于加工条件，经过氧化试验的所有样品的表面都失去了特有的抛光光泽，并且显示出氧化皮的明显迹象。并且表面氧化的严重程度随着暴露于空气的温度的增加而不断增加，这与图 2-16 中所示的氧化曲线一致。此外，在该观察尺度下，在 1350℃以下形成的氧化物层看起来相对平坦、光滑、均匀、致密，呈浅灰色；在 1350℃及以上，它们变得粗糙、不均匀、多孔和发白。这些观察结果再一次表明，在 LPS SiC 陶瓷氧化过程中形成的氧化皮在 1350℃时保护性较差。

图 2-17   LPS SiC 陶瓷在空气环境 1100~1450℃的温度下氧化 500h 之前和之后的外观
（a）处理前；（b）1100℃；（c）1200℃；（d）1250℃；（e）1300℃；（f）1350℃；（g）1400℃；（h）1450℃

图 2-18 显示了在 1200℃、1350℃和 1400℃下氧化 500h 后 LPS SiC 陶瓷的代表性平面 SEM 图像。其中嵌入基质中的粗晶粒（SiO_2）是等轴的，具有约 $3\mu m$ 的尺寸，并且完全嵌入基质中，晶粒之间的间隔为约 $2~4\mu m$。绝大多数封闭的孔具有球形和几微米的尺寸。孔可能是由氧化物垢中逸出的气态产物产生的气泡。氧化前后 LPS SiC 陶瓷的 X 射线衍射分析进一步支持了扫描电镜/XEDS 分析推断的结果。如图 2-19 所示，X 射线衍射图中明确的峰的存在证实了 SiO_2 氧化膜的结晶。

SiC 材料如果没有助烧剂（如氧化铝、硼、碳等）的话是很难烧结致密的，而这些少量助烧剂或杂质在高温氧化过程中会穿过 SiO_2 膜发生再分布以达到化学势的平衡。通常扩散到 SiO_2 膜的杂质会降低 SiO_2 膜的黏度，从而使氧通过 SiO_2 膜向内扩散加快，加速 SiC 的氧化。Costello 和 Tressler 等人研究发现，SiC 在氧化过程中 B 在 SiO_2 膜中偏聚，而邻近的 SiC 出现贫 B 区。这个结果说明 SiC 中的助烧剂或杂质可能会偏聚在 SiO_2 膜中，从而影响 SiC 的氧化特性。M. Maeda 等人研究了掺入各种助烧剂的 SiC 的氧化特性，发现都表现出近似抛物线规律，

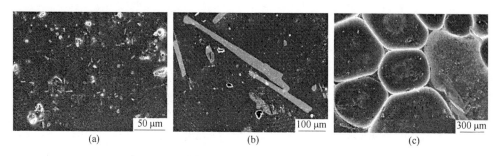

(a)　　　　　　　　　　(b)　　　　　　　　　　(c)

图 2-18　LPS SiC 陶瓷在空气中不同温度氧化 500h 后表面形貌照片
（a）1200℃；（b）1350℃；（c）1400℃

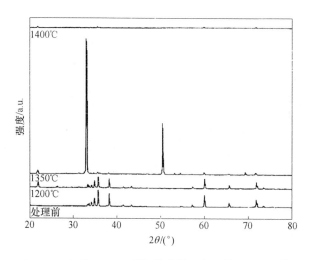

图 2-19　在 1200℃、1350℃ 和 1450℃ 下氧化之前和之后的 LPS SiC 陶瓷的 XRD 图谱

与纯 SiC 一致。他们认为助烧剂或杂质可能会加快 SiC 的氧化速度，但没有从根本上改变氧化机制。

Fernando 等人对杂质对 SiC 氧化的影响做出了研究。图 2-20 中（a）~（d）显示了以（Δm）^{2}-t 图表形式呈现的实验测量的长期氧化曲线。此类图的结果已经表明氧化动力学是否遵循抛物线速率定律，这取决于（Δm）^{2}-t 关系是否是线性的，从典型的（Δm）^{2}-t 得出结论要困难得多。如图 2-20 所示，无论氧化温度和烧结添加剂含量如何，在整个 T 范围内，（Δm）^{2}-t 关系不是完全线性的，但在氧化的第一个小时内表现出一定的凹度。由此可以得出氧化动力学最初并不遵循抛物线速率定律，但在一定的氧化时间后它确实遵循抛物线速率定律。这种观察是非常重要的。因为这类具有两段延伸的复杂氧化曲线不能像之前所尝试的那样使用单一动力学模型进行适当的再现，而是需要两个动力学模型（每个延伸一个）的组合。这些曲线的其余观察结果在质量上与之前检测的一致，即：（1）根据整个氧化过程中非线性的比质量增益，氧化是被动的和保护的；（2）从比质量增益的相应增加可以推断，随着氧化温度和烧结添加剂含量的升高，抗氧化性降低。

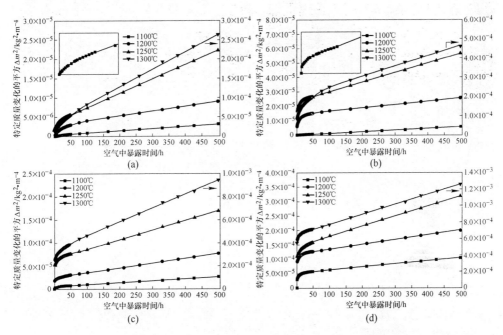

图 2-20 烧结添加剂含量在 5%~20%（质量分数）之间的 PLPS-SiC 陶瓷在 1100~1300℃ 温度下暴露于环境空气中的氧化曲线的平方
(a) 5%；(b) 10%；(c) 15%；(d) 20%

早期用这些和其他氧化物添加剂烧结的 SiC 陶瓷的氧化研究表明，在这些中等温度下，氧化曲线上存在两个不同的延伸，这确实反映了氧化皮经历的渐进结晶过程。在保护性被动氧化的最初几个小时，由于晶体沉淀物起到了有效的扩散屏障的作用，因此逐渐减少了可用于氧向内扩散的非晶态横截面。由于烧结添加剂的阳离子与 SiC 颗粒氧化产生的二氧化硅反应，在 PLPS-SiC 陶瓷氧化过程中氧化皮可能部分结晶，这通常导致结晶硅酸盐与 $RE_2Si_2O_7$ 化学计量。本书中也出现了这种结晶现象，从图 2-21（a）和（b）中的扫描电镜显微照片推断，这与仅用 5%（质量分数）添加剂含量处理的 PLPS-SiC 陶瓷相对应（这代表了最不利的结晶情况，因为其在 1100℃和 1300℃氧化后，金属阳离子含量最低）。这些微观结构观察的重要性在于，已经很好地确定，当氧化皮结晶时，适当地拟合氧化曲线需要采用阿卡坦速率定律来模拟其第一个拉伸，而渐进偏差，一旦氧化皮的部分结晶结束，氧化皮就会发生裂化，并形成第二次拉伸的抛物线速率定律。在目前的情况下也是如此，通过这种方法获得的模型曲线与实验氧化数据之间在图 2-20（a）~（d）中存在的极好的一致性证实了这一点。

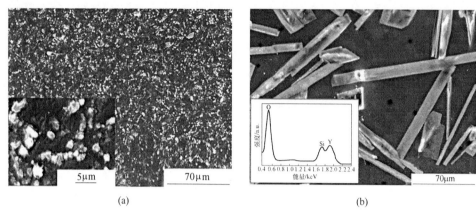

图 2-21　以 5% （质量分数） 烧结添加剂含量制备的 PLPS-SiC
陶瓷在空气中不同温度氧化 500h 后表面形貌照片
(a) 1100℃；(b) 1300℃

除了杂质外，SiC 材料氧化过程中形成的不同形态的氧化膜也会对其长期反应行为产生影响。碳化硅材料氧化表面形成了一层致密的 SiO_2 膜，在氧化的开始阶段和较低温度下，这种 SiO_2 膜是以玻璃态形式存在的。但是在高于 1200℃，它将会最终转变为结晶形态 （通常是方石英）。可以预料显微结构的转变会对氧化速度带来较大的影响。Ogbuji 研究了 CVDSiC 在 1300℃ 下 SiO_2 膜结晶对氧化规律的影响。首先对试样预氧化 50h，然后在氩气氛保护下在 1300℃ 退火 50~150h 进行结晶，再进行氧化，通过比较再氧化与预氧化的氧化速度，发现预氧化的氧化速度常数 K_p 比再氧化的至少高 30 倍，即 SiO_2 膜的结晶至少降低氧化速度 30 倍以上。这意味着氧在玻璃态 SiO_2 膜中的分子渗透要比在方石英中快 30 倍以上。实际上这也可以从一个侧面解释 SiC 材料的氧化规律是不完全的抛物线规律，因为在大多数情况下，SiO_2 膜同时存在玻璃态和方石英，因此氧分子的扩散是在两种介质里扩散的复合，有可能偏离抛物线规律。

2.3.2　高温活性氧化行为

在富燃料燃烧或者热处理环境，极低的氧分压并不足以形成保护性氧化物层，导致材料发生活化氧化形成气相挥发产物，其反应表达式如下：

$$SiC(s) + O_2(g) \Longrightarrow SiO(g) + CO(g) \qquad (2-2)$$

相较于相对简单的化学反应控速的单独活性氧化，在实际服役环境下更常见，也是更值得关注的是 SiC 陶瓷在不同环境活性-惰性的转变。

2.3.2.1　在 O_2/Ar 环境中活性—惰性氧化的转变

前期研究的对象是针对纯 Si 开展的。如图 2-22 所示，样品反应前期是以活性氧化的方式进行的，随着氧分压的逐渐地提升，SiO(g) 的生成速率也在逐渐提高。当混合气相中的氧分压达到 0.01 大气压时，热重曲线出现反转，并开始迅速形成相对致密的 SiO_2 相。Hinze 和 Graham 将这一现象称之为 I 型活性氧化，其典型特征在于有手指状二氧化硅的形成，如图 2-23 所示。X 射线衍射分析表明，这些手指状的 SiO_2 是非晶态的。它们很有可能是通过气态的 SiO 和 O_2 反应生成的，其反应示意图如图 2-24 所示。上述反应过程与 Turkdogan 提出的 SiO_2 "烟气" 理论很相似。

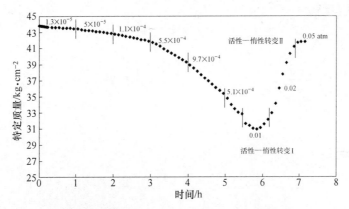

图 2-22 纯 Si 在 1310℃ 的 O_2/Ar 环境中活性—惰性氧化转换的两个阶段

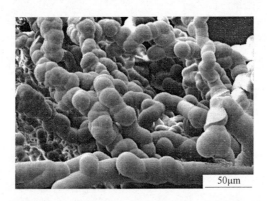

图 2-23 Si 在 1250℃ 的 O_2/Ar 环境中活性氧化第一阶段形成手指状的非晶 SiO_2 形貌

图 2-25（a）是针对 SiC 进行研究的典型结果。此时可以看出，从活性到惰性氧化的转换是非常明显的，该转换过程会直接伴随着惰性氧化膜的形成并且没有手指状 SiO_2 的形成。图 2-25（b）显示了经历了上述反应后 SiC 的表面形貌。活性氧化速率与氧分压的关系可以通过热重的结果得到，具体表达如下：

$$反应速率 = kP_{O_2}^n \tag{2-3a}$$

$$\lg(反应速率) = \lg k + n\lg(P_{O_2}) \tag{2-3b}$$

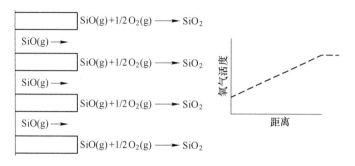

图 2-24　手指状 SiO$_2$ 形成的机理

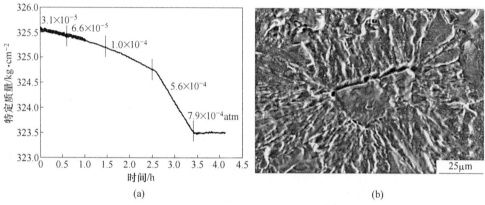

(a)　　　　　　　　　　　　　　　(b)

图 2-25　CVD SiC 在 1490℃环境下活性—惰性氧化转化结果

（a）热重曲线；（b）生成的 SiO$_2$ 产物形貌图

图 2-26　SiC 经过活性-惰性氧化转变后的宏观形貌：流动方向是从挂丝孔向下的试样长度

反应速率的大小很可能是通过 $O_2(g)$ 传输到样品表面，或 $SiO(g)$ 和 $CO(g)$ 远离样品表面来控制。图 2-26 给出了 SiC 挂片经过活性向惰性氧化转换后的宏观形貌。挂品表面干涉的图形表明已有一层薄薄的氧化膜形成，其中的弧很可能是发展中的边界层。假设反应式（2-2）是有效的，并且速率可以用 $SiO(g)$ 和 $CO(g)$ 离开平板边界层的有限质量传输来描述：

$$J = J_{SiO} + J_{CO} = 0.664(Re)^{0.5}(Sc_{SiO})^{0.33} \frac{D_{SiO/Ar}(p_{SiO} - p_{SiO,\infty})}{RTL} +$$

$$0.664(Re)^{0.5}(Sc_{SiO})^{0.33}\frac{D_{SiO/Ar}(p_{SiO}-p_{CO,\infty})}{RTL}$$

$$=\frac{0.664}{RTL}\left(\frac{v_\infty\rho_\infty L}{\eta}\right)^{0.5}\times\left[\left(\frac{\eta}{D_{SiO/Ar}\rho_\infty}\right)^{0.33}D_{SiO/Ar}p_{SiO}+\left(\frac{\eta}{D_{SiO/Ar}\rho_\infty}\right)^{0.33}D_{CO/Ar}p_{SiO}\right]$$

$$(2-4)$$

式中，J_i 为每摩尔/单位面积-单位时间所给出的反应速率；Re 为雷诺数；Sc 为施密特数；$D_{i/Ar}$ 为物质 i 在氩气中的扩散系数；p_i 为表面上扩散物质在氩气中的压力；p_∞ 为该物质在自由流中的压力（取为零）；R 为气体常数；T 为绝对温度；L 为试样的特征尺寸；v_∞ 为自由流速度；ρ_∞ 为自由流密度；η 为气体黏度。

从反应（2-2）和式（2-3a）、式（2-3b）中可以得到流量与总压和 $O_2(g)$ 分压的函数关系。总压力可以根据（式 2-4）中的密度和扩散速率推导出来。由于密度与压力成正比，而扩散速率与压力成反比，因此流量与总压力的开方成反比。在反应（2-2）中，假定 $p_{SiO}=p_{CO}$，因此产物的压力与氧气分压的开方成正比。因此，流量与氧气分压和总压力有关，具体如下：

$$J\propto\frac{p_{O_2}^{1/2}}{p_{total}^{1/2}}\tag{2-4a}$$

相较于 Si 活性氧化只生成 $SiO(g)$，式（2-4a）同样适用。对于式（2-2），将 $p_{SiO}=p_{CO}$ 代入，可以得到：

$$J\propto\frac{p_{O_2}^{3/4}}{p_{total}^{1/2}}\tag{2-4b}$$

通过式（2-4b），可以预测氧分压的幂指数为 0.5 或者 0.75。图 2-27(a) 给出了纯 Si 对应的测量值为（0.62±0.01），该计算结果表明纯 Si 的计算结果略高于预测值；图 2-27(b) 给出了 SiC 对应的测量值为（0.72±0.03），该结果表明式（2-2）中的反应是有效的。

其他研究者报告了一系列氧化源气体分压对活性氧化的影响。Rosner 和 Allendorf 以及 Antill 和 Warburton 认为，在压力逐渐下降的环境下反应速率对氧化源气体分压及反应速率并没有明显的影响。然而，Hinze 和 Graham 发现，在 O_2/Ar 环境中反应速率与氧化源气体分压呈线性关系。出现这种变化的原因可能是边界层形成不完全导致的。

2.3.2.2 在 O_2/Ar 环境中惰性-活性氧化的转变

如前所述，在这些现象的原始数据论述中，Wagner 对纯 Si 从活性向惰性氧化转换和从惰性到活性氧化转换进行了区分。活性向惰性氧化转换主要受 Si/SiO_2 界面条件的控制，而惰性到活性转换则是受 SiO_2 分解的控制。正如 Heuer 和 Lou

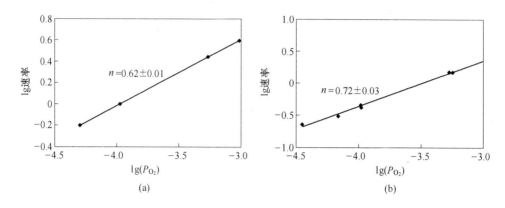

(a)　　　　　　　　　　　　　　　(b)

图 2-27　不同条件下氧分压对材料活性氧化速率的影响

（a）1310℃下对 Si 的影响；（b）1490℃对 SiC 的影响

指出的，这意味着 Si、SiC 和 Si$_3$N$_4$ 从惰性到活性的氧化转换是相同的。因此，实验研究主要对 Si 和 SiC 上 SiO$_2$ 氧化薄膜的分解来进行的。

图 2-28 给出了纯硅的计算结果。就目前实验结果而言，获得较低的氧分压是不可能的，在从惰性向活性氧化转换的有限温度范围内增加 Si 的熔点温度也是不可能的。这些和早期支持 Wagner 原始概念的研究数据，即纯硅从惰性到活性氧化转变过程中比纯硅从活性到惰性氧化转换的数据低几个数量级一致。

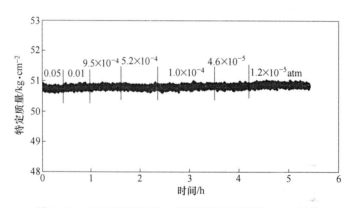

图 2-28　1310℃环境下纯 Si 随着氧化压下降的 TGA 结果

然而，实验数据表明上述关于纯 Si 的结论对于 SiC 来说并不适用。图 2-29 所示为 1490℃时 SiC 从惰性向活性氧化转换的 TGA 结果。可以看出，一段时间过后，样品进入活性氧化阶段。此外，该样品的外观是独特的，如图 2-30 所示，显示了似乎是一层不均匀的二氧化硅涂层。电子显微照片如图 2-31 所示。似乎是某种类型的气体喷发导致二氧化硅氧化膜结构受到破坏。这可能是反应中 SiC 与 SiO$_2$ 相互作用的结果。棒状 SiO$_2$ 的形成是这一反应是否形成 SiO（g）的一个重要参考指标，如图 2-32 所示，其反应机理与图 2-24 相同。XRD 分析表明，该样品主要为 SiC+方晶石，不同于纯硅样品的反应结果，这可能是由于温度更高的反应温度导致的。这些气体的喷发与其他研究人员观察到的 SiO_2 气泡类似，这些气泡会导致活性氧化。

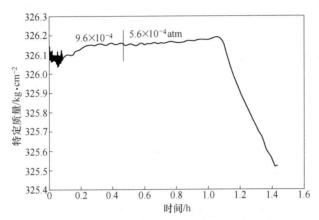

图 2-29　1490℃ 环境下 SiC 随着氧化压下降向活性氧化转换的 TGA 结果

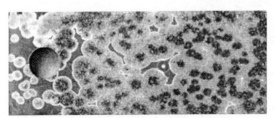

图 2-30　1490℃ 环境下 SiC 由惰性氧化向活性氧化转换过程中产物层 SiO_2 的破坏

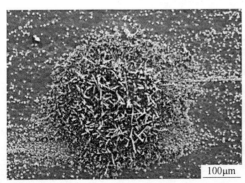

图 2-31　1490℃ 环境下 SiC 中心区域 SiO_2 的喷发状形貌
以及随后由 SiO（g）氧化成棒状 SiO_2 的形貌图

SiC 从惰性到活性氧化转换的情形如下。随着压力降低，SiC/SiO_2 界面开始变得不稳定。从 TGA 测试的结果来看，这可能是由于 CO(g) 和 SiO(g) 的压力积聚所致。由于 SiO(g) 是在表面生成，它会与自由流中的氧反应形成棒状的 SiO_2。而后，不稳定的 SiC/SiO_2 界面会导致 SiO_2 的分解。

活性到惰性氧化转换和惰性到活性氧化转换之间的相似性非常重要。在前一种情况下，根据瓦格纳理论，需要足够的氧气来建立反应平衡；在后一种情况下，反应中产生的压力会导致惰性平衡被破坏。这些过程的相似性造成活性—惰性氧化转换和惰性—活性氧化转换点的相近性。图 2-32 中的实验数据进一步说明了转换点的相近性。

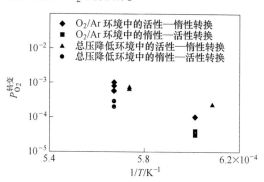

图 2-32　不同环境下活性-惰性氧化转换和惰性-活性氧化转换的总结

2.3.2.3　在低的总压环境中活性—惰性氧化转变

如前所述，许多关于活性—惰性氧化转换的研究都是在总压降低的情况下进行的。这些实验可能更能代表"再进入（re-entry）"条件时遇到的实际情况。为了探讨在 O_2/Ar 混合气环境中和低的总压环境下获得低氧电位的区别，对低总压下的 SiC 展开了进一步的实验。值得注意的是，虽然这样的实验流程中可以控制电压处于较低状态，但难以对其边界层条件进行有效把控。压力由自动阀控制，因此随着压力的变化，流量也随之变化。从式（2-3）和式（2-4）中可以看出，这些是控制边界层性质的两个重要变量，它们不能自变。尽管如此，这些减压实验确实为在减压过程中活性到惰性的氧化转换提供了一些见解。

图 2-33（a）所示为典型的活性到惰性的氧化转换的热重分析图。它与图 2-32 的结果十分相似，呈现出向被动氧化的明显转换。由于边界层较薄，所以在减压情况下的反应速率较高。如前所述，实验无法获得压力的依存关系，因为速率随着压力的降低而变化。但是，从转换点和形态上可以得出一些结论。

图 2-33（b）所示为在减压过程中从活性到惰性氧化转换后的典型表面形貌。值得注意的是图 2-33（b）和之前的图 2-25（b）（在 O_2/Ar 混合气环境中从活性到惰性氧化转换之后的典型表面形貌图）之间存在显著的差异性。如图 2-33(a)所示，当设定特定压力时，通过试样重量突然停止减少可确定活性—惰性氧化转换。有趣的是，在这种减压情况下，SEM 并没有观察到明显的 SiO_2 氧化薄膜生成，而在 O_2/Ar 的混合气环境中则可以清楚地观察到。重量损失的停止确实表明势必有某种非常薄的氧化物存在。它很有可能由两个原因导致变薄：其

一，它只有很短的生长时间并且伴随着 SiO_2 的蒸发，正如 Schneider 等人所讨论的一样，在这种压力降低的情况下，重量损失的值会更高。如图 2-33（b）所示，在压力逐渐降低情况下，缺少一层厚的 SiO_2 膜揭示了活性氧化所引起的点蚀和腐蚀的原因。在图中可以看出，压力逐渐下降过程中活性-惰性氧化转换点接近于在 O_2/Ar 混合物中所测量得到的转换点，这与瓦格纳理论是一致的。

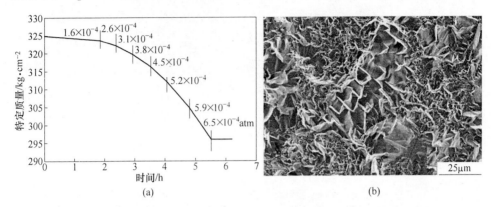

图 2-33　1490℃总压逐渐降低的环境下 SiC 由活性向惰性氧化转换的结果
（a）热重曲线；（b）产物的形貌图

2.3.2.4　在低的总压环境中惰性—活性氧化转变

图 2-34 所示为在压力下降环境下从惰性到活性氧化转换的典型测试结果。随着压力的降低，最初的重量损失可能是由于浮力效应和 SiO_2 的蒸发导致。然而，在 $2.9×10^{-4}$ 个大气压下，重量损失现象开始剧烈发生，这主要归因于活性氧化。如图 2-33（a）所示，这接近于在 O_2/Ar 混合物中测量的惰性到活性氧化转换和在两种环境下测量的活性到惰性的氧化转换，从而可以确定这些过程被 SiC/SiO_2 的交互作用控制。有趣的是，这种转变只发生在 1490℃，而不是

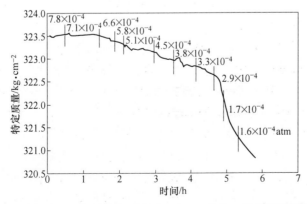

图 2-34　1490℃总压逐渐降低的环境下 CVD SiC 惰性—活性氧化转换的结果

1390℃。这可能是由于在1490℃是 SiO_2 的挥发参与了转换，但在较低的温度下发生的转换效果达不到较高温度预期点。图2-35所示为试样从惰性到活性氧化转换后的表面。与图2-30和图2-31相比，只观察到少量在 O_2/Ar 的混合物中惰性向活性氧化转换后出现的氧化物斑块。

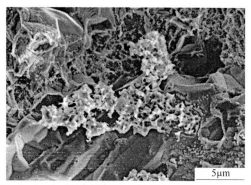

图 2-35　1490℃氧分压逐渐降低的环境下 SiC 经过
惰性—活性氧化转换后形成的 SiO_2 斑块的形貌

2.4　氮化物的高温氧化行为

在高温领域，Si_3N_4 和 AlN 材料是应用最为广泛的氮化物陶瓷，下面以上述两种材料为例对氮化物陶瓷的高温氧化行为进行具体介绍和讨论。

2.4.1　Si_3N_4

2.4.1.1　高温惰性氧化行为

Si_3N_4 陶瓷在高温常压环境下氧化后通常会发生惰性氧化，形成保护性的致密相氧化产物（SiO_2），其反应可表示如下：

$$Si_3N_4(s) + 3O_2(g) =\!=\!= 3SiO_2(g) + 2N_2(g) \qquad (2-5)$$

针对不同维度的 Si_3N_4 陶瓷，研究者在不同条件下已开展了较为系统的研究。

笔者课题组在空气气氛下研究了 1373~1573K 温度范围内 α-Si_3N_4 粉体的氧化动力学，为了进一步理解 Si_3N_4 的氧化过程，在氧化前后对样品进行光学显微镜和 XRD 分析。图2-36所示是 Si_3N_4 细颗粒横截面的光学显微照片，其中灰色区域代表金属条带和较暗点的 Si_3N_4 颗粒。从图2-36（a）中可以看出，Si_3N_4 颗粒由许多孔组成。图2-36（b）和（c）处于较低的氧化温度，即 1373K 和 1473K，图2-36（b）和（c）的 Si_3N_4 粉体的横截面与氧化前的样品相比没有太大的变化；对应于该温度范围的 XRD 结果表明，Si_3N_4 是主要成分，唯一可检测的结晶氧化物相是 SiO_2，其强度随着氧化温度的升高而逐渐增加。图2-36（d）

显示了在 1573K 处的氧化条件。在 Si_3N_4 粉体周围形成明显的多孔层，这可能是由于界面处氮的分压升高产生的 N_2 所引起的。对应于该温度的组分显示发现更多量的结晶 SiO_2。因此，实验中 Si_3N_4 粉体的氧化反应是惰性氧化行为，可以用方程式（2-5）描述。

J. Persson 在 1250~1500℃ 的温度范围内，通过热重分析研究了无添加剂烧结的 HIP-Si_3N_4 的等温氧化行为。烧结形成的氧化皮被认为是部分结晶的，并且获得的增重曲线遵循的抛物线规律有一定的时间限制（t_0）并不是在整个氧化实验期间。在时间间隔 $t<t_0$ 时，曲线用速率定律解释 $\Delta w/A_0 = a\,\mathrm{arctan}\sqrt{bt} + c\sqrt{t} + d$。Galanov 开发出了 Si_3N_4 陶瓷上氧化皮生长的模型，它解释了在致密 SiO_2 氧化皮和陶瓷之间形成多孔 SiO_2 层。

Du 使用 SIMS 元素深度剖析技术进行了 Si_3N_4 氧化同位素研究，同时将平行氧化研究 Si 的结果用于直接比较。比较图 2-37 中的 $^{18}O^+$ 轮廓，很明显同位素氧化在相同温度下在 Si 和 Si_3N_4 上形成的氧化层中产生类似的 $^{18}O^+$ 分布。这些相似性表明在 Si_3N_4 上形成的氧化层的氧传输进程为 1100℃，由于分子氧扩散通过氧化层，表面区域的富集主要是由于氧化层中渗透氧分子和晶格氧离子之间的交换反应。虽然在 Si 和 Si_3N_4 上形成的氧化层中 $^{18}O^+$ 分布的一般特征是相似的，如图 2-37（c）和（d）所示，但在 Si_3N_4 上形成的氧化层主体中的 $^{18}O^+$ 信号强度高于在 Si 上形成 SiO_2 的 $^{18}O^+$ 信号强度。在 Si_3N_4 上形成的氧化层中，$^{18}O^+$ 分布的峰在界面区域比在表面区域宽得多，与在 Si 上形成的 SiO_2 的特征相反。已经发现，在 1100℃ 下在 Si_3N_4 上形成的薄氧化层实际上是梯度组分的氧氮化硅相。通过比较可以看出氧化层主体中较高的 $^{18}O^+$ 信号强度和界面区域中较宽的 $^{18}O^+$ 分布峰，因此可以通过 $^{18}O^+$ 同位素和顺序取代氧化层中的氮原子 Si_3N_4 的氧化。对于在 1300℃ 处氧化的样品，在整个氧化层上均匀的 $^{18}O^+$ 分布是渗透的氧分子与晶格氧离子之间的实质交换反应或是增加的离子氧传输。由于 SiO_2 中的晶格氧扩散系数极低（与分子氧扩散系数相比），推测 Si_3N_4 氧化过程主导传输过程在双相氧化层的 Si_2N_2O 部分上。Du 等在 CVD-Si_3N_4 氧化形成双层氧化物的基础上进行了进一步研究，提出了界面氧化反应机制，认为氧化反应主要发生在 Si_3N_4/Si_2N_2O 和 Si_2N_2O/SiO_2 界面处，并分别采用 $^{18}O_2$ 和 $^{16}O_2$ 进行了两次氧化实验，结果表明氧化反应的扩散机制主要为氧分子扩散。

Luthra 根据现有的氧示踪剂扩散系数值，溶解的双原子氧的扩散系数和溶解度值确定了抛物线速率常数，分析了在 Si_3N_4 氧化过程中可能发生的控速过程——氧扩散、界面反应、氮扩散等，分别计算出了 O_2 扩散控速过程、N_2 扩散控速过程和界面反应控速过程的结果，并对计算值和实验观察结果进行了比较，提出了"界面反应和氮扩散混合控制过程"的概念。由此推导出以下估算速率的

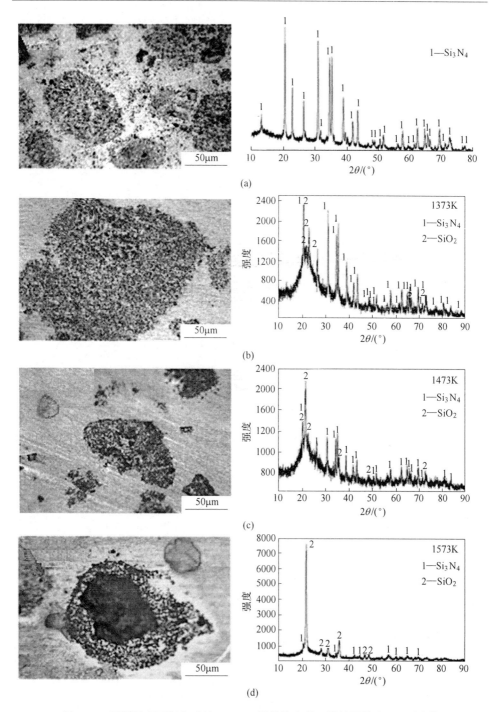

图 2-36 不同温度下氧化后的 α-Si₃N₄ 粉体的光学显微镜图像和 XRD 图谱

（a）原材料；（b）1373K，3h；（c）1473K；3h；（d）1573K，3h

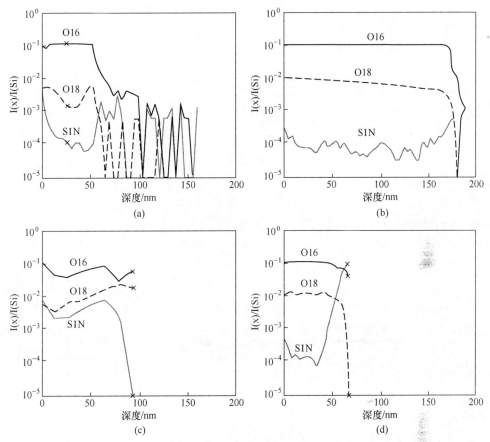

图 2-37 在富含 $^{16}O_2/^{18}O_2$ 的 O_2-Ar 气体混合物中连续氧化后的 SIMS 图谱

(a) 在 1100℃ 下在 Si 上形成的 56nm SiO$_2$ 层；(b) 在 1300℃ 下在 Si 上形成的 173.5nm SiO$_2$ 层；

(c) 在 1100℃ 下在 Si$_3$N$_4$ 上形成的 8nm 氧化层；(d) 在 1300℃ 下在 Si$_3$N$_4$ 上形成的 56.4nm 氧化层

表达式：

$$X_{oxide} = Kt^{\frac{1+m}{1+2m}}$$ (2-6)

其中 $m=1\sim2$ 是影响界面反应的常数。氧化层厚度和时间的关系是非线性的，且在大多情况下符合抛物线的规律。这样很好地解释了如下矛盾：（1）若为单一的 O$_2$ 扩散控速过程或 N$_2$ 扩散控速过程，氧化速率应为抛物线变化，而且与 Si 的氧化速率相同，但是实验结果远低于 Si 的氧化速率；同样活化能也应该同 Si 的相似（约 119kJ/mol），而不会如此之高（330~485kJ/mol）。（2）如为界面反应单一控速，能得到低的氧化速率和高的活化能，但是应该得到线性变化的氧化速率。虽然有的实验确实得到了线性规律，但大部分情况下得到的仍是抛物线规律。

由于纯 Si_3N_4 难以致密，因此需要添加烧结助剂以促进烧结。在氧化过程中，烧结助剂，如 MgO、Al_2O_3 和 Y_2O_3 等，以离子形式扩散到 SiO_2 表面形成硅化物，对 Si_3N_4 氧化行为具有显著的影响。增加烧结助剂数量，提高了晶间相数量，加快了离子的扩散速率，从而提高了氧化速率。

对于一般含烧结助剂或杂质的 Si_3N_4 产品在高温下的（尤其是 1573K 以上）氧化速率由添加剂的阳离子向氧化层扩散的速率决定。Ogbuji 等人研究了 Si_3N_4 陶瓷在高温下的氧化行为和氧化反应方式，他们的研究结果表明，Si_3N_4 陶瓷在空气中（或在氧气气氛中）的氧化行为服从抛物线规律，并探求了表面改性的方法来提高其抗氧化性能，通过改性，其氧化增重速率明显。张其土等人分析是由于改性后在 Si_3N_4 陶瓷表面形成了 Si_2N_2O 层，阻止了进一步氧化。谢宁等人研究了不同烧结助剂制备的 Si_3N_4 陶瓷的氧化行为，分别选择 Y_2O_3-La_2O_3 和 Y_2O_3-CeO_2 稀土氧化物为烧结助剂，用 Y_2O_3-La_2O_3 烧结助剂制备的 Si_3N_4 陶瓷样品 SL 表现为质量增加趋势，在 1000℃、1230℃ 和 1350℃ 氧化 100h 后，其质量增加分别为 0.043mg/cm²，0.195mg/cm² 和 0.389mg/cm²，且其质量变化曲线符合抛物线规律。而用 Y_2O_3-CeO_2 烧结助剂制备的 Si_3N_4 陶瓷样品存在着一个氧化初期质量减少过程，随后逐渐转变为质量增加，其氧化曲线不符合抛物线规律，并且样品的氧化主要受稀土元素的向外扩散过程，以及氧气通过 SiO_2 层向样品内部的扩散过程控制。Weaver 等人发现当 Si_3N_4 材料有碱性氧化物作为添加剂时，其氧化后的产物层抵御进一步氧化的能力较弱，其反应限速环节由氧气的内扩散变为离子在颗粒间玻璃相的外扩散。Zheng 等人在 CVD-Si_3N_4 里加入杂质 Na，然后在 1100~1300℃ 的干燥空气中氧化 12h，结果是含 0.1%Na 试样氧化速率常数比不含 Na 试样整整高出 14 倍；且随着 Na 含量的增加，其活化能下降。假定 Si_3N_4 的氧化是受氧分子在 Si-O-N 化合物中的扩散来控制，那么在氧氮化合物中，单离子键 Na 的引入使其结构有利于氧的渗透，加速了材料的氧化速度。Dennis 等人研究了 CVD-SiC 和 CVD-Si_3N_4 在 1200~1600℃ 干燥 O_2 含 Na 环境下的氧化行为，结果发现 CVD-SiC 和 CVD-Si_3N_4 的氧化活化能相近，也就是说，Na 的存在改变了 Si-O-N 化合物结构，使氧气在 Si-O-N 化合物中的扩散不再成为氧化速度的控制因素。

还有一些学者对 Si_3N_4 复相材料高温氧化行为进行了研究（见图 2-38）。张淑会等人研究了 Si_3N_4/TiN 复相陶瓷的抗空气氧化性能，结果表明样品在空气中的氧化主要由 TiN、Si_3N_4 和 O'-sialon 的氧化 3 部分组成。材料在 1100~1240℃ 下氧化后断面明显分为 3 层，外层是由熔融氧化物形成的致密"保护膜"层，主要由 Fe_2TiO_5、SiO_2 和 TiO_2 组成；中间层是固相氧化物层；内层是未被氧化的本体 Si_3N_4/TiN。其氧化过程遵循两段模型，即氧化前期为直线模型，中后期为抛物线模型。

王黎等人研究了温度为 1100~1500℃，空气条件下 Si₃N₄ 结合 SiC 复相材料的氧化行为，结果表明氧化质量增加曲线均为典型的抛物线形状，随氧化温度升高，由于氧化致密层的形成，试样氧化质量增加速率降低；随氧化温度升高出现氧化钝化现象，使 Si₃N₄ 结合 SiC 复相材料表现出很好的高温抗氧化性能。

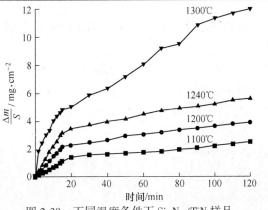

图2-38　不同温度条件下 Si₃N₄/TiN 样品的恒温氧化质量增加曲线

笔者课题组对 Si₃N₄/TiN 复合材料（TiN 的体积分数为 35%）的氧化行为进行了研究，在变温氧化实验中，氧化温度从室温以 2K/min 升到 1673K，氧化气氛采用氧气，流量为 5l/h。在恒温氧化实验中，氧化温度为 1173~1673K，氧化时间 24h。图 2-39（a）和（b）所示分别为热压制备的 Si₃N₄/TiN 复合材料的变温和恒温氧化实验结果。从图 2-39（a）可以看出，材料从 1073K 左右开始明显氧化，氧化速率从 1473K 开始加快；而其恒温氧化实验结果表明氧化行为符合抛物线规律，并且在较高的氧化温度下，即 1673K 下氧化产物变成液相，阻塞了氧化通道使得氧化增量降低。

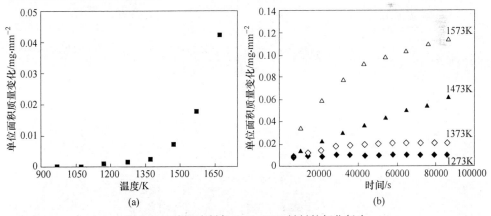

(a)　　　　　　　　　　　　　　(b)

图2-39　热压法制备 Si₃N₄/TiN 材料的氧化行为

（a）变温氧化；（b）恒温氧化

Tatarko 研究了不同稀土氧化物添加剂（La₂O₃、Nd₂O₃、Sm₂O₃、Y₂O₃、Yb₂O₃ 和 Lu₂O₃）对 Si₃N₄-SiC 微纳米复合材料氧化行为的影响，图 2-40、图2-41所示分别为在最低温度（1300℃）和最高温度（1400℃）下 204h 后复合材料的氧化表面。氧化表面的 SEM 观察显示在所有条件下表面上有两个主要相：嵌入方石英和无定形二氧化硅相中的细长或更等轴的稀土二硅酸盐晶体。在1300℃氧化后，具有 La_2O_3 的复合物表面（所研究的组合物中最大的离子半径）被氧化产物完全覆盖（见图2-40（a））。另外，由较小尺寸的稀土二硅酸盐组成的氧化表面未完全被氧化晶体覆盖，并且随着离子 Re^{3+} 尺寸减小，晶体的尺寸减小。此外，从图2-41中可以看出，与1300℃相比，1400℃的稀土二硅酸盐晶体要大得多（见图2-40），与之前的情况相反，Lu掺杂复合材料是唯一一种氧化产物表面

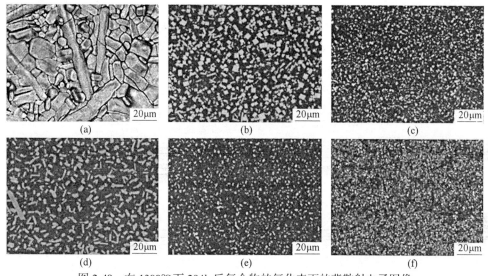

图 2-40　在 1300℃ 下 204h 后复合物的氧化表面的背散射电子图像

（a）La_2O_3；（b）Nd_2O_3；（c）Sm_2O_3；（d）Y_2O_3；（e）Yb_2O_3；（f）Lu_2O_3

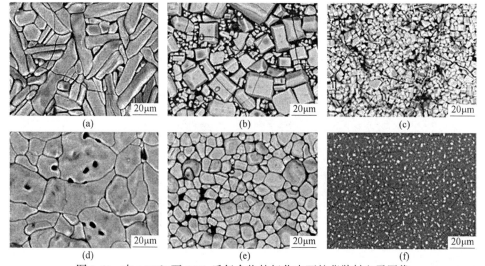

图 2-41　在 1400℃ 下 204h 后复合物的氧化表面的背散射电子图像

（a）La_2O_3；（b）Nd_2O_3；（c）Sm_2O_3；（d）Y_2O_3；（e）Yb_2O_3；（f）Lu_2O_3

不完全覆盖的材料。仅在 1400℃ 氧化后从 La_2O_3 和 Sm_2O_3 烧结的复合材料上观察到气泡形成。这些气孔使氧气容易渗透到大部分材料中，从而提高氧化速率。虽然在任何温度下没有观察到任何测试材料从表面上剥离氧化物层，但是在每个测试温度下发现每种材料组合物的氧化物层破裂。这些裂缝可能是由于基板和氧化层之间的热膨胀不匹配以及在暴露温度冷却由过程中由 β→α 方石英转变造成的。

2.4.1.2　高温活性氧化行为

Si_3N_4 在高温较低的氧分压环境下往往会发生活化氧化，即生成挥发性的气体产物 SiO，其化学反应式如下：

$$2Si_3N_4(s) + 3O_2(g) \Longrightarrow 6SiO(g) + 4N_2(g) \tag{2-7}$$

Goto 等人在 $Ar-O_2$、N_2-O_2 和 $CO-CO_2$ 气氛中，在 1773~1923K 的温度下研究了 $CVD-Si_3N_4$ 块体的活性氧化和活性—惰性氧化的转变。除了在 $CO-CO_2$ 气氛中的低 P_{CO_2}/P_{CO} 区域之外，$CVD-Si_3N_4$ 的活性氧化行为类似于 $CVD-SiC$ 的活性氧化行为。在 $Ar-O_2$ 和 N_2-O_2 气氛中清楚地观察到惰性氧化向活性氧化的转变，而在 $CO-CO_2$ 中观察到大气中活性氧化逐渐变为惰性氧化。随后进一步研究了在 1823~1923K 下 $CVD-Si_3N_4$ 块体在 N_2-O_2 和 $Ar-O_2$ 气氛中的氧化行为，在低氧分压下观察到活性氧化。

图 2-42（a）和（b）所示为在 N_2-O_2（1873K）和 $Ar-O_2$（1923K）气氛中 $CVD-Si_3N_4$ 的质量和环境氧分压（$P_{O_2}^b$）变化之间的关系，其中 $P_{O_2}^b$ 逐步增加。在 $P_{O_2}^b = 27Pa$（见图 2-42(a)）和 $P_{O_2}^b = 91Pa$（见图 2-42(b)）时观察到质量损失。在实验期间数小时内质量损失率在固定的 P_1 处是恒定的，然而，在规定的 $P_{O_2}^b$

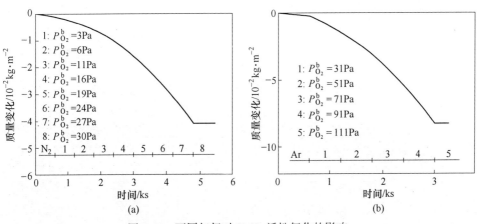

图 2-42　不同气氛对 Si_3N_4 活性氧化的影响

（a）1973K 下 $P_{O_2}^b$ 与质量变化之间的关系（N_2-O_2 气氛）；

（b）1973K 下 $P_{O_2}^b$ 与质量变化之间的关系（$Ar-O_2$ 气氛）

值（N_2-O_2 气氛下为 30Pa，Ar-O_2 气氛下为 111Pa）下，发生了从质量损失到质量增加的突然转变。

图 2-43 所示为约 10 组实验中的氧分压对 N_2-O_2 和 Ar-O_2 气氛中质量损失率的影响。N_2-O_2 和 Ar-O_2 气氛中的线性质量损失率分别表示为斜率 k_N 和 k_A。k_N 和 k_A 都随着 $P_{O_2}^b$ 的增加而增加，并且随着温度的升高略有增加。

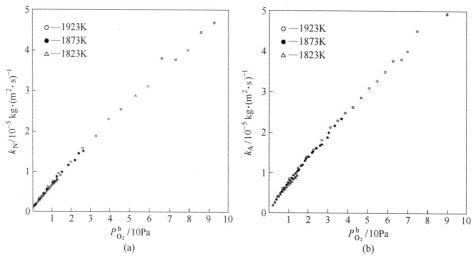

图 2-43　气体流速为 1.95×10^{-2} m/s 时 N_2-O_2 气氛和 Ar-O_2 气氛下 $P_{O_2}^b$ 对质量损失率 k_N 和 k_A 的影响

（a）K_A 的影响；（b）K_N 的影响

图 2-44 所示为使用 FactSage 得到的热力学计算结果，其中 Si_3N_4-N_2-O_2（见图 2-44（a））和 Si_3N_4-Ar-O_2（见图 2-44（b））代表系统的固相和气相的物质分压

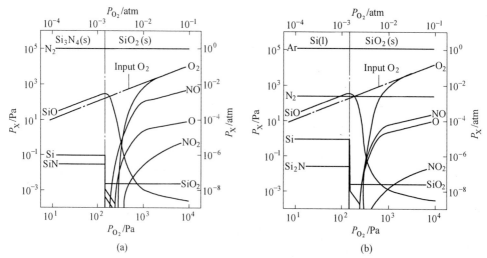

图 2-44　1873K 下 P_{O_2} 与其他气体物质的平衡部分压力之间的关系（也显示稳定的固相）

（a）N_2-O_2；（b）Ar-O_2

是（Si_3N_4 的初始摩尔数/初始摩尔数的气体（N_2-O_2 或 Ar-O_2）= 1/1000）。在两种气氛中，稳定的固相是在较高氧势下的 SiO_2；在较低的氧势（低于 150Pa）下，稳定的固相在 N_2-O_2 气氛中是 Si_3N_4，但在 Ar-O_2 气氛中是 Si。由于 Si_3N_4-N_2-O_2 系统中的主要气体种类为 SiO 和 N_2，因此引起质量损失的反应主要按式（2-7）进行。在 Si_3N_4-Ar-O_2 体系中，热力学计算表明 Si_3N_4 可能分解为 Si(l) 和 N_2(g)，Si(l) 往往是稳定的并且解离氮压力高于环境氮压力，但是在氧化实验后，在 Si_3N_4 表面上未检测到 Si。而在 Ar-O_2 或 N_2-O_2 气氛中，在 $P_{O_2}^b = 0$ 时几乎没有看到质量损失，并且在两个大气压之间没有质量损失的差异。因此，Si_3N_4 的质量损失是由于活性氧化，而不是在 1823~1923K 的大气压附近的低氧分压范围内分解导致的。

图 2-45 所示为气体流速（即线性气体速度 V）对活性氧化速率的影响。k_N 和 k_A 都随着 V 的增加而增加，并且 k（即 k_N 和 k_A）与 $V^{1/2}$ 之间的关系是线性的。这意味着气体扩散步骤可以是速率控制步骤。根据气体边界层理论，k_A 与 k_N 相当，因为活性氧化的速率控制步骤是向内扩散（即氧的扩散）。

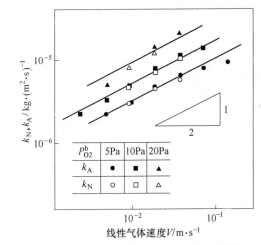

图 2-45　1873K 下气体流速对 k_A 和 k_N 的影响

图 2-46 所示为 Si_3N_4 表面的压力分布。在活性氧化区域中，$P_{O_2}^s$ 和 P_{SiO}^s 远小于 $P_{O_2}^b$ 和 P_{SiO}^s（参见图 2-51）。其中，J_O 和 J_{SiO} 可以分别由式（2-8）和式（2-9）给出：

$$J_{O_2} = D_{O_2}(P_{O_2}^b - P_{O_2}^s)/\delta_{O_2}RT \tag{2-8}$$

$$J_{SiO} = D_{SiO}(P_{SiO}^s - P_{SiO}^b)/\delta_{SiO}RT \tag{2-9}$$

在稳态条件下，有：

$$J_{O_2} = \frac{1}{2}J_{SiO} = \frac{3}{4}J_{N_2} \tag{2-10}$$

$$k_N, \ k_A \propto J_{O_2} = D_{O_2} P_{O_2}^b / \delta_{O_2} RT \tag{2-11}$$

图 2-47 所示为活性氧化速率与 $T^{1/2}$ 之间的线性关系。这可以通过 D_i 的温度依赖性来解释，即 $D_i \propto T^{3/2}$。

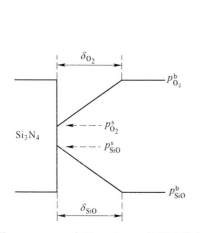

图 2-46　Si_3N_4 表面 O_2 和 SiO 的压力分布

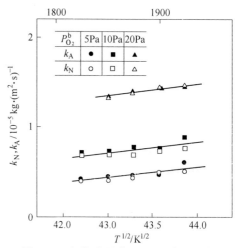

图 2-47　气体流量为 $1.95 \times 10^2 \, m/s$ 时，活性氧化速率（k_N 和 k_A）与 $T^{1/2}$ 之间的关系

其他研究报道指出氮氧化硅（Si_2N_2O）可能存在于 Si_3N_4/SiO_2 界面。在这种情况下，P_{SiO}^{eq} 可以通过方程式（2-12）来评估。

$$Si_2N_2O(s) + SiO_2(s) === 3SiO(g) + N_2(g) \tag{2-12}$$

然而，Ogbuji 报道 Si_2N_2O 在高于 1773K 的高温下不稳定。在此之前关于 CVD-Si_3N_4 的被动氧化的结果中，在 Si_3N_4/SiO_2 界面处没有发现 Si_2N_2O 相。

2.4.2　AlN

AlN 陶瓷在高温含氧化气氛的环境下，其氧化反应通常认为按式（2-13）进行：

$$2AlN(s) + \frac{3}{2}O_2(g) === Al_2O_3(s) + N_2(g) \tag{2-13}$$

针对不同维度的 AlN 陶瓷，研究者在不同条件下已开展了较为系统的研究。

2.4.2.1　AlN 粉体

笔者课题组对 AlN 粉体在 1423~1523K 下空气气氛中的氧化结果进行了研究。图 2-48 所示为 AlN 粉体在 1423~1523K 氧化前后的 XRD 图谱。分析表明，该氧化产物为刚玉相，其特征峰强度随氧化温度的升高而增大，说明刚玉相氧化铝的含量随氧化温度的升高而变多。

　　进一步对不同温度下反应后产物的形貌进行了观察，图2-49所示为三种实验温度下原材料以及氧化样本的SEM显微照片。可见，与AlN原料的形貌相比，随着氧化温度的升高，氧化后的AlN表面变得粗糙，形成了更多的细小晶体物质。通过EDAX分析（见图2-49（c）），确定微小晶体材料为Al_2O_3。因此，氧化反应可以表示为式（2-13）。

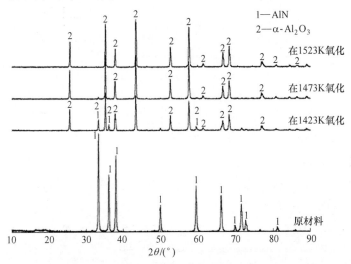

图2-48　氧化前后AlN粉体的XRD图谱

波谱	O质量分数/%	Al质量分数/%	合计
波谱1	54.02	45.98	100.00
波谱2	48.79	51.21	100.00
波谱3	49.89	50.11	100.00
波谱4	42.45	57.55	100.00
波谱5	36.99	63.01	100.00
平均	46.43	53.57	100.00

(d)

图 2-49　不同温度（氧分压为 0.35MPa）氧化前后的 SEM 照片

（a）原材料；（b）1423K 氧化；（c）1473K 氧化；（d）1523K 氧化

图 2-49（d）和图 2-50 所示分别为 AlN 在 1523K 不同氧分压下氧化后产物的形貌，与相同温度下 0.35MPa 氧化产物的相应结构比较表明，较高氧势下的氧化产物更具有多孔性，这可能是由于在 0.95MPa 氧分压下氧化反应更快，可能产生更多的气态产物。

图 2-50　在氧分压为 0.95MPa 时 1523K 的氧化的 SEM 照片

从 XRD 结果和微观结构分析，可以对 1373～1523K 氧化空气中的反应顺序进行分析：氧化过程首先是 AlN 和 O_2 在外表面发生化学反应，形成一个薄层。这个阶段进行得很快。如果产物层致密，则生成的 N_2 将在样品内储存。然后，氮化铝晶粒周围的氧化物层由于氮气压力的增加而破碎，形成多孔外层，氮气从这些多孔间隙逸出。为了进行氧化反应，氧气必须通过扩散穿过氧化产物层。由于氧气在氧化产物中的扩散缓慢，成为速率控制步骤，因此，反应速率将由气体通过多孔外层的扩散决定，这与跨多孔层的氧分压差有关。

A. L. Brown 等人通过扫描电子显微镜（SEM）观察了空气气氛中 AlN 粉体在 950～1050℃ 范围内因氧化而发生的变化。图 2-51 所示为氧化进程的 SEM 图像。

如图 2-51（a）所示，观察到的 AlN 粉体由不规则形状的颗粒组成，其尺寸从约 0.25μm 到 10μm 不等。从图 2-51（b）可以看出，将粉体样品加热至 950℃，2h 后出现第一个明显氧化的可见迹象。在 AlN 晶粒表面形成的细粒氧化膜清晰可见，例如图 2-51（b）中的箭头晶粒。如图 2-52 所示，氧化晶粒直径约为 0.2μm。从这些观察结果来看，SEM 似乎不是测定氧化开始的最灵敏技术，增重测定似乎更敏感，表明氧化开始于约 700℃以上。图 2-51（c）所示为在 1050℃ 下氧化 1h 的结果，原始 AlN 颗粒的表面几乎无法辨别，当它们被转化为氧化物时，颗粒的形状变得更加均匀。在本研究中使用的最高温度下（见图 2-51（d）），在氧化层中观察到一些微裂纹迹象。AlN 和 Al_2O_3 的热膨胀系数的差别被认为是引起微破裂的原因。

(a)　　　　　(b)　　　　　(c)　　　　　(d)

图 2-51　显示氧化进程的 SEM 蒙太奇图像

（a）未氧化的 AlN；（b）在 950℃氧化 2h 的 AlN；
（c）在 1050℃氧化 1h 的 AlN；（d）在 1150℃氧化 0.5h 的 AlN

此外，AlN 粉体粒度的大小也会对氧化结果产生影响，D. Suryanarayana 等采用热重分析仪研究了不同粒度分布的 AlN 粉体在 600~1000℃之间的热氧化动力学。对两种不同粒度的原始粉体使用粒子计数器进行了分析，使用对数正态尺寸分布函数对实验数据进行曲线拟合（见图 2-53），得到细粉和粗粉的平均半径分别为 0.5μm 和 3.1μm。

将实验 TGA 增重数据通过式（2-2）转换为质量比：

$$\frac{M_t}{M_0} = \frac{M_0 R - M'_t}{M_0(R-1)} \qquad (2-14)$$

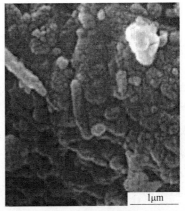

图 2-52　SEM 图像显示在较大的 AlN 颗粒表面形成小的氧化物颗粒

式中，M_t' 为任何时候同时含有氮化物和氧化物的粉体质量；M_t 为任何时间未反应氮化物的质量；M_0 为反应开始前粉体的初始质量（$t=0$）；R 为 Al_2O_3 与 AlN 的分子量比。

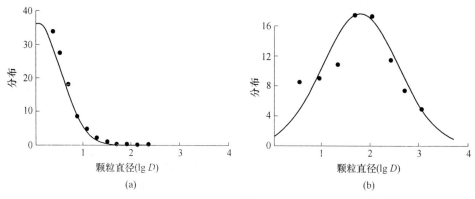

图 2-53　细 AlN（a）和粗 AlN（b）粉体的粒度分布

在 t 为 0 时，M_t' 为 M_0，$M_t/M_0=1$。当 t 趋近于无限大时，M_t' 趋近于 RM_0，$M_t/M_0=0$。在细粉和粗粉上获得的等温相对质量随时间 t 的变化如图 2-54 所示。

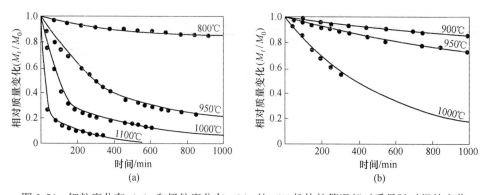

图 2-54　细粒度分布（a）和粗粒度分布（b）的 AlN 粉体的等温相对质量随时间的变化

由图 2-54 可以看出，细粉显示出两个显著特征，即初始快速衰减 M_t/M_0 随后衰减较慢（图 2-54（a））。粗粉显示 M_t/M_0 随时间逐渐衰减（图 2-54（b））。结果表明 AlN 的氧化复合混合动力学，初始氧化膜非常薄，没有形成保护层，氧化过程呈线性进行，并且由未反应的 AlN 的表面积控制；一旦薄膜超过了某个临界厚度，氧化过程转向抛物线进行，而且由扩散控制。后一个过程可能发生在一个临界时间 t_c 之后。在较高温度下，t_c 值明显较小，表明在较高温度下扩散控制过程占优势。粗粒度的 AlN 由于具有更大的表面积和体积表现出了比细粒度 AlN 更好的抗氧化性。已知 AlN 形成了保护性的氧化层，抑制了进一步氧化。测得的典型氧化层厚度为 $1\sim2\mu m$。由于粉体具有较大的表面积，预期初始氧化阶段遵循线性过程, 如图 2-54 所示。在后期, 膜层厚度可能足以形成势垒, 进一步的氧化将受到扩散控制。

此外, 反应中氧分压不同往往会造成不同的反应结果, 对此笔者课题组采用热重分析法对平均粒径为 4.34μm 的 AlN 粉体氧化在室温到 1700K 范围内进行了非等温氧化, 并在 1423～1523K 的温度下进行了等温氧化。

图 2-55 所示为不同氧分压下 AlN 粉体材料的变温氧化行为。结果表明, 气体气氛中氧分压越低, 氧化速率越低。在这两种情况下, 发现氧化开始于约 1100K, 并在约 1273K 时变得快。由于最终阶段材料的残留量较少, 1500K 后氧化速率减慢。在 1533～1543K 温度范围内发现了第二个氧化步骤。当质量变化值达到 22% 时, 氧化完成。根据文献报告, 氧化产物主要是热力学稳定的菱面体 $\alpha\text{-}Al_2O_3$。红外光谱表明, 从 AlN 到 $\alpha\text{-}Al_2O_3$ 的转变包括两个所谓的过渡阶段: 在 ≥1323K 的温度下形成单斜 $\theta\text{-}Al_2O_3$ 和四方或正交 $\delta\text{-}Al_2O_3$。温度高于 1473K 时, 氧化铝相转变为稳定的刚玉状。目前的调查发现, 氧化物产物在高于 1543K 的温度时被期望成为 $\alpha\text{-}Al_2O_3$ 的形式, 而在更低的温度形成某一亚稳态是可能的。当产物的晶型发生变化时, 伴随体积变化会导致裂纹的形成。这反过来又会影响反应的动力学速率。

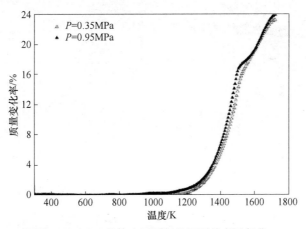

图 2-55　AlN 粉体在不同氧分压下的变温氧化

由于 1273K 以上的氧化速率显著, 因此在 1423～1523K 的温度范围内, 以 0.35MPa 的氧分压、50K 的间隔进行了 2h 的等温氧化实验。3 个实验温度下的质量变化如图 2-56 所示, 从图 2-56 中可以看到, 在初始阶段氧化速率随着温度的升高而迅速增加。在更长的时间间隔 (超过 2000s 后) 发现质量变化的增加要慢得多。这种曲线表明扩散步骤决定了反应的速率。Kim 等人认为这一步可能是氧气通过氧化物产物层扩散到氧化物 AlN 界面。氧化反应的完成对应于无量纲质量变化为 22%。

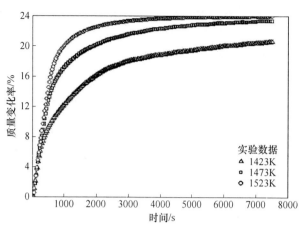

图 2-56　AlN 粉体的恒温氧化行为 （$p_{O_2} = 0.35$MPa）

图 2-57 （a） 和 （b） 所示分别为 AlN 粉体在 1423K 和 1523K 时不同氧分压下的氧化行为，由图可以看出，AlN 粉体在不同氧分压下的氧化行为一样，即在氧化初期氧化速度较快，随着时间的增长氧化速率变缓。另外，氧分压对其氧化行为也有一定的影响，即在较高氧分压下氧化速率较快，然而随着氧化时间的增长，最终氧化总量趋于一致。

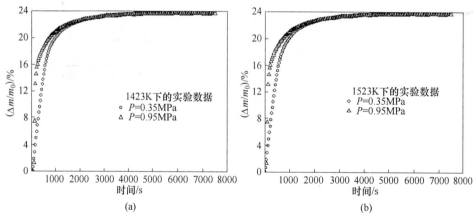

图 2-57　AlN 粉体在不同氧分压下的恒温氧化行为
（a） 1423K；（b） 1523K

2.4.2.2　AlN 纤维

笔者课题组在 1600℃、氮气保护下合成了高纯度的六方氮化铝晶须，使用 XRD 和 EDS 检测了合成材料，结果如图 2-58 （a） 和 （b） 所示。分析证实 AlN 晶须是高纯度的。合成的晶须为长直丝，直径在 1～5μm 之间，长度在厘米范围内，如图 2-59 （a） 所示。AlN 晶须的典型形貌可以描述为截面形状为六角形，但其侧面有生长台阶，如图 2-59（b）所示。

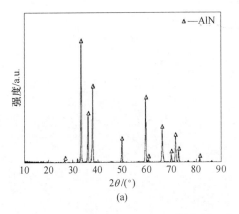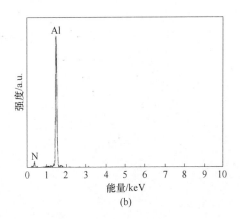

图 2-58　合成的 AlN 晶须

（a）XRD 图谱；（b）EDS 光谱

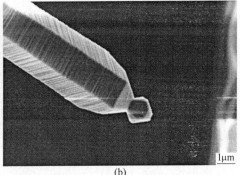

图 2-59　合成氮化铝晶须的显微结构表征

（a）XRD；（b）EDS

图 2-60（a）所示为 AlN 晶须的变温氧化行为。结果表明，AlN 晶须在 1200K 左右开始氧化，1400K 以后氧化速率迅速增加，在 1600K 左右氧化速率减慢。据文献报道，Al_2O_3 的稳定晶型为刚玉相 $\alpha\text{-}Al_2O_3$。其他形式的氧化铝，如 $\delta\text{-}Al_2O_3$ 和 $\kappa\text{-}Al_2O_3$ 都处于亚稳态。在 1600K 以上的温度下，$\gamma\text{-}Al_2O_3$ 转变为稳定的刚玉结构。因此，此实验中氧化物应该是高于 1543K 的温度的 $\alpha\text{-}Al_2O_3$ 的形式，而在更低的温度，亚稳态之一的形成是可能的。当产品的形式发生变化时，伴随的体积变化会导致裂纹的形成。这反过来又会导致反应动力学的改变。

根据变温氧化结果，在 1323～1473K 温度范围内进行等温实验，间隔 50K，结果如图 2-60（b）所示。从曲线中很容易观察到，氧化分数随着温度的升高以及曲线性质的变化而显著增加，表明氧化机理发生变化。1323～1373K 温度范围内的反应速率随时间线性增加，表明反应受化学反应控制。随着温度的升高，氧化行为变得复杂，初期呈线性增加，但随着时间的增加而变慢，表明化学反应和扩散控制了反应的进行。温度进一步升高到 1473K，后期氧化速率先呈线性增加，然后呈抛物线增长，代表了氧化机理由化学反应控制向扩散控制转变。

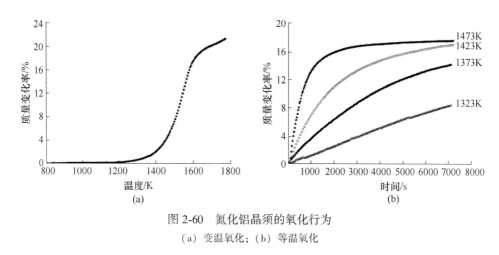

图 2-60　氮化铝晶须的氧化行为

（a）变温氧化；（b）等温氧化

图 2-61 所示为 AlN 晶须氧化后的表面形态发展。图 2-61（a）和（b）为在 1323 和 1373K 下氧化的 AlN 晶须的 SEM 图像，可以看出氧化后的 AlN 晶须的形状与氧化前的 AlN 晶须相比保持良好，表明其在此温度范围内具有良好的抗氧化性。根据该温度范围内的氧化曲线（见图 2-60(b)），反应主要发生在 AlN 晶须表面，即受化学反应控制。随着温度升高至 1423K，尽管晶须的形状仍保持较好（见图 2-61(c)），但晶须表面出现一些裂纹。氧可以通过在裂纹间隙中的扩散与氮化铝直接反应。因此，氧化受化学反应和扩散控制。1473K 时，由于表面出现更多裂纹，AlN 晶须剥离成小碎片（见图 2-61(d)）。氧化行为变得更加复杂：一开始是化学反应控制，后期由于扩散路径较长变为扩散控制。

因此由于氧化过程中的动力学因素和形态发展的改变，AlN 晶须在空气中的氧化行为在指定的实验温度范围内差异很大。在 1323～1373K，氧化反应主要发生在 AlN 晶须表面，并受化学反应控制。在较高温度下，即 1423K，化学反应迅速进行，扩散路径延长，出现了化学反应控制和扩散控制的结合。在 1473K 温度下，氮化铝晶须被剥落成小碎片，表现出粉体状的氧化行为。因此，该温度下的氧化行为最初由化学反应模型和粉体扩散模型控制。

2.4.2.3　AlN 块体

A. D. Kantnani 等采用 TGA 和 XPS 研究了 600～1100℃ 下氮化铝的氧化动力学和氧化的初期阶段。图 2-62（a）和（b）所示为不同温度下重量随时间的变化。注意到 700℃ 以下的温度未观察到样品的重量变化。把温度提高到 700℃ 以上后

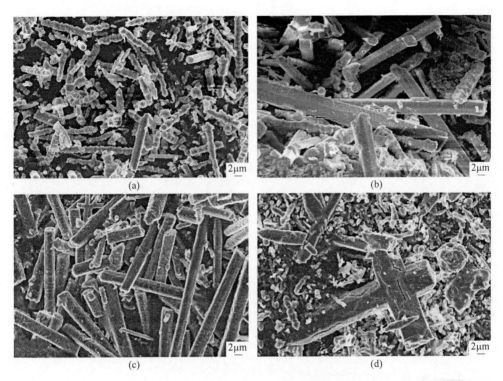

图 2-61　AlN 晶须在不同温度下氧化后的表面形态发展

（a）在 1323K 氧化；（b）在 1373K 氧化；（c）在 1423K 氧化；（d）在 1473K 氧化

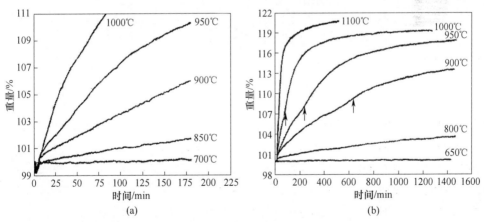

图 2-62　在不同保温温度下获得的 AlN 粉体的 TGA 曲线

（a）氧化 3h 的样品；（b）氧化 24h 的样品

体重随时间稳定增加。体重增加的速度随温度升高而升高。图 2-63（a）所示为图 2-62（a）中曲线斜率随反向温度变化的 Arrhenius 图。拟合该图得到一条直线，斜率为 36kcal/mol，对应于该阶段发生的反应活化能。

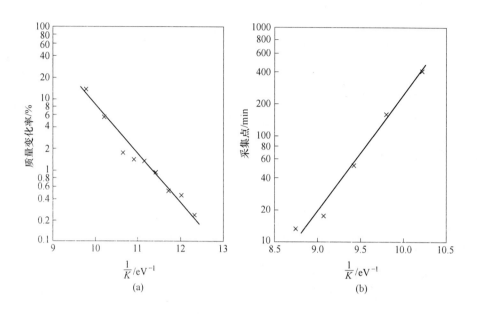

图 2-63　图 2-62 的延伸结果

（a）曲线斜率随反向温度变化的 Arrhenius 图；（b）时间拐点的 Arrhenius 图

如图 2-62（b）所示，超过 850℃ 的 TGA 曲线有两个区域。第一个是线性的，第二个表明体重随时间高阶增加。图 2-62（b）中曲线线性部分的时间范围随温度变化。图 2-63（b）所示为作为逆温函数的拐点（曲线变化斜率的时间点）的 Arrhenius 图。这一点发生在相同的体重增加而与时间和温度无关。因此，这个点代表了恒定增重（6%）时时间与温度的关系。

为了更深入地了解氧化过程的第二阶段，将质量变化率的平方与反应时间的关系作图分析（见图 2-64）。可以看出，在 900℃ 时，质量变化率的平方与反应时间的关系在实验期间呈线性关系，而在较高温度时，线性部分的持续时间随温度升高而缩短，反应后续则表现为非线性关系。这一行为表明在反应的初始阶段主要由扩散控制氧化，一旦质量增加超过 17%，就会向非线性阶段转变。图 2-65 显示了图 2-64 中曲线线性部分的斜率与逆温度的 Arrhenius 图。该图生成一条斜率为 56kcal/mol 的直线，表明该阶段的活化能较低，反应速度较快。

另外，A. D. Kantnani 通过 XPS 检测了未进行氧化处理和在 700~900℃ 下进行氧化处理 AlN 粉体的核心能级谱（见图 2-66）。所有粉体均显示出氧气和碳。O(1s) 线形排除了氢氧化物或水的存在。这一结果表明，未反应的 AlN 粉体的表层被氧化。此外，如下所述，该氧化层是不连续的。Al(2p) 的线形也不随温度变化。遗憾的是，Al(2p) 在 AlN 和 Al_2O_3 中的结合能是相同的，使得很难将氧化物与氮化物分离。

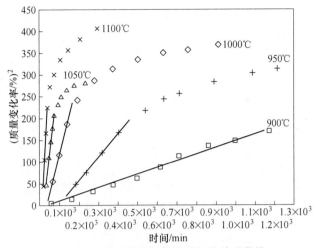

图 2-64 增重平方与等温时间的关系曲线

（900℃曲线的数据点可以拟合成一条直线，表明平方增重和时间之间的线性关系；
其余的曲线显示线性和非线性区域）

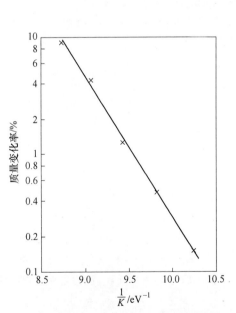

图 2-65 图 2-64 中曲线线性部分的斜率
Arrhenius 图（作为逆温度的函数）

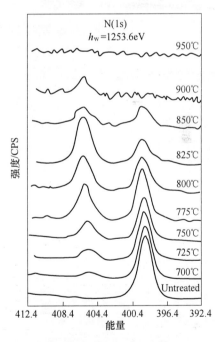

图 2-66 未反应和反应后的 AlN
粉体获得的 N（1s）光电子能谱线

N（1s）谱揭示了一些可能与 TGA 数据相关的有趣信息。图 2-66 所示为未反应和反应后的 AlN 粉体中获得的 N（1s）光谱，未处理的粉体和在 700℃ 以下处理的粉体显示出了结合能为 398.6eV 单峰。该峰在半高宽（FWHM）为 1.7eV 时具有全宽，且无不对称性，因而可将该峰归因于 AlN。在温度范围 700~900℃时在主峰的高结合能侧观察到一个新的能量为 6.5eV 的峰位移。该峰可归因于氮氧化物或氮氧化铝的形成。这个峰的强度随温度升高而增加，直到 800℃后在所有温度下随着主峰强度的减小而减小。注意到在 900℃仅观察到高结合能 N(1s)，表明中间氧化物成为氧化铝和氮化物之间的界面层。温度超过 900℃后在 XPS 的灵敏度范围内没有观察到 N(1s) 信号，表明形成了氧化铝的厚层。

A. D Kantnani 首次将 XPS 和 TGA 技术结合起来，获得了有关 AlN 氧化初始阶段的有价值的信息。两种技术均显示存在两个氧化阶段。初始阶段受表面反应控制，第二阶段受扩散控制。表面反应活化能为 36kcal/mol，扩散为 56kcal/mol。其他文献中的活化能与此研究所得活化能之间的差异可归因于杂质和缺陷。在温度低于 700℃且氧化时间短于 600h 时，观察到 AlN 对大气惰性，并被观察到的无增重和表面反应所证实。一种特征是重量随时间线性增加，并存在氧氮化物。第二阶段开始时质量增加超过 6%，相当于形成了较厚的氧化层，其特点是随时间呈非线性增加，形成 Al_2O_3。

Y. Geng 等人用 TEM 和 XRD 研究了氮化铝氧化的早期阶段。研究发现，氧化层的生长遵循初始均匀层形成之后是岛屿形成的 Stranki-Krastonow 机制。氧化的开始发生在 800℃并且形成在起始阶段的氧化物是 $\gamma\text{-}Al_2O_3$——过渡态氧化铝之一。氧化层和底层氮化物之间的取向关系为 $(440)_\gamma \parallel (11\overline{2}0)_{AlN}$ 和 $[11\overline{2}]_\gamma$ $[01\overline{1}0]_{AlN}$。采用 TEM 确定电子透明的 AlN 样品氧化的开始和氧化物形成的性质，结果发现，氮化铝的氧化是通过一种以前未观察到的氧化机制发生的，这类似于 Stranski 和 Krastanow 提出的从蒸汽或溶液中形成固体薄膜的机制。

第一个明显的显微结构变化发生在 800℃氧化期间。在较低温度氧化的样品中没有观察到结构或形态变化。图 2-67 所示是 800℃氧化后 AlN 表面的明场像，可以看到一些外延取向的三角形轮廓岛。这些岛的长度大部分在 100~200nm 范围内，这些岛的边缘都在 $[\overline{2}110]$ 基底方向上对齐。岛密度约为 15/μm^2，氧化阶段的表面覆盖率为 20%~30%。因此，AlN 的氧化以 Stranski-Krastanow 模式进行，在该模式下，在衬底上最初形成一个薄的均匀层，随后形成岛形核和生长。

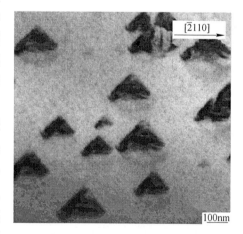

图 2-67　800℃时 AlN 上形成的
氧化岛的亮场图像

　　Ruifeng Yue 等人采用 SIMS 和 XRD 研究了在 850～1100℃下 AlN 陶瓷基板在空气中的初始氧化过程。图 2-68 所示为若干样品表面的阴性 SIMS 质谱图。二次离子 AlN^- 的强度在未处理表面相当高样品（曲线1），在 1100℃空气中氧化 40min 后降噪背景（曲线2）。与蓝宝石表面光谱（曲线3）相比，曲线2中的 AlO^- 仍为噪声背景。在 SIMS 深度剖析中，根据上述考虑，选择了 Al^-、O_2^-、AlN^- 和 AlO^- 作为检测二次离子。

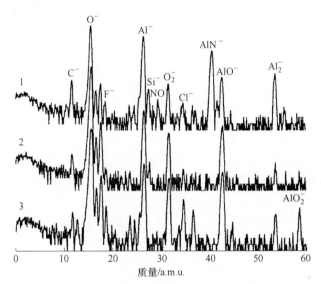

图 2-68　几个样品表面的负 SIMS 质谱图

1—未处理的 AlN；2—AlN 1100℃，氧化 40min；3—蓝宝石

　　图 2-69 所示是 AlN 样品的 SIMS 深度分布。如图 2-69（a）所示，未处理样品的表面有一个非常薄的富 O_2^- 和富 AlO^- 的层，而内部组成均匀分布。样品在 850℃下氧化 10min 后（见图 2-69（b）），靠近表面的 O_2^-、AlO^- 信号强度明显增加，而相应的 AlN^- 信号则减少很多。样品在 950℃氧化 10min 后，O_2^- 和 AlO^- 信号都有较大程度地增强，O_2^- 富集层和 AlO^- 富集层明显伸展。当氧化时间一定时，随着温度的升高，AlN^- 基体中的富 O_2^- 层、富 AlO^- 层和 AlN^- 下降区的厚度明显增加，且 O_2^- 层、富 AlO^- 层和 AlN 基体内部之间的过渡层变宽。当氧化温度为 1100℃时，随着氧化时间的增加，Al^-、AlO^- 和 O_2^- 信号减弱，而 O_2^- 富集层、AlO^- 富集层和非 AlN^- 层的厚度逐渐增加。在图 2-69（g）中，非 AlN^- 层的厚度，根据经验估计，可能在几百个左右。纳米小于 1μm。对于图 2-69（g）中溅射 90min 后 O_2^-、AlO^- 和 Al^- 曲线上升的异常现象，其原因很复杂，可能与 SIMS 测量的组织不规则、基体效应和长时间溅射后的侧壁效应等有关。将图 2-69（g）与图 2-70 中蓝宝石的 SIMS 深度分布进行比较，发现它们的表面区域存在较大差

异，表明它们的结构存在较大差异。在未经处理的 AlN 陶瓷基片表面区域已经存在了很薄的富氧层。当退火时间为 10min 时，随着退火温度的升高，富氧层迅速变厚。当在 1100℃退火 20min 时，形成连续的氧化层。在上述温度范围内，氮化铝基体不直接氧化为 $\alpha\text{-}Al_2O_3$，开始形成部分过渡金属氧化物，随着氧化温度的升高和时间的延长，过渡金属氧化物逐渐转变为非晶态 Al_2O_3，最后转变为 $\alpha\text{-}Al_2O_3$。

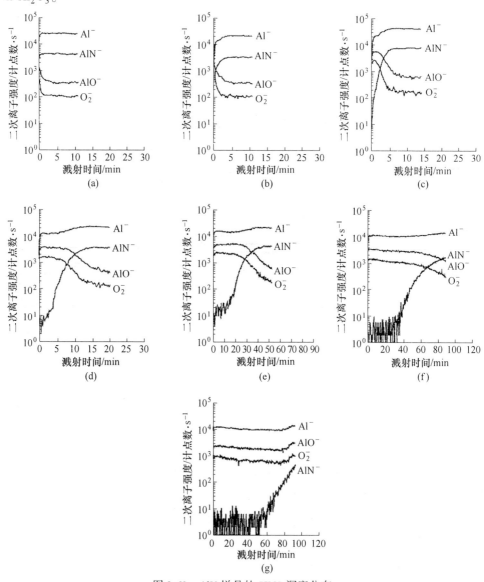

图 2-69　AlN 样品的 SIMS 深度分布

（a）未处理；（b）850℃/10min；（c）950℃/10min；（d）1050℃/10min；
（e）1100℃/10min；（f）1100℃/20min；（g）1100℃/40min

　　块体烧结过程中往往会使用助烧剂，这就会引入杂质从而对块体的抗氧化性能产生影响。对此，Bellosi 等人研究了 AlN 陶瓷在空气气氛下 600~1400℃间的氧化行为，对三种不同密度的 AlN 材料（纯 AlN、AlN+3% Y_2O_3（质量分数）和 AlN+2% CaC_2（质量分数））进行氧化实验。实验中所用 AlN 试样主要通过不加添加剂热压法或者以 CaC_2 做添加剂热压法制备得到。在温度达到 1100℃质量增加几乎检测不到，但氧化反应开始于 600℃左右，由产生无定形 Al_2O_3 和可能的 AlO_xN_y 的表面反应控制。在温度大于等于 1000℃ 时观察到结晶刚玉。在

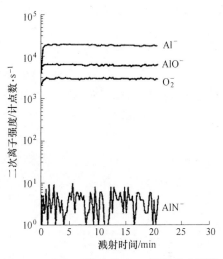

图 2-70　蓝宝石样品的 SIMS 深度分布图谱

1100~1400℃的温度范围内，三种材料的表现方式不同：纯 AlN 和 Y_2O_3 掺杂的 AlN 的抗氧化性直到 1350℃都很好。在 1100~1400℃动力学是线性的（见图 2-71 (a)），这个过程由表面反应控制，形成多孔、非保护性氧化膜，其中 Al_2O_3 和 Y-铝酸盐（即 AlN-Y_2O_3）已被发现为结晶反应产物。

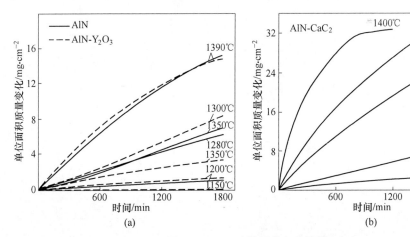

图 2-71　AlN 试样氧化实验结果
(a) 不加添加剂和用 Y_2O_3 作添加剂；(b) 用 CaC_2 作添加剂

　　而 AlN-CaC_2 材料经历了更强的氧化，其速率约比之前材料高出一个数量级。1200℃之前动力学为线性，在高于 1250℃时动力学为抛物线（见图 2-71 (b)），活化能为 160kJ/mol，这表明氧通过氧化膜的扩散可能是速率控制机制。在 Y_2O_3 和 CaC_2 掺杂的 AlN 的氧化层中的高数量的富 Y 或富 Ca 相可以证明添加剂阳离

子从块体扩散到反应界面，在此他们与主要氧化产物反应。实验结果表明了起始组成对氧化过程具有强烈影响。

J. Chaudhuri 等人用高分辨透射电子显微镜（HRTEM）和电子能量损失谱（EELS）研究了低缺陷密度氮化铝单晶的干热氧化。研究发现，氧化在 800℃ 产生无定形氧化层，在界面区域的 AlN 中存在许多位错、堆垛层错和畴界，氧化层为非晶态。EELS 表明氮和氧在 AlN 的吸收在接近界面处。氧、氮和铝空位是造成这些缺陷的原因。在 1000℃ 下的氧化产生了具有多个大晶粒和孪晶结构的结晶外延氧化层。在界面附近，氧化物为单相 $\alpha\text{-}Al_2O_3$，当接近表面时，氧化物是 $\gamma\text{-}Al_2O_3$ 和 $\alpha\text{-}Al_2O_3$。氮化铝晶体结构几乎无氧缺陷。Al_2O_3 和 AlN 的外延关系是 $(0001)\,AlN/\!/(10\bar{1}0)\,Al_2O_3$ 和 $(1\bar{1}00)\,AlN/\!/(01\bar{1}2)\,Al_2O_3$。图 2-72（a）和（b）所示分别是来自靠近界面和靠近表面的氧化层的 FFT，表明 Al_2O_3 在内部区域具有三角形结构，但在外部区域具有立方和三角形结构的混合物。图 2-72（c）为 AlN 晶体的选区衍射图（SADP），图 2-72（d）为 AlN 和靠近界面的氧化物层的 FFT，表明了氧化物层和 AlN 之间的取向关系，Al_2O_3 和 AlN 的外延关系为 $(0001)\,AlN/\!/(10\bar{1}0)\,Al_2O_3$ 和 $(1\bar{1}00)\,AlN/\!/(01\bar{1}2)\,Al_2O_3$。

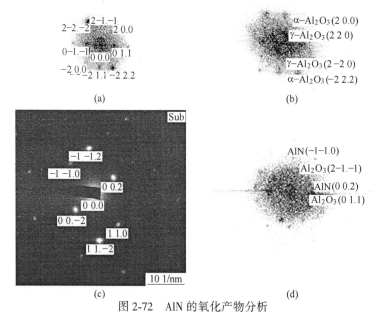

图 2-72　AlN 的氧化产物分析

（a）界面附近氧化层的 FFT 显示其为 $\alpha\text{-}Al_2O_3$；（b）远离界面的氧化层的 FFT
表明它是 $\alpha\text{-}Al_2O_3$ 和 $\gamma\text{-}Al_2O_3$ 的混合物；（c）AlN 的选区衍射图表明其为单晶；
（d）Al_2O_3 和 AlN 在界面附近的 FFT 证实了 Al_2O_3 相对于 AlN 的取向

Osborne 等人研究了多晶 AlN 薄片在 1423~2023K 下空气气氛中的氧化行为。

实验中测量了试样单位面积氧化增重和氧化时间的关系。其氧化结果表明（图2-73），在较高的氧化温度下，即1623~2023K下，试样表面生成一层致密的氧化物层，因而氧化行为符合抛物线规律，其氧化活化能为395kJ/mol。

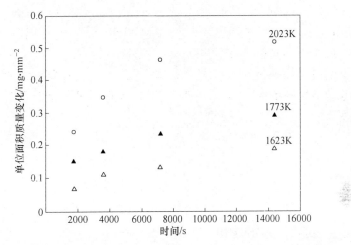

图2-73　AlN多晶薄片在1623~2023K下空气气氛中的氧化行为

在γ-AlON氧化期间，在120℃的空气中，可在样品周围形成保护性氧化层。纯氧气氛氧化过程从650℃开始，保护氧化层没有形成。在AlN-AlON复合材料的氧化过程中，最终得到的相是氧化铝。AlN-AlON复合物中两组分的含量控制了它的氧化行为。在含有大量氮化铝的样品中，大量释放的氮气会使样品开裂，导致进一步氧化。

Z. Gu等人研究了两种类型的AlN样品在900℃和1150℃之间的流动氧气中被氧化在为长达6h。通过氧化高（0001）织构的多晶的AlN晶片和低缺陷密度的AlN单晶的氧化实验，发现N面的氧化速度始终快于Al面。在900℃和1000℃下6h后，多晶AlN的N面上的氧化物比Al面上的厚15%。在1100℃和1150℃，N面上的氧化物只有更厚5%，因为限速步骤随着氧化物厚度从动力学控制变为扩散控制。如图2-74所示，TEM图像证实了在N面形成了比在Al面更厚的结晶氧化物薄膜，并建立了氧化薄膜和基质之间的结晶关系。发现与多晶AlN相比，高质量AlN单晶的氧化导致了更均匀的有色氧化层；氧化铝层呈结晶状，AlN氧化物界面粗糙；AlN与Al_2O_3的取向关系为（0001）AlN//（$10\bar{1}0$）Al_2O_3和（$1\bar{1}00$）AlN//（$01\bar{1}2$）Al_2O_3。

鉴于与其他氮化物的氧化动力学不同，AlN上的氧化层在1200℃以上的温度下很容易达到数十微米。C. T. Yeh等人为了研究其氧化机理，对AlN进行了详细的显微结构分析。分析表明，氧化层中充满了小孔。孔隙的形成产生额外的表面积，以诱导进一步的反应。因此反应在1050~1350℃范围内控制氧化。当氧化层

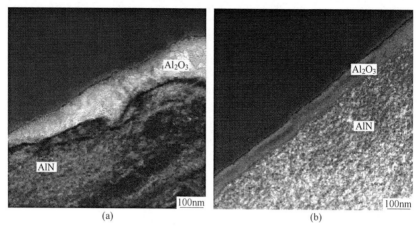

图 2-74　TEM 图像显示了 1000℃下氧化 2h 后
在多晶 AlN 上形成的氧化层厚度差

（a）N 面；（b）Al 面

达到临界厚度时，氧化速率变慢。为确定氧化程度，使用电子探针微分析（EP-MA）估计了表面氧化层的厚度。图 2-75 所示为氧在表面区域的分布。假设含氧

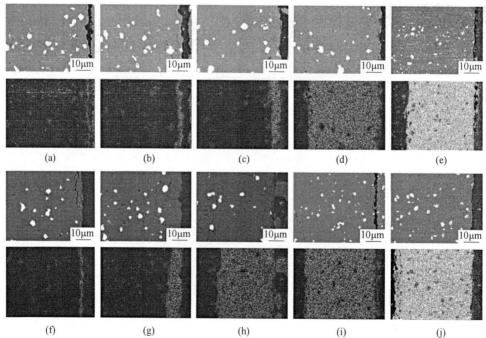

图 2-75　氧化 AlN 试样表面区域的 SEM 背散射显微照片及其对应的氧气图谱

（在 1350℃/4h，1450℃/1h，1450℃/4h 的氧化样本的显微照片的放大倍数为低倍）

（a）1050℃/1h；（b）1150℃/1h；（c）1250℃/1h；（d）1350℃/1h；（e）1450℃/1h；

（f）1050℃/4h；（g）1150℃/4h；（h）1250℃/4h；（i）1350℃/4h；（j）1450℃/4h

层是氧化产物，可以估计氧化的程度。测量了每个氧化层的 3 个以上位置，平均值及其标准偏差如图 2-76 所示。当在 1050℃ 和 1150℃ 进行氧化时，氧化层很薄。氧化温度超过 1250℃ 时，氧化层厚度迅速增加。但在 1450℃ 氧化 2h 后氧化层厚度达到平台。

AlN 的氧化示意图如图 2-77 所示，由图可以看出涉及氧和氮交换的反应。这种反应可产生许多小孔，因此，孔的长轴往往垂直于表面。反应过程产生新鲜表面积，促进进一步反应。因此，氧化层的厚度增加得很快。扩散可以在每个孔周围的薄氧化层内同时进行；铝离子和氧离子在氧化铝中的扩散非常缓慢，扩散过

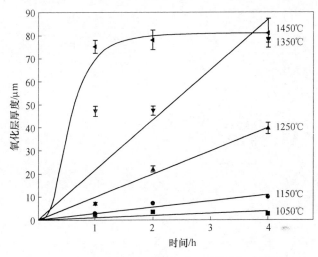

图 2-76 作为不同温度下氧化时间函数的氧化层厚度

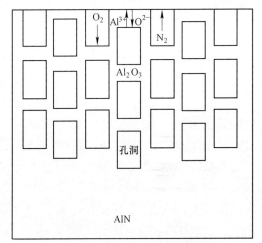

图 2-77 AlN 氧化过程中氧化层的形成

(氧化过程主要是涉及 N_2 和 O_2 交换的反应)

程对氧化铝层厚度的增加贡献不大。氮化铝基体表面形成的氧化层是多孔层。因此，氧化动力学快速。当氧化层不太厚时，由于形成了许多孔隙，反应导致重量和氧化层厚度迅速增加。当氧化层达到临界厚度，孔隙不再相互连接时，氧化速率变慢。

2.5　硼化物的高温氧化行为

在高温领域，ZrB_2作为超高温陶瓷的典型代表是应用最为广泛的硼化物陶瓷，下面以该材料为例对硼化物陶瓷及其复合材料的高温氧化行为进行具体介绍和讨论。

2.5.1　ZrB_2 单体材料

ZrB_2在高温下暴露于氧化环境中会发生氧化，生成 ZrO_2 和 B_2O_3，其反应表达式如下：

$$2ZrB_2 + 5O_2 \Longrightarrow 2ZrO_2 + 2B_2O_3 \tag{2-15}$$

B_2O_3 的熔点较低，为 450℃，蒸汽压力较高，因此在高温下很容易蒸发：

$$B_2O_3(l) \longrightarrow B_2O_3(g) \tag{2-16}$$

热力学计算表明，ZrB_2 陶瓷的氧化在室温下就可以发生，然而在 800℃ 以下氧化非常缓慢；在 800℃ 以上开始发生明显的氧化，生成多孔 ZrO_2 和液态 B_2O_3。当氧化温度低于 1000℃ 时，氧化生成液态 B_2O_3 的速率远大于气态 B_2O_3 挥发速率，因此，在试样表面会形成一层液态黏稠的 B_2O_3 保护层，阻止氧原子的扩散，保护基体免受氧化，在 B_2O 保护层下方则是 ZrO_2 和 B_2O_3 的混合层。当氧化温度高于 1800℃ 时，氧化生成的 B_2O_3 立刻转化为气态挥发，ZrB_2 陶瓷很快就会变为疏松多孔的 ZrO_2 结构，进而造成材料失效。当氧化温度处于 1000～1800℃ 时，氧化生成液态 B_2O_3 的速率低于 B_2O_3 挥发速率，试样表面无法形成连续的液态 B_2O_3 保护层，无法起到保护基体的作用。由于 B_2O_3 生成与挥发速率差别不太大，故在试样内部还可以观察 B_2O_3 的存在。ZrB_2 陶瓷在不同温度下的氧化结构变化如图 2-78 所示。

W. M. Guo 等人使用热重分析（TGA）对流动空气中在 650～800℃ 范围内 ZrB_2 粉体进行等温氧化。ZrB_2 粉体在不同温度下在空气中氧化的热重分析曲线如图 2-79 所示。ZrB_2 粉体在 650～800℃ 空气中的氧化遵循准线性动力学，其中主导项为抛物线动力学，说明氧化膜中的氧扩散。650～700℃ 时线性项为正，这与二硼化物-氧化物界面上 ZrB_2 和 O_2 之间的化学反应导致的质量增加有关。750～800℃ 时线性项为负值，说明 B_2O_3 蒸发造成质量损失。因此，尽管 B_2O_3 的蒸汽压在 750～800℃ 范围内较低，但在氧化 ZrB_2 粉体的过程中，B_2O_3 的蒸发效应不应忽略。ZrB_2 粉体与氧的反应产物为 700℃ 下的亚稳态四方 ZrO_2，四方相经

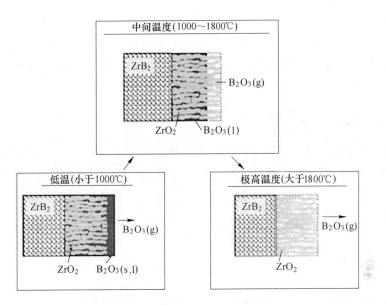

图 2-78 ZrB₂ 陶瓷在不同氧化温度下氧化产物的结构示意图

氧化转变为单斜相。ZrB₂ 粉体的 XRD 图谱在 700℃下氧化不同的持续时间如图 2-80 所示。ZrB₂ 粉体的氧化与表面微裂纹的形成有关，这可归因于 ZrB₂ 氧化为四方 ZrO₂，四方 ZrO₂ 氧化为单斜相导致体积膨胀。最后，在氧化的最后阶段，每一个粒子都会碎裂成碎片。ZrB₂ 粉体在 700℃下不同持续时间氧化的 SEM 照片如图 2-81 所示。

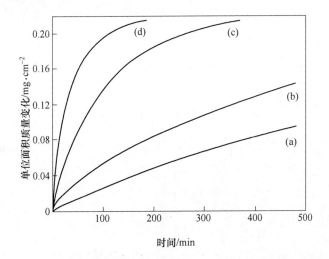

图 2-79 ZrB₂ 粉体在不同温度下在空气中氧化的热重分析曲线

(a) 650℃；(b) 700℃；(c) 750℃；(d) 800℃

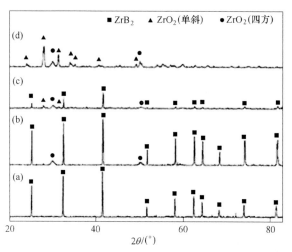

图 2-80　ZrB$_2$ 粉体在 700℃下不同时间氧化的 X 射线衍射图案

（a）无氧化；（b）0.5h；（c）4h；（d）15h

图 2-81　ZrB$_2$ 粉体在 700℃下不同时间氧化的 SEM 照片

（a）无氧化；（b）0.5h，箭头表示柱状颗粒末端的微裂纹；（c）4h，箭头表示氧化物层的
微裂纹平行于柱状颗粒的中心轴延伸；（d）15h

2.5.2 ZrB₂-SiC 基二元复相陶瓷氧化行为

通过分析 ZrB_2 在不同氧化温度下的产物可以发现，当氧化温度高于 1000℃ 时，B_2O_3 挥发使得材料表面无法形成较为致密的保护层。为了改善 ZrB_2 在高于 1000℃ 的抗氧化性能，通常加入 SiC，形成 ZrB_2-SiC。SiC 在空气中氧化形成 SiO_2 产物层，该产物在 1000~1500℃ 下在陶瓷表面会形成一层较为致密的 SiO_2 保护层。这样的氧化机制使 SiC 可以和 ZrB_2 复合，在试样表面形成交替的阻碍氧扩散保护层：在温度低于 1000℃ 时由 B_2O_3 保护，高于 1000℃ 时由 SiO_2 保护。

在温度超过 450℃ 时，ZrB_2 氧化生成 ZrO_2 和 B_2O_3，氧化生成的 ZrO_2 作为高温相可提高陶瓷所能承受的温度。生成的 B_2O_3 在 1100℃ 以下都是黏稠液态，可以隔绝氧扩散并少量挥发散热。在此阶段 SiC 的氧化速率远小于 ZrB_2，故表面较少或没有 SiO_2 的存在。ZrB_2-30%SiC（体积分数）陶瓷在 1000℃ 氧化 30min 后的截面形貌（见图 2-82），可以看到，在 ZrB_2-SiC 陶瓷基体上生成的氧化物可以分为两层：表面的 B_2O_3 玻璃相层，厚度大约有 2μm；内层的 ZrO_2 和 SiC 混合层，厚度有 6μm。

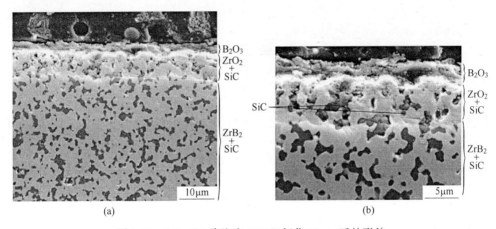

图 2-82　ZrB_2-SiC 陶瓷在 1000℃ 氧化 30min 后的形貌
(a) 低倍照片；(b) 高倍照片

当氧化温度升高超过 1100℃ 时，试样表面的液态 B_2O_3 挥发耗尽，无法形成连续的保护层。但是，复相陶瓷中的 SiC 氧化速度提高，生成足够多的 SiO_2，在试样表面形成致密的 SiO_2 薄膜保护层。对于 ZrB_2-30%SiC（体积分数）陶瓷，在 1500℃ 氧化 30min 后的截面形貌如图 2-83 所示，生成的氧化物表现出三层结构：最外层为致密黏稠的 SiO_2 玻璃相；次外层为 SiO_2 和 ZrO_2 的混合层；内层为 ZrB_2 和 ZrO_2 的混合层，即 SiC 耗尽层。相比于同温度下单相 ZrB_2 约 650μm 的氧化物层，ZrB_2-SiC 由于 SiC 的加入，高温抗氧化性能大大提高，氧化物的厚度只有 20μm，氧化物层与基体结合紧密。

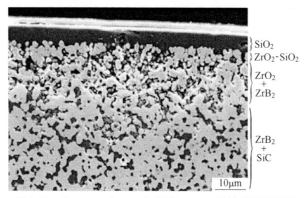

图 2-83　ZrB_2-SiC 在 1500℃氧化 30min 后的截面层结构

　　ZrB_2-SiC 在 1500℃氧化时表面生成 ZrO_2 和 SiO_2，ZrO_2 作为高温相可提高材料所能承受的温度。熔融的 SiO_2 玻璃相隔绝氧的扩散，使内部氧化物与基体的界面处氧分压很低。在界面处足够的温度与氧分压条件会使 SiC 发生主动氧化，生成 SiO，向外扩散。在 SiO 向外扩散的过程中，随着与表面距离的缩短，材料内部的氧分压逐渐增大。SiO 在试样表面与氧气重新接触反应生成 SiO_2，覆盖在试样表面。

　　在 1500℃低氧分压环境下时，试样氧化层的厚度与环境氧分压和时间有关。图 2-84 所示为 ZrB_2-20% SiC（体积分数）陶瓷在 1500℃在不同氧分压下氧化 30min 后的氧化物层厚度曲线，可以看出氧化物层的厚度与氧分压接近线性关系。氧分压越高，同样时间下形成的氧化物厚度越大。ZrB_2-SiC 在氧化时生成 ZrO_2 固相颗粒作为支撑，液态 SiO_2 包覆。ZrO_2 固相颗粒与液态 SiO_2 依靠毛细管力吸附。氧原子通过液态 SiO_2 向内扩散，材料内部氧分压较低。随着外部氧分压的增大，材料内部氧分压逐渐增大，材料氧化速度提高，氧化层厚度也随之增大。

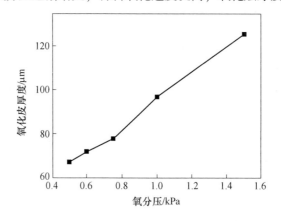

图 2-84　1500℃时不同氧分压下 ZrB_2-SiC 氧化物层的厚度

在更高的温度，如1900℃时，ZrB_2-30%SiC（体积分数）复相陶瓷氧化1h后的截面形貌如图2-85所示，可以发现，在1900℃时，ZrB_2-SiC复相陶瓷的氧化物截面结构与1500℃时相似。氧化物结构都可以分为三层：SiO_2层、富锆层、SiC耗尽层。与1500℃氧化物结构的不同点在于第三层SiC耗尽层的厚度远厚于第一层和第二层。这是因为在1900℃时，SiC的主被动氧化转变所需的氧原子浓度不再像1500℃时那么低，试样很容易在氧化物与基体的界面处发生主动氧化，并且氧化的速率更快。氧化物与基体的界面处SiC快速反应，生成SiO向外扩散，SiC耗尽层厚度迅速增大。这样的氧化物结构使得材料的SiC耗尽层厚度较大，材料在SiC耗尽层容易出现裂纹，材料表面氧化物易剥落，失去结构完整性。

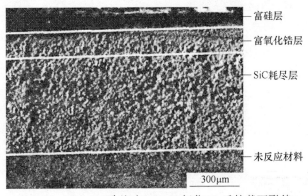

图2-85 ZrB_2-SiC陶瓷在1900℃氧化1h后的截面形貌

Hwang等人分别对起始SiC颗粒的尺寸、体积百分比、与ZrB_2的混合程度进行了详细的实验。实验表明，加入SiC，在1650℃的高温下能够提升ZrB_2的致密度，最高可达到99.9%，且随着SiC颗粒的尺寸的减小、分散度的提高，ZrB_2的致密度提高，从而使抗氧化性能得到提高（见图2-86）。

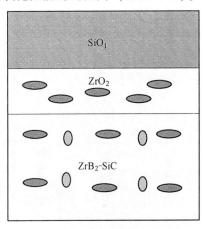

图2-86 氧化层结构

Fahrenholtz 认为 SiC 耗尽层的形成主要与 ZrB_2 和 SiC 发生氧化时所需要的最低氧分压不同有关。在 1500℃ 条件下，SiC 氧化的最低氧分压为 $4.1×10^{-14}$ Pa，ZrB_2 氧化的最低氧分压为 $1.8×10^{-11}$ Pa。图 2-87 所示为在 1500℃ 条件下 ZrB_2-SiC 氧化时 SiC 耗尽层形成的示意图。ZrB_2-SiC 陶瓷内部的氧分压接近于 0，从内部到表面，氧分压呈递增趋势，表面的氧分压为 $2×10$ Pa。从图 2-87 中可以看到，当氧分压低于 $4.1×10^{-14}$ Pa 时，ZrB_2 和 SiC 相都比较稳定；当氧分压达到 $4.1×10^{-14}$ Pa 时，SiC 首先发生活性氧化，生成 SiO 和 CO；当氧分压继续升高，达到 $8.7×10^{-13}$ Pa 时，向外扩散的 SiO 可以继续氧化生成 SiO_2，继续向表面靠近；当氧分压达到 $1.8×10^{-11}$ Pa 时，ZrB_2 相开始发生氧化，生成 ZrO_2 和 B_2O_3。

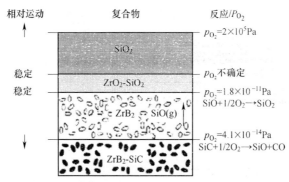

图 2-87   在 1500℃ 条件下 ZrB_2-SiC 氧化时 SiC 耗尽层形成示意图

图 2-88 所示为 ZrB_2-15%SiC（体积分数）陶瓷在 1600℃ 氧化 30min 后的表面显微结构。从图中可以看到，玻璃层表面存在"岛-湖"图案，为 ZrO_2 的小岛分布在富 SiO_2 的湖里面。该图案形成的机理如下：B_2O_3 在富 SiO_2 玻璃层底部含量较大，可溶解 ZrO_2，形成 B_2O_3-SiO_2-ZrO_2 液体，当液体向外扩散到玻璃层表面时，由于 B_2O_3 的蒸发，溶解的 ZrO_2 从 B_2O_3-SiO_2-ZrO_2 液体里面沉淀出来，覆盖在玻璃层表面，形成岛-湖图案。

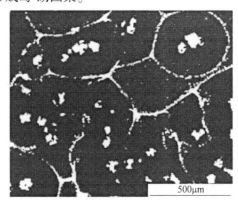

图 2-88 ZrB_2-15%SiC（体积分数）陶瓷在 1600℃ 氧化 30min 后的表面显微结构

J. C. Han 等人还研究了 ZrB$_2$-20%SiC（体积分数）复合材料在 2200℃下表现出的优异抗氧化性（见图 2-89）。氧化 10min 后，反应层的厚度仅为 375μm。ZrB$_2$-SiC 复合材料的质量和线性氧化速率分别为-0.23mg/s 和 0.66μm/s。氧化后未检测到宏观裂缝或散裂。在本书中，与 ZrB$_2$ 相比，SiC 表现出优先氧化。高压气相（即 B$_2$O$_3$ 和 SiO）的形成导致产生大量的孔。在研究中，SiC 不再是复合材料抗氧化性改善的原因，ZrO$_2$ 重结晶成致密的相干亚尺度，保护下面的陶瓷免受灾难性氧化（见图 2-90）。

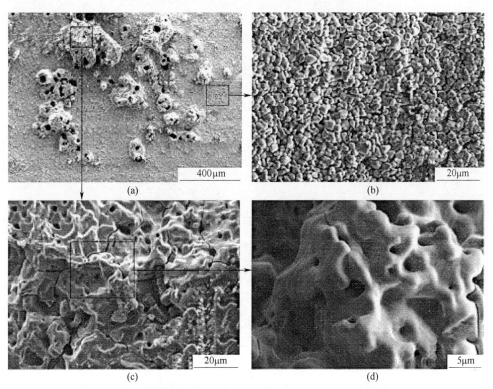

图 2-89 ZrB$_2$-20%SiC 样品在 2200℃下暴露于氧乙炔试验 10min 后氧化皮的表面形态

Peter A. Williams 等人对 SiC 含量在 20%~80%（体积分数）的 ZrB$_2$-SiC 超高温陶瓷在 1773K 下 50h 和 2073K 下 20min 的氧化性能进行了评价。在 1773K 的空气中氧化 50h 后，20%~80%SiC（体积分数）的所有 ZrB$_2$-SiC 复合材料形成连续的 SiO$_2$ 层。对于 20%~80%SiC（体积分数）的成分，SiO$_2$ 层厚度有系统减小的趋势。在相同的组成范围内，SiC 耗尽层厚度也有系统地减小，并且在 65%SiC（体积分数）下变得不可检测。在约 2073K 的温度下进行了热梯度烧蚀研究，UHTC 样品的边缘达到约 1873K。富含 SiC 的成分（即 S80Z20 和 S65Z35）在火焰的热区出现了样品凹陷。在 2073K 时，富含 ZrB$_2$ 的成分（即 S35Z65 和

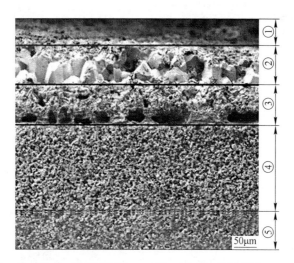

图 2-90　在 2200℃下氧化 10min 后 ZrB$_2$-SiC 的横截面（SEM）

S20Z80）没有形成凹陷，而是形成 ZrO$_2$ 骨架，其中 SiO$_2$(1) 由于 SiO(g) 蒸发而丢失。在超高温下，样品处理的不规则性会影响初始氧化反应，但这对长期反应影响不大，其中 SiO$_2$ 和残余物 ZrO$_2$ 的损失控制了性能。

上述研究结果表明 10%~30%SiC（体积分数）的超高温 TCS 不一定是高温（小于 1773K）性能的最佳成分。对于等温暴露，通过增加 SiC 的体积分数可以减少 SiC 耗尽层，并且在含有至少 65%SiC（体积分数）的复合材料中是不可检测的。此外，通过增加 SiC 含量，可在 1773K 下提高氧化性能，从而降低陶瓷的总重量密度。在火焰快速加热下，高 SiC 含量（S80Z20）复合材料在热区出现凹陷，但在 20min 的试验期间，底层微观结构的完整性保持不变。

2.5.3　ZrB$_2$ 基三元复相陶瓷的氧化行为

为了进一步提高 ZrB$_2$-SiC 复相陶瓷的抗氧化性能和服役温度，需要向材料内加入第三相。这些第三相物质在高温条件下可形成低挥发蒸汽压氧化物，阻止氧的扩散，弥补由于高温下 SiO$_2$ 挥发造成的影响；或与 ZrO$_2$ 反应形成致密保护层，避免由于高温下 SiO$_2$ 的挥发而形成的多孔结构。在 ZrB$_2$-SiC 陶瓷中，SiC 的主被动氧化转变会使材料在 SiC 耗尽层出现裂纹而失效。为了提高材料的抗氧化能力，需要引入更难氧化耗散的组元。TaC 具有很高的熔点，其对应氧化产物 Ta$_2$O$_5$ 在高温下蒸汽压低，不易挥发，可形成连续的氧化保护层。因此，为了提高高温抗氧化性能，许多研究人员在材料中引入 TaC。由于 ZrB$_2$-TaC 陶瓷较难制备，故常以 ZrB$_2$-SiC-TaC 陶瓷为研究对象。

图 2-91 所示为 ZrB$_2$-20%SiC-30%TaC（体积分数）陶瓷在 1500℃氧化 10h 后

的截面形貌，可以发现，ZrB_2-20%SiC-30%TaC（体积分数）表现出良好的抗氧化性能，试样氧化层厚度只有140μm。对截面氧化物放大可以看到试样表面氧化物可以分为四层：表面的 SiO_2 层、次外层 Zr-Ta-O-Si 层、中间的富钽层、最内层 SiC 和 TaC 耗尽层。TaC 氧化生成的 Ta_2O_5，与 ZrO_2 形成有限固溶体，在试样表面形成较为致密的富钽层，阻止了内部 SiC 的氧化。因为 Ta_2O_5 与 SiO_2 并不互溶，试样内部的 ZrO_2 也不能再与 SiO_2 互溶形成致密的富钽层。形成的 SiO_2 向外表面扩散形成了外层的 SiO 层和次外层 Zr-Ta-O-Si 层。这样的双致密层比单层 SiO 更加有效地抑制了氧原子的扩散，提高了材料的抗氧化能力。当试样面临更高温度氧化环境时，表面形成的 SiO 层可能因主动氧化而挥发失效。内层致密的富钽层或 Ta_2O_5 液相层接替挥发的 SiO_2，有效抑制氧原子的扩散，提高材料的抗氧化性能。由于 TaC 的含量不足，Ta_2O 与 ZrO_2 固溶体层不致密，呈多孔结构，不能有效抑制氧原子的扩散。同时，由于 Ta_2O_5 的存在，使 SiO 不能与 ZrO_2 相溶形成致密的保护层，造成试样阻碍氧扩散机制失效，表现出比 ZrB_2-SiC 陶瓷更恶劣的抗氧化性能，材料形成的氧化层厚度高达 850μm。所以，为了提高材料抗氧化性能，添加 TaC 的体积分数应在 30%左右。

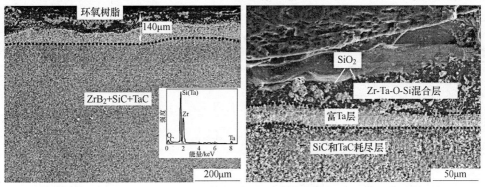

图 2-91　ZrB_2-20%SiC-30%TaC（体积分数）陶瓷 1500℃氧化 10h 后的截面形貌

　　英国伦敦帝国理工大学研究人员致力于研究在 ZrB_2-20% SiC（体积分数）超高温陶瓷中添加稀土硼化物或氧化物，生成固态难熔氧化物防护层。在这些研究当中，对提高 ZrB_2-SiC 陶瓷抗氧化和抗烧蚀能力有最佳效果的是 ZrB_2-20%SiC（体积分数）-5%LaB_6（质量分数）。图 2-92 所示是在 1600℃ 静态空气条件下，ZrB_2、ZrB_2-SiC、ZrB_2-SiC-LaB_6氧化 1h 后的截面图，可以看出单相 ZrB_2 陶瓷氧化生成多孔的 ZrO_2 层，氧的扩散得不到有效抑制，氧化层厚度增厚，材料疏松失效。作为对比，ZrB_2-SiC-LaB_6氧化表面将形成厚达 250μm 氧化锆和稀土锆酸盐致密层。由于氧化锆和锆酸镧的熔点都远高于 1600℃，在氧化过程中二相始终保持固态。相比于液相 SiO_2，这种较为致密的固态氧化物层同样可以抑制氧的扩散。同时由于氧化层为固态，挥发损失小，且抗气流冲刷好，故具有更好的抗氧化和烧蚀性能。未添加稀土的 ZrB_2-SiC 氧化表面则是由仅厚 $10\mu m$ 的多孔 ZrO_2 层和 1600℃为液态的无定形 SiO_2 覆盖层组成。液态 SiO_2 具有较低氧渗透性，可抑制 1600℃静态空气下 ZrB_2-SiC 的过度氧化。但是，在更高温度条件下，由于液态 SiO_2 很快将会因为主动氧化而挥发耗尽，故很快失去保护优势。

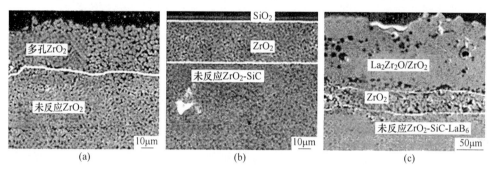

图 2-92　陶瓷在 1600℃氧化 1h 后的截面形貌

(a) ZrB_2；(b) ZrB_2-SiC；(c) ZrB_2-SiC-LaB_6

Alireza Rezaie 等人添加了 15% 的 SiC 和 15% 的石墨制得试样 ZrB_2-15%SiC-15%C（体积分数），试样在 1500℃、流动的空气中进行氧化。实验指出，在试样刚接触空气时就在表面形成了一个结构层，加入的石墨稳定地存在于富 SiO，表面层下面的氧化层气孔中。氧化后的结构层包括：（1）材料表面均匀的富 SiO 层；（2）SiO 和 ZrO_2 层；（3）ZrO_2 层；（4）含有气孔的 ZrB_2、ZrO_2 和石墨组成的部分氧化层；（5）未受影响的 ZrB-SiC-C 层。该氧化行为是被动氧化和形成表面保护层共同进行。Victor 等研究了添加 2% 的石墨微粒对 ZrB_2 和 ZrB_2-SiC 陶瓷的影响，实验采用了火花等离子体烧结的方法。实验结果表明，添加的微量石墨并未发生反应，而是均匀地分散在系统中。研究表明，添加的石墨并不是发生原位还原反应，而是起到润滑作用使结构更加致密，从而减缓氧向材料内部扩散。

Zhang 等人发现在 1500℃ 和 1600℃ 条件下加入 WC 添加剂可以减小 ZrB_2 陶瓷的氧化增重和氧化层厚度，显著提高其抗氧化性能。例如，经 1600℃/3h 的高温氧化后，ZrB_2 和 ZrB_2-4%WC（摩尔分数）陶瓷的氧化增重分别为 $22mg/cm^2$ 和 $8mg/cm^2$；经 1500℃/3h 的高温氧化后，ZrB_2 和 ZrB_2-4%WC（摩尔分数）陶瓷的氧化层厚度分别为 $500\mu m$ 和 $100\mu m$。图 2-93 所示为在 1600℃空气条件下氧化 2h 后 ZrB_2 和 ZrB_2-4%WC（摩尔分数）陶瓷的氧化层显微结构。从图中可以看到，ZrB_2 陶瓷的氧化层由柱状的 ZrO_2 晶粒以及晶粒之间存在的通道组成，这些通道为氧的快速扩散提供了路径。ZrB_2-4%WC（摩尔分数）陶瓷的氧化层则由致密的等轴 ZrO_2 晶粒组成，可以显著降低氧的扩散。在高温氧化过程中，WC

和 ZrB_2 分别氧化生成 WO_3 与 ZrO_2，在 1260℃以上 WO_3 可以与 ZrO_2 形成液相，利用液相烧结提高 ZrO_2 层的致密性。因此，ZrB_2-4%WC（摩尔分数）陶瓷具有优异的抗氧化性能。

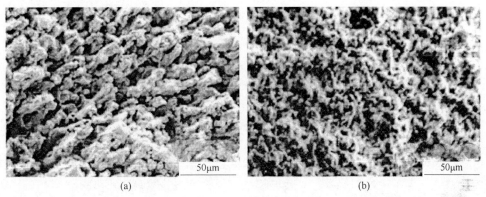

图 2-93   在 1600℃空气条件下氧化 2h 后 ZrB_2（a）和 ZrB_2-4%WC

（摩尔分数）（b）陶瓷的 ZrO_2 层显微结构

Z. Kováčová 等人研究了在静态气氛中达到 1650℃烧结温度，碳化硅粒径（50~60nm，0.9μm 和 44μm）和氧化钇对 ZrB_2-SiC 陶瓷氧化行为的影响。起始粉的烧结温度和平均粒径对最终密度的控制起到了重要作用。制备的超高温陶瓷的微观结构，包括控制 ZrB_2 晶粒尺寸及其抗氧化性。一方面，在 1100℃和 1300℃的氧化温度下，较细的 ZrB_2 颗粒表现出均匀的氧化，导致很小的 ZrO_2 颗粒均匀沉淀，在复合材料表面形成更致密的保护层；另一方面，较细 SiC 颗粒的氧化导致保护性硅基玻璃相在较高温度下分布更加均匀。在 44μm SiC 粉末制备的样品中观察到了 ZrB_2-SiC 复合材料最广泛的氧化。结果表明，采用 ZrB_2 和 SiC 纳米粉体可以进一步提高 ZrB_2-SiC 超高温陶瓷的抗氧化性能。在 ZrB_2-20%SiC（质量分数）中加入 8%Y_2O_3（质量分数），虽然在 1650℃氧化后没有检测到 $Re_2Zr_2O_7$ 相，但在超过 1500℃的氧化温度下，掺杂 Y_2O_3 的样品的抗氧化性能不如碱性材料。在 1650℃氧化后形成的产物层的厚度，相较于掺有 Y_2O_3 的样品和碱性样品要高得多。在 1650℃下氧化 1h 后，氧化皮厚度达到约 630μm。

2.6   硅化物的高温氧化行为

在高温领域，$MoSi_2$ 材料是应用最为广泛的硅化物陶瓷，下面以该材料为例对硅化物陶瓷的高温氧化行为进行具体介绍和讨论。$MoSi_2$ 材料的氧化分为两种形式：一种为在 673~873K 左右明显发生的"粉化"氧化，另一种为在 1273K 以上的惰性氧化。

2.6.1 "粉化"氧化

MoSi$_2$ 材料发生"粉化"（pesting）氧化时会因为剧烈的氧化而成粉体状，进而加快材料的氧化进程。Chou 研究 MoSi$_2$ 的"粉化"现象发现，MoSi$_2$ 低温段氧化发生"粉化"的过程明显分为两个阶段：一个较慢的成核阶段与一个快速的长大阶段。对于 MoSi$_2$ 的低温氧化发生"粉化"现象的机理，许多学者提出了自己的解释，代表性的有以下几种：

（1）晶界扩散机理：Westbrook 等人认为发生"粉化"现象的原因是气体元素（最可能是氧气和氮气）优先在晶界扩散同时伴有依赖温度的界面反应的结果（见图 2-94）。较低温度下，氧的扩散速率很低，反应被限制在临近表面的区域，MoSi$_2$ 不会发生"粉化"现象；但随着温度的升高，氧沿着晶界扩散的速率加快而氧的体扩散速率仍很低，此时因氧的富集而发生反应，使 MoSi$_2$ 材料的内应力升高，最终导致"粉化"现象；随着温度进一步升高，氧的体扩散与沿晶界扩散速率相当，晶界不会发生氧的富集，因而不会发生晶界的反应，MoSi$_2$ 也不会发生"粉化"现象。作为这种氧化机理的证据，Westrook 等人发现在 573K 时晶界处的硬度比晶内高 3 倍，但在 1137K 时两者的硬度相当。然而还是不能很好地解释相对密度大于 98% 时 MoSi$_2$ 材料较难发生"粉化"现象的原因。

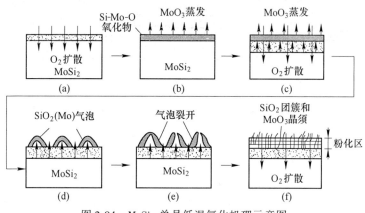

图 2-94　MoSi$_2$ 单晶低温氧化机理示意图

（2）孔和裂纹（pore-and-crack）优先氧化机理：McKamey 等研究发现，氧化优先发生在缺陷部位，MoSi$_2$ 氧化发生"粉化"现象正是由于缺陷处优先氧化，并伴随大的体积效应在缺陷处产生钉楔作用诱发更多的裂纹，像链式反应一样，使 MoSi$_2$ 发生"粉化"现象。支持 pore-and-crack 氧化机理的证据很多，如 MoSi$_2$ 材料的"粉化"现象总是以穿晶断裂为主；MoSi$_2$ 材料中裂纹密度随氧化时间延长而增多等。许多因素影响下的低温氧化特性，总的说来，缺陷如气孔和裂纹、组成成分、氧化温度和氧化气氛等被认为是影响低温抗氧化性的重要因素。

（3）氧分压及温度的影响：$MoSi_2$ 是否会形成保护性很好的 SiO_2 膜，显示出被动或活性氧化特性，这与氧分压和温度有关。图 2-95 所示为 $MoSi_2$ 的氧化特性与氧分压和温度的关系，它是以热力学数据和扩散系数为依据得出的。区域 I 和 II 是活性氧化区域，在此区域不会发生硅的选择氧化，钼硅同时被氧化；特别是在区域 I 内会发生如前所述的"粉化"现象。在过渡区域 II 内虽然不会发生此现象，但是挥发很难形成致密的氧化膜，为此氧化速率仍较大。区域 III 和 IV 是被动氧化区域，由于硅发生氧化从而形成了具有保护性的 SiO_2 保护膜，区域 IV 是向和同时挥发的 V 区域的过渡区域。所以，$MoSi_2$ 的使用条件限制于区域 III 内，即在常压下会显示出非常好的高温抗氧化特性。通常状态下，由图 2-95 上部的横线可看出，"粉化"多发生在 873K 以下的温度区域，与已发表的实验结果——"粉化"多发生在 673~873K 的温度范围内吻合得很好，最容易发生"粉化"现象的温度大约在 773K，这可能与氧的扩散速率有关。在 773K 下，氧的扩散速率较慢，使 $MoSi_2$ 氧化速率较慢，也就较难发生"粉化"现象；而在 773K 以上，MoO_3 挥发逐渐加快，SiO_2 覆盖大部分表面，阻碍了氧的扩散，使氧化速率也变慢，因此较难发生"粉化"现象。

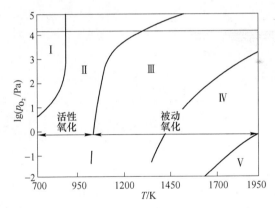

图 2-95 温度及氧分压对 $MoSi_2$ 氧化行为的影响

（4）材料的组成成分的影响：在 Si-Mo 系中，有 3 种不同组成的化合物，即 $MoSi_2$、Mo_5Si_3、Mo_3Si，其中抗氧化能力最强的是 $MoSi_2$。当材料中钼的含量较高时，基体中含有少量的抗氧化能力弱的富钼相，由于这些富钼相抗氧化能力较弱，从而降低了抗氧化性；反之，当硅的含量较高时，基体中含有硅单相，使 $MoSi_2$ 表面较容易生成保护膜，因而 $MoSi_2$ 的抗氧化能力增强。

（5）缺陷的影响：缺陷如气孔和裂纹对 $MoSi_2$ 抗氧化性的影响较大，因为缺陷处氧扩散容易且能量高，是最容易氧化的地方；同时缺陷的存在也使 SiO_2 保护膜难以形成，因此 $MoSi_2$ 材料缺陷越多越容易发生"粉化"现象。

2.6.2　高温惰性氧化

$MoSi_2$ 在高温下能形成自愈合的玻璃膜，所以 $MoSi_2$ 在 1000℃以上具有很好的抗氧化性能。颜建辉等人对不同致密度（78.6%、85.0%、90.2% 和 94.8%）的烧结 $MoSi_2$ 材料在 700~1200℃氧化 480h 获得的动力学曲线如图 2-96 所示，从氧化后的试样表面可以看出，试样均从银白色逐渐演变为黑色，所有材料均未发生"粉化"现象。从氧化动力学曲线可知，材料氧化质量均随着氧化时间的延长而增加。

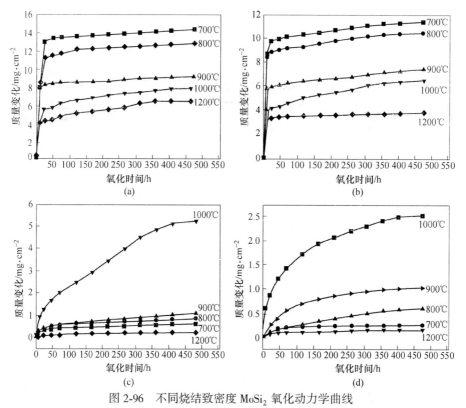

图 2-96　不同烧结致密度 $MoSi_2$ 氧化动力学曲线

（a）致密度 78.6%；（b）致密度 85.0%；（c）致密度 90.2%；（d）致密度 94.8%

2.7　小结

非氧化物陶瓷的应用日益广泛，使用状态下的高温氧化是制约其应用的重要因素之一，因此对该材料氧化性的研究已引起国内外研究者的普遍重视。对材料工作者来讲，应从该类材料氧化规律中，探求提高其抗氧化能力的途径。尽管许多研究者已做了大量探索，但在该方面仍有大量工作要做。

3 非氧化物陶瓷在高温含水条件下的腐蚀行为

3.1 非氧化物陶瓷在高温含水条件下腐蚀行为的一般特点和研究手段

3.1.1 非氧化物陶瓷在高温含水条件下的腐蚀行为的一般特点

随着现代高温工业生产强度的提高，非氧化物材料的服役环境日趋恶化，水蒸气逐渐成为服役环境中不可避免的反应参与介质。例如，在燃烧环境下（如燃气涡轮机、往复式发动机、垃圾焚化炉等）都会产生水蒸气，尤其在使用生物燃料时，产生水蒸气的含量更高。因此，研究非氧化物与水蒸气在高温环境下的反应对于相关材料的应用尤为重要。从热力学上来看（见图 3-1），水蒸气同样与非氧化物陶瓷很容易发生反应。当水蒸气参与非氧化物陶瓷的高温反应过程时，水蒸气往往具有双重角色。一方面，水蒸气可以充当氧化源，对非氧化物陶瓷进行氧化，生成 MO_x 产物层及其他的气体产物；另一方面，水蒸气也会充当保护性产物层的破坏者，它将进一步与产物层发生化学反应（见图 3-2），生成挥发性的氢氧化物（M-O-H）。

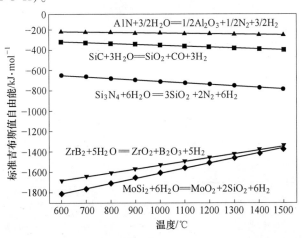

图 3-1 典型非氧化物陶瓷高温氧化反应标准吉布斯
自由能与温度的关系

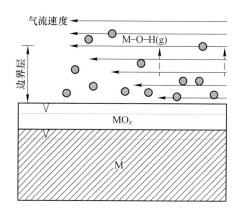

图 3-2　非氧化物陶瓷在高温含水条件下腐蚀过程的示意图

　　挥发性气体产物的生成会对致密的氧化层进行破坏，导致材料损失，是一种限制非氧化物陶瓷寿命的降解机制。描述挥发性氢氧化物形成导致氧化物损失的一般反应式如下：

$$MO_x + nH_2O(g) + mO_2(g) \rightleftharpoons MO_{x+n+2m}H_{2n}(g) \tag{3-1}$$

　　可以看出挥发性氢氧化物的形成在某些情况下既依赖于服役环境中的水蒸气分压，又依赖于环境中氧气分压。研究表明，当挥发性物质的平衡蒸汽压达到 10^{-7} MPa 或者更高的时候，挥发性物质产生所引起的材料损失将成为非氧化物陶瓷长期应用的重要考虑因素（图 3-3）。表 3-1 给出了平衡蒸汽压为 10^{-7} MPa 的标准下，几种氧化物在不同工作环境下的服役温度上限，可以看出水蒸气的存在对于材料使用温度的限制具有很大的影响。下面重点以碳化物和氮化物为例对非氧化物陶瓷在高温含水条件下的反应进行介绍。

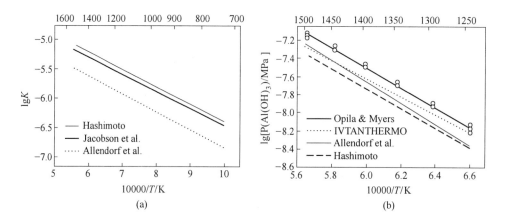

图 3-3　不同挥发产物分压与温度关系

（a）$Si(OH)_4$；（b）$Al(OH)_3$

表 3-1　挥发产物的平衡蒸汽压为 10^{-7}MPa 时氧化物的预计工作上限温度　　（℃）

氧化物	总压：0.1MPa；氧气分压：2.1×10^{-2}MPa；水蒸气分压：10^{-3}MPa	总压：0.1MPa；氧气分压：10^{-2}MPa；水蒸气分压：10^{-2}MPa	总压：0.1MPa；氧气分压：0.1MPa；水蒸气分压：0.1MPa
SiO_2	1575	1370	967
Al_2O_3	M	1864	1345
B_2O_3	M	M	700
ZrO_2	M	>1927	>1800

注：M 表示此时材料受制于氧化物的熔点而不是挥发反应。

　　非氧化物陶瓷在高温含水条件下一旦开始发生挥发反应，准确判断挥发产物的种类对于预测挥发反应速率来说是非常关键的。目前，挥发性产物确定的方法中最直接的方法是确定式（3-1）的化学计量比。产物的挥发速率取决于 $P(H_2O)^n$ 和 $P(O_2)^m$。其中幂指数 n 和 m 的量化使得挥发性产物的化学式结构得以确定。幂指数的确定可以假定环境中其他变量固定，通过调整水蒸气和氧气的分压来获取材料质量和气体流速等参数的变化数据，并进行推算。

3.1.2　非氧化物陶瓷在高温含水条件下的腐蚀行为的研究手段

　　对于高温含水条件下的动力学规律的研究，多采用在线测量和称重法。这两种方法一般都可用于研究等温氧化规律。前者是将经预处理后的样品悬挂于竖式电阻炉中，吊丝另一端悬挂于精密天平下方，在实验过程中天平在线记录样品的质量变化，并用电脑程序记录下相对应的数据。后者是将试样放置或悬挂于电阻炉内，在某一温度下，保温不同时间，用精密天平称量反应前后质量，来探求其反应规律。无论采用何种研究方法，精确控制反应气氛中水蒸气的含量是实验的关键所在，因此水蒸气发生装置的研究是非氧化物陶瓷高温含水条件下反应行为研究方法中不可忽略的内容。

　　最开始研究者借助其他辅助反应来创造水蒸气环境，典型例子为 T. Matsuda 在 CVD-BN 原试样中分别加入了 $(NH_4)_2O \cdot 4B_2O_3 \cdot 6H_2O$ 和 $(NH_4)_2O \cdot 5B_2O_3 \cdot 8H_2O$，高温下会发生以下两个反应：

$$(NH_4)_2O \cdot 4B_2O_3 \cdot 6H_2O \longrightarrow 4B_2O_3 + 7H_2O + 2NH_3 \qquad (3-2)$$

$$(NH_4)_2O \cdot 5B_2O_3 \cdot 8H_2O \longrightarrow 5B_2O_3 + 9H_2O + 2NH_3 \qquad (3-3)$$

　　生成的水在高温下转变为水蒸气，与氮化硼试样发生反应。采用这种方法获得的水蒸气不需要额外设计发生水蒸气的装置，并且水蒸气的含量可以通过化学方程式计算出来，但是这种通过加入易分解的有机物产生水蒸气的方法容易引入杂质相，如果单独研究 BN 的反应行为便会引入 B_2O_3 杂相，这对于实验结果的精确度有很大的影响。

S. Singhal 研究 Si_3N_4 和 SiC 在高温含水条件下的氧化行为时，在高温设备前增加了装有蒸馏水的容器，氧气首先经过容器带出蒸馏水，再进入高温炉内，这样就创造了炉内含水蒸气的环境。这种方法不会引入多余杂相，但是水蒸气的含量无法改变，并且氧气带出的水蒸气的量与室温、氧气流量等相关，因此实验的重复性不好。

20 世纪 60 年代，F. D. Richardson 等人在研究 Fe 在水蒸气中的腐蚀行为时提出了一种水蒸气发生装置，如图 3-4 所示。该装置利用 H_2 作为载气，经过加热套 3（温度 T_3）时带出水蒸气，水蒸气在经过水浴管 7（温度 T_7）时达到饱和（实验过程需保持温度 $T_7 < T_3$），饱和水蒸气进入到高温炉内与试样反应。这套装置不会引入其他杂质相，而且可以通过调节水浴锅的温度来控制饱和水蒸气压，从而控制水蒸气的含量。

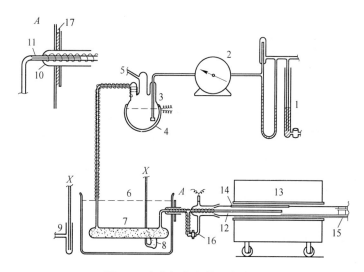

图 3-4　水蒸气发生装置实验图

1—毛细管流量计；2—旋转位移流量表；3—预饱和器；4—电动加套；5—进水口；6—饱和器；
7—饱和管；8—水坑；9—虹吸管和溢流管；10—内部密封管；11—2mm 口径毛细管；
12—氧化铝反应管；13—反应炉；14—氧化铝反应炉管；15—氧化铝热电偶套管；
16—氧气和氩气多支管；17—橡胶密封垫片

J. Elizabeth 等人改进了上述装置，将卧式电阻炉改为竖式高温电阻炉，并在高温炉上方增加了精密天平，用于在线测量试样在反应过程中的重量变化。这一类装置采用水浴锅来控制饱和水蒸气压，从而达到控制水蒸气含量的目的，因此对于水浴锅的控温精度要求比较高，并且水蒸气的含量是经过某一温度饱和水蒸气压计算得出，在计算过程中会产生一定的误差。

尔后 J. Elizabeth 继续对装置进行了改进，如图 3-5 所示。该方法利用蠕动泵控制液态水的流量，并控制水出口处温度不低于 200℃，确保液态水流出时直接被汽化，这样水蒸气的流量可以通过设置液态水的流量来控制。用此方法可以精确控制水蒸气的含量，并且设备结构比较简单。但是实验中用卧式炉代替竖式炉，不能利用热天平在线测量试样的重量变化，只能采用称量法，实验结果存在不可靠性，另外，该装置中氧气和水蒸气混合的均匀程度有待考量。

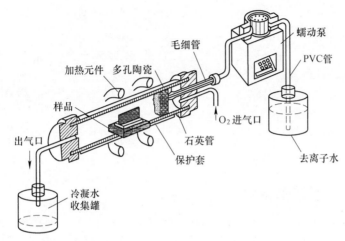

图 3-5　水蒸气环境下反应装置

　　笔者课题组在基于已有报道设备的基础上，结合自身多年的研究经验，搭建了一套原位在线监测非氧化物陶瓷高温含水条件下反应的实验装置（见图 3-6）。实验加热主体为钼丝炉，炉管选用高纯刚玉管（$w(Al_2O_3) \geqslant 99.9\%$），其最高加

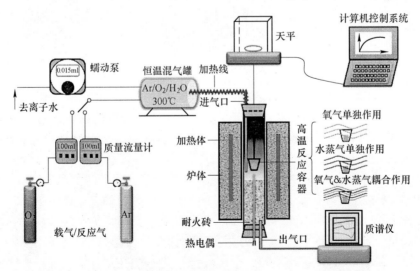

图 3-6　原位在线检测非氧化物陶瓷高温含水条件下反应的实验装置

热温度为 1600℃。控温原件选择的是双铂铑，温控程序选择的是 FP-93。在进行含水蒸气的实验时，蠕动泵首先将去离子水以实验预设的流量抽送到混气罐中（恒温温度为 300℃）。与此同时，载气（高纯空气、高纯氧气或者高纯氩气）通过质量流量计以实验预设 100mL/min 的流量通入到混气罐中。在混气罐中液态水转化为气态水蒸气并由载气通过绕有加热线（恒温温度为 120℃）的气管向炉体内供气。该装置可以实现对含水及其他测试气氛的精确控制。

3.2　碳化物的高温含水条件下的腐蚀

同样以 SiC 为例，对碳化物在高温含水条件下的腐蚀行为进行介绍和讨论。在高温下有水蒸气介入的环境下，水蒸气一方面会与 SiC 发生氧化反应，另一方面会与生成的氧化产物继续发生挥发反应，其具体反应式如下：

$$SiC(s) + 3H_2O(g) = SiO_2(s) + 3H_2(g) + CO(g) \tag{3-4}$$

$$SiO_2(s) + 2H_2O(g) = Si(OH)_4(g) \tag{3-5}$$

3.2.1　SiC 粉体

作者课题组在不同的气氛下，研究了 h-SiC 粉体在 1373~1773K 下的反应行为，并使用 TG、XRD 和 SEM 分析进行了比较。在不同条件下，SiC 粉体在 1373~1773K 的等温 TG 曲线如图 3-7 所示。图 3-7（a）所示为在干燥空气中 1373~1773K 下 SiC 粉体的等温 TG 曲线。可以看出，增加的质量百分比随着温度的升高而增加。在固定温度下，质量增加百分比最初快速增加，然后随着时间的延长而增加。在氧化的初始阶段，界面化学反应是主要的限速步骤，因此反应遵循线性行为。不久之后在未反应的 SiC 粉体上形成氧化膜，并且反应迅速变为控制，导致反应行为的改变。最大实验质量增加百分比在 1773K 下为 48.2%，几乎接近理论值 50%。如果给出足够的反应时间，它将达到理论值。鉴于在含水条件下的反应行为，在 1373~1673K 下获得的 TG 曲线（图 3-7（b）和（c））与在干燥空气中观察到的相似。然而，在 1773K，质量增加百分比在达到最大值后逐渐减小。可能的原因是挥发反应主要在该温度下发生。尽管挥发反应也可能发生在 1373~1673K，但其效果却被氧化反应淹没。为了研究大气对反应行为的影响，比较了 1573K 的反应曲线，如图 3-7（d）所示。从低到高的质量增加百分比的顺序如下：干燥空气中 36.1%，含有 20%（体积分数）水蒸气的空气中 38.3%，含有 20%（体积分数）水蒸气的 Ar 中 39.9%。这个定律与 1373K、1473K 和 1673K 在不同气氛中的反应行为相似，为简单起见，此处不再说明 TG 结果。需要指出的是，含水气氛中 SiC 粉体的总质量增益百分比总是高于干燥空气中的。虽然含水气氛中 1773K 的质量增加百分比低于干燥空气中的质量增加百分比，这归因于在含水条件下的挥发反应。从以上结果可以得出结论，水蒸气的存在可以增强 SiC 粉体的反应。

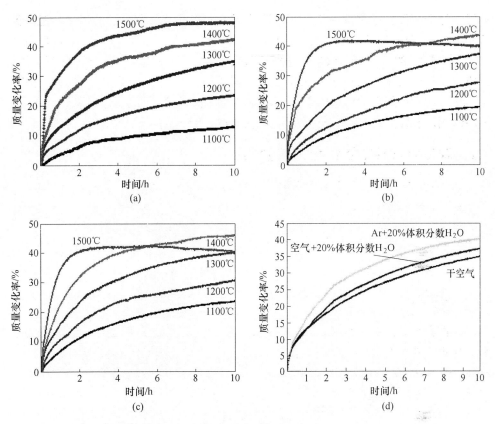

图 3-7　通过模型计算的 SiC 粉体的等温 *TG* 曲线和相应的配合曲线
在 1373~1773K 下在不同的气氛中反应 10h

（a）干燥空气；（b）含有 20%（体积分数）水蒸气的空气；（c）含有 20%（体积分数）水蒸气的 Ar；
（d）在不同气氛下 1573K 的 *TG* 曲线比较

　　为了进一步研究水蒸气对 SiC 反应行为的影响，还记录了在 1773K 下含有不同水蒸气含量 20%~50% 的 Ar 的 SiC 粉体的反应曲线，如图 3-8 所示。可以看出，所有反应曲线都包括两个阶段，即快速质量增加的初始阶段直到最大值和后期慢速质量损失阶段。初始阶段应该是氧化和挥发的混合反应，而氧化反应占主导地位。随着水蒸气含量的增加，挥发反应变得占主导地位，这导致较低的质量增加百分比。在第二阶段主要发生挥发，质量损失随着时间的推移几乎遵循线性规律。

　　图 3-9 所示为在不同条件下反应的 SiC 粉体的 XRD 图谱。可以看出，反应后的特征峰均对应于方石英相，除了在 1373K 的干燥空气中的一些残余 SiC 峰。此外，干燥空气中 SiO_2 的相对强度（图 3-9（a））随着温度的升高而增加，表明在较高温度下 SiC 粉体的氧化更严重。在 1373~1673K 的含水气氛中可以观察到类

似的现象，但是差异出现在 1773K，其中 SiO_2 的相对强度降低（图 3-9（b）和（c）），这应归因于在该温度下挥发反应的主导地位。

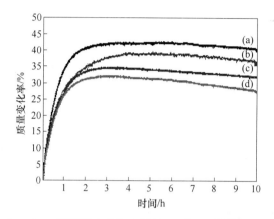

图 3-8　1773K 下不同水蒸气含量的 Ar 中 SiC 粉体的 *TG* 曲线

（a）含有 20%（体积分数）水蒸气的 Ar；（b）含有 30%（体积分数）水蒸气的 Ar；

（c）含有 40%（体积分数）水蒸气的 Ar；（d）含有 50%（体积分数）水蒸气的 Ar

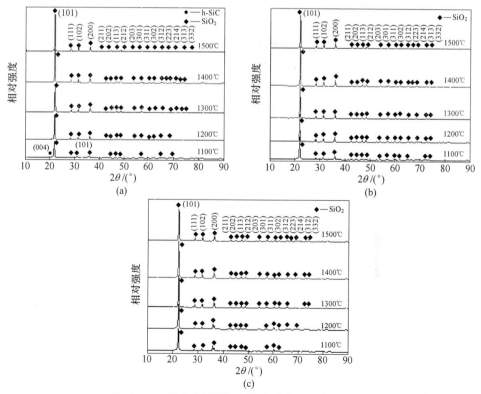

图 3-9　SiC 粉体在不同的气氛中反应 10h 的 XRD 图

（a）干燥空气；（b）含有 20%（体积分数）水蒸气的空气；（c）含有 20%（体积分数）水蒸气的 Ar

在不同的气氛下，在 1573K 和 1773K 下反应 10h 后，SiC 粉体的典型表面 SEM 图像如图 3-10 所示。与原始 SiC 粉体相比，在三种条件下反应后的颗粒变大并在 1573K 下聚集在一起（见图 3-10(a) ~ (c)）。这是由于 SiO_2 的黏性流动烧结。相比之下，在 1573K 的干燥空气中反应的样品表面变得相对致密（见图 3-10

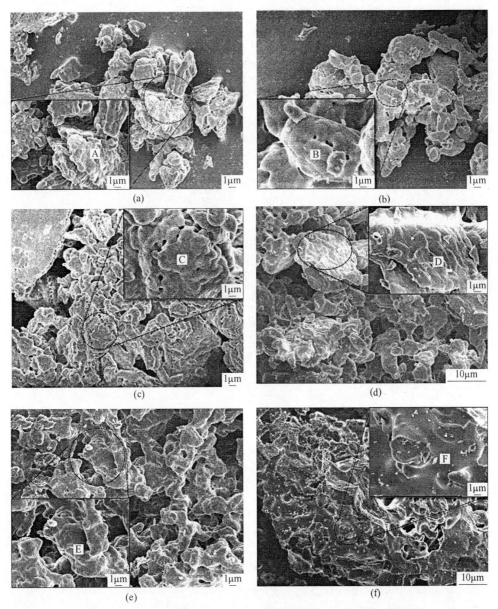

图 3-10　在 1573K 和 1773K 下不同的气氛中反应 SiC 粉体的微观结构

(a)，(d) 干燥空气；(b)，(e) 含有 20%（体积分数）水蒸气的空气；

(c)，(f) 含有 20%（体积分数）水蒸气的 Ar

(a)），而在含水气氛中反应的 SiC 粉体表面上出现许多孔隙（见图 3-10（b）和（c））。对于在含有 20%（体积分数）水蒸气的 Ar 中反应的样品，这种现象变得更加明显（图 3-11（c））。除毛孔外，还会出现一些裂缝。原因将在下一节中讨论。在 1773K 下，由于在较高温度下的加重烧结，反应后 SiC 粉体的表面变得相当致密（见图 3-10（d）~（f））。由于 SiO_2 的占据，在含水气氛中反应的样品的孔隙量明显减少，特别是样品在含有 20%（体积分数）水蒸气的 Ar 中反应（见图 3-10（f））。这些致密的表面会阻碍进一步的氧化。同时，它们导致后期含水气氛中挥发反应的优势（见图 3-9（b）和（c））。

3.2.2　SiC 块体

D. J. Park 等人研究了 SiC 在空气和富含水蒸气的环境中在环境压力和 1200℃的温度下的氧化行为。图 3-11（a）和（b）分别显示了在 1200℃下在空气和蒸汽中氧化的 SiC 样品的外观。尽管暴露时间相对较短，但样品在表面外观上显示出显著的差异，这取决于氧化条件和持续时间。在空气中氧化的样品表面上明显存在彩色条纹，这可能是由于在表面上形成均匀的薄氧化膜引起的。在水蒸气环境中氧化的 SiC 样品在测试期间几乎没有变化。这些结果表明，经受不同氧化环境的 SiC 样品表面上的氧化物层可具有不同的微观结构或化学性质。

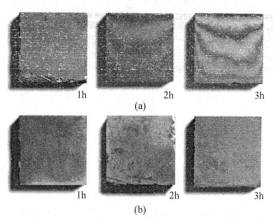

图 3-11　SiC 在 1200℃不同气氛下氧化指定时间的宏观形貌
（a）空气；（b）水蒸气

为了显微观察在两种不同环境下形成的氧化物的表面形态，进行 SEM 分析。在 3h 的氧化时间后获得的空气和蒸汽氧化样品的典型 SEM 图像分别如图 3-12（a）和（c）所示。氧化 2h 或更短时间的样品之间的表面形态没有显著差异（未示出），并且仅在蒸汽中氧化 3h 的样品中在氧化物表面上观察到少量的孔或气泡。如图 3-12（d）所示，这些孔在更高放大率的图像中清晰可见，如白色箭头所示。对于在其他条件相同的条件下在空气中氧化的 SiC 样品，在氧化物表面上没有观察到孔隙或气泡（见图 3-12（b））。在 1200℃的蒸汽环境中氧化物生长期间的孔隙形成似乎是由于氧化反应产生的大量气态产物，如 CO 和/或氢气的积累而发生的。

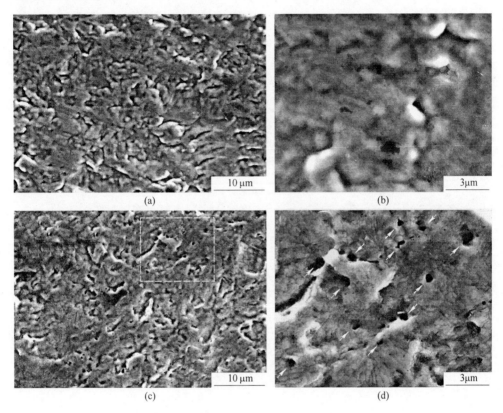

图 3-12　SiC 在 1200℃不同气氛下氧化 3h 后表面形貌
（a）空气中；（b）水蒸气中；（c）图（a）所示区域的放大图；（d）图（b）所示区域的放大图

　　通过 TEM 表征氧化物层本身的微观结构特性以及氧化物和 SiC 衬底之间的界面，结果如图 3-13 所示。从氧化物层获得的选定区域衍射图案（SAED）表明所有氧化物的结构无论氧化环境或暴露时间如何，氧化物层都是无定形的。在氧化处理结束后，所有样品下面的 SiC 基质保持其晶体结构，并且氧化物层的厚度通常随着暴露时间的增加而增加。在蒸汽环境中形成的氧化物层的厚度与在相同曝光时间下在空气中形成的氧化物层的厚度略有不同。暴露于蒸汽 1h 和 3h 后的氧化物层厚度分别为约 235nm 和 663nm。精确的厚度测定受到界面粗糙度的限制。

　　图 3-14 所示为暴露于两种不同环境的 SiC 样品的测量质量变化与曝光时间的

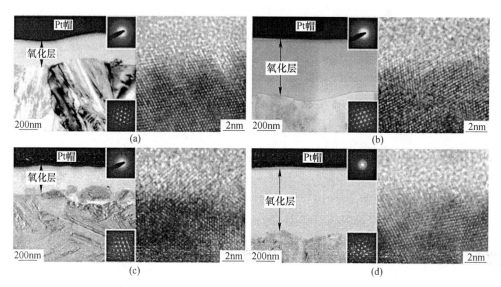

图 3-13 SiC 在 1200℃不同气氛反应不同时间后横截面明场和高分辨 TEM 图像
(a) 水蒸气中氧化 1h；(b) 空气中氧化 1h；(c) 水蒸气中氧化 3h；(d) 空气中氧化 3h

关系。一方面，在空气中氧化的样品在氧化期间显示出重量增加，并且在 1h 后（被动氧化）观察到很少或没有重量变化；另一方面，在蒸汽环境中氧化的样品都显示出重量损失（活性氧化）。在 2h 内仅观察到轻微的重量损失，然后 SiC 样品的重量突然减小。这种突然变化与 SEM 观察结果一致。在蒸汽环境中，在氧化过程中产生的挥发性气态产物可能导致 SiC 的重量损失，伴随着在表面上形成孔。

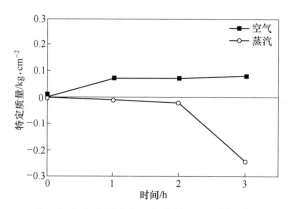

图 3-14 在空气和蒸汽环境中，氧化的 β-SiC 样品在 1200℃下的重量变化随氧化时间的变化

如图 3-15 所示，在空气和蒸汽环境中氧化的 SiC 样品表现出完全无定形氧化

物层，暴露时间长达 1h。尽管两种测试中氧化物层的结晶度随着暴露时间略有增加，但氧化物的峰值强度甚至在 XRD 图案放大后也非常低。这些结果表明，无论氧化环境如何，在试验过程中形成的大多数氧化物都是无定形的。尽管通过 XRD 检测到结晶 SiO_2，但在 TEM 图像中未发现结晶 SiO_2 区域（见图 3-13）。推测在 TEM 分析研究中观察完全无定形氧化物层可能是由于 TEM 样本的微小尺寸。

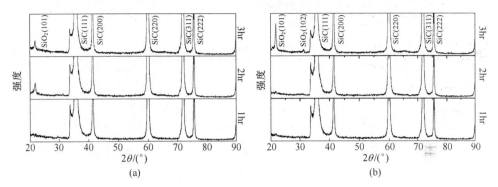

图 3-15　SiC 在 1200℃不同气氛下氧化不同时间后 XRD 图谱
(a) 空气中；(b) 水蒸气中

　　下面进行 XPS 研究以分析氧化的 SiC 样品的表面化学。在两种环境中从氧化 1h（见图 3-16）和 3h（见图 3-17）的样品中收集 Si 2p 光电子峰。为了定量评估氧化过程，使用涉及高斯-洛伦兹函数的曲线拟合程序在 Shirley 背景减法之后进行 Si 2p 峰的光谱分解。

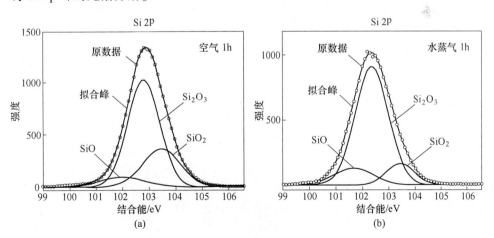

图 3-16　SiC 在 1200℃不同气氛下氧化 1h 后表面多峰拟合的 Si 2p 光谱
(a) 空气中；(b) 水蒸气中

Cappelen 等人研究发现，SiC 材料在有水蒸气的环境下氧化速率与时间无关，而在氧气条件下则呈现抛物线的规律，且水蒸气的介入会很大程度上加快氧化速

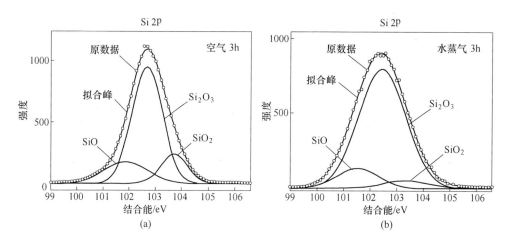

图 3-17　SiC 在 1200℃ 不同气氛下反应 3h 后表面多峰拟合的 Si 2p 光谱

(a) 空气中；(b) 水蒸气中

度。Maeda 等人研究了空气中水蒸气的含量对于 SiC 材料界面反应的影响。结果表明更高的水蒸气含量能够加速 SiC 材料的氧化并降低材料的弯曲强度，但是对材料反应界面微观结构和粗糙度影响不大。另外，水蒸气的介入，SiC 材料的氧化遵循抛物线规律，这点是不同于 Cappelen 的研究结果的。不同于 Maeda 等人关于 SiC 材料在含水蒸气环境下反应的结果，Opila 研究表明水蒸气的介入会使得反应界面出现气泡，且气泡的数量和尺寸都随着水蒸气分压的提高而变大（见图 3-18）。此外，他认为 SiC 材料的氧化同时受分子 H_2O 和离子组分（OH^-）的控制。

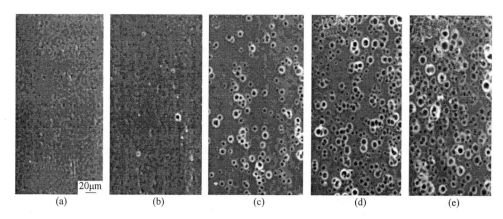

图 3-18　CVD SiC 在 1200℃ 氧气含不同水蒸气环境下反应后非晶产物 SiO_2 的形貌

(a) 10%H_2O，48h；(b) 25%H_2O，49h；(c) 50%H_2O，48h；(d) 70%H_2O，48h；(e) 90%H_2O，64h

More 等人研究了在高的总压环境下，空气和空气含水蒸气条件对于 SiC 陶瓷块体反应的影响，其结果如图 3-19 所示。可以看出，当没有水蒸气介入时，SiC 材料的氧化层为薄的且相对致密的非晶 SiO_2；当水蒸气介入时，氧化层外部存在较厚且多孔的结构，该结构对 SiC 材料的后续氧化无法起到阻止作用。但是，并没有明确给出造成这种现象的原因。

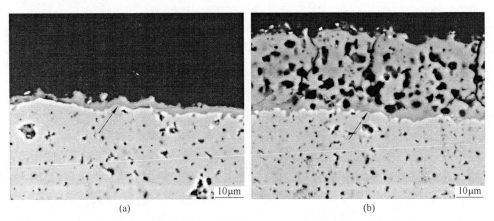

(a)   (b)

图 3-19　烧结的 SiC 材料在 1200℃、10 大气压条件下反应 100h 后其产物层的横截面形貌
(a) 空气；(b) 空气+15% H_2O（体积分数）

图 3-20 所示为在干湿气氛（图中 0~40%（体积分数）水蒸气）中氧化碳化硅 100h 产生的重量增加。每个数据点是 8~10 个样品的氧化平均值。误差线表示可能的误差范围。在大气中将水蒸气含量从 20% 增加到 40% 时，发现氧化增重的趋势略有增加。在使用 10%（体积分数）水蒸气的湿试验中，重量增加偏离该趋势并且导致比 40%（体积分数）水蒸气的湿试验更高的值。图 3-20 中的虚线大致通过平均值绘制，作为通过氧化在四次湿试验中氧化的样品的第一次近似重量增加的指导。

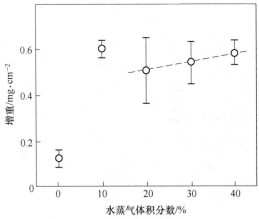

图 3-20　不同水蒸气含量条件下 SiC 增重结果

　　下面通过光学显微镜、SEM、EPMA 和 XRD 观察和分析氧化对微观结构的影响。在图 3-21（a）和（b）中示出了在 20%（体积分数）和 40%（体积分数）H_2O 的湿气氛中在 1300℃ 下氧化 100h 的样品表面。两者看起来都相同。

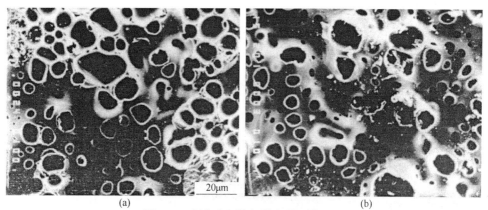

（a）　　　　　　　　　　　　　　　　（b）

图 3-21　氧化表面的扫描电子显微照片

（1300℃，100h，相同的放大倍数）

（a）20%（体积分数）H_2O；（b）40%（体积分数）H_2O

　　图 3-22（a）所示为扫描电子显微照片，图 3-22(b)~(e)分别是氧、硅、钾和铝的元素图，分别是在 30%（体积分数）水的湿气氛中在 1300℃ 下氧化 100h 的样品的抛光横截面。图 3-23 所示为表面粗糙度测量的结果。图 3-23（a）所示为水蒸气含量的影响，图 3-23（b）所示为氧化时间对表面粗糙度的影响。在 10%~40%（体积分数）H_2O 的四次湿试验中，在氧化期间形成的表面粗糙度没有明显差异。与在干试验中获得的表面粗糙度相比，在湿试验中获得的表面粗糙度显示出极高的值，并且在湿试验中，表面粗糙度随着氧化时间的增加而增加，如图 3-23（b）所示。图中的虚线为在湿气氛中氧化的样品的表面粗糙度的第一近似值。

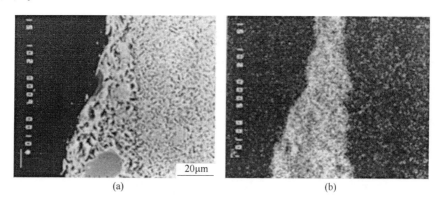

（a）　　　　　　　　　　　　　　　　（b）

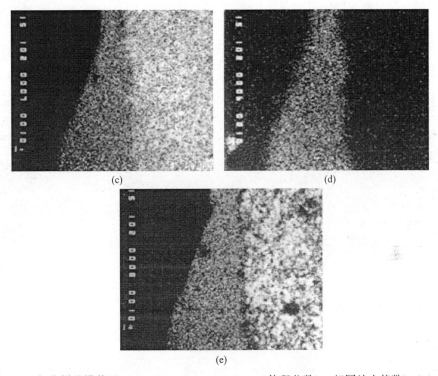

图 3-22　氧化样品横截面（1300℃，100h，30%H$_2$O（体积分数），相同放大倍数）（a）的
氧（b）、硅（c）、钾（d）和铝（e）的扫描电子显微照片和元素图

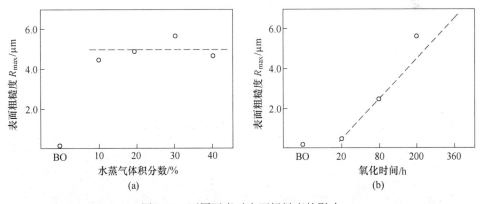

图 3-23　不同因素对表面粗糙度的影响

（a）水蒸气体积分数；（b）氧化时间

　　图 3-24 所示是弯曲强度测量的结果。每个数据点是 4~6 次休息的平均值。
条形表示最大值和最小值。图 3-24（a）所示为水蒸气含量的影响，图 3-24（b）
所示为氧化时间对弯曲强度的影响。在潮湿气氛中（10%~40%H$_2$O（体积分数)，100h，并且在 20%H_2O（体积分数）中高达 360h)，抗弯强度略微降低。图中的虚线大致通过分散值绘制，作为首先近似氧化样品的弯曲强度的指导。曲线几乎保持不变；优势显示没有明显的退化。与图 3-24（b）的实验结果相比，可以从图 3-24（b）的结果推导出弯曲强度和表面粗糙度之间的关系。

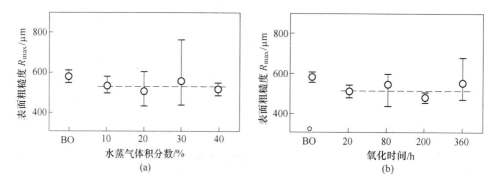

图 3-24　不同因素对弯曲强度的影响

（a）水蒸气体积分数；（b）氧化时间

3.3　氮化物的高温含水条件下的腐蚀

同样以 Si_3N_4 和 AlN 为例，对氮化物在高温含水条件下的腐蚀行为进行介绍和讨论。

3.3.1　Si_3N_4

在高温有水蒸气介入的环境下，水蒸气一方面会与 Si_3N_4 发生氧化反应，另一方面会与生成的氧化产物继续发生挥发反应，结果表明，氧化反应主要根据以下反应发生：

$$Si_3N_4(s) + 6H_2O(g) \rule[0.5ex]{2em}{0.4pt} 3SiO_2(s) + 2N_2(g) + 6H_2(g) \tag{3-6}$$

$$SiO_2(s) + 2H_2O(g) \rule[0.5ex]{2em}{0.4pt} Si(OH)_4(g) \tag{3-7}$$

3.3.1.1　Si_3N_4 粉体

Horton 在 1atm 下对 Si_3N_4 粉体在 1065～1340℃的氧化进行了实验研究。其结果表明，在实验温度下，含水蒸气条件下的氧化速率大约是纯氧气条件下的 2 倍，氧化总量明显提高。另外通过 XRD 分析，Horton 发现温度对 Si_3N_4 氧化产物的结晶状态有影响，即在 1065℃下，Si_3N_4 的氧化产物为不定型的 SiO_2，在 1125～1340℃间生成的是鳞石英。

笔者课题组研究了 Si_3N_4 陶瓷粉体的高温含水腐蚀行为，研究表明在低温段

（1100～1300℃），水蒸气的介入使反应产物产生孔洞，反应界面变得疏松，加速了反应速率。在高温段（1400℃以上），水蒸气促进反应产物烧结，提高其致密性，阻碍了氧化进程，因而反应后期水蒸气与保护性产物层 SiO_2 间的挥发反应占据主导，使得反应后期呈现线性失重的规律且上述挥发反应的强度随着水蒸气分压的提高而增强。同时进一步研究了不同气氛对 Si_3N_4 粉体反应行为的影响，通过比较 Si_3N_4 粉体在1100℃、1300℃和1500℃不同气氛下反应后的热重曲线。从图 3-25（a）和（b）可以看出，对于 Si_3N_4 粉体而言，其在氩气+20% H_2O（体积分数）条件下的反应增重是最高的，其次是氧气+20% H_2O（体积分数），再次是氧气。可见水蒸气的介入促进了 Si_3N_4 粉体的氧化进程，尤其是在水蒸气单独作用的条件下，与 Horton 实验结果一致。而从1500℃的不同气氛反应后的对比结果（见图 3-25（c））可以看出，在含水蒸气条件下，虽然 Si_3N_4 粉体前期的反应速率较快，但是随着反应时间的延长，试样的整体重量升高到最大值后会逐渐趋于平稳和下降，最终的增重量表现为在氧气条件下最高。上述对比结果表明了在含水蒸气条件下，氧化产物与水蒸气发生的挥发反应逐渐在后期反应中占据主导地位。

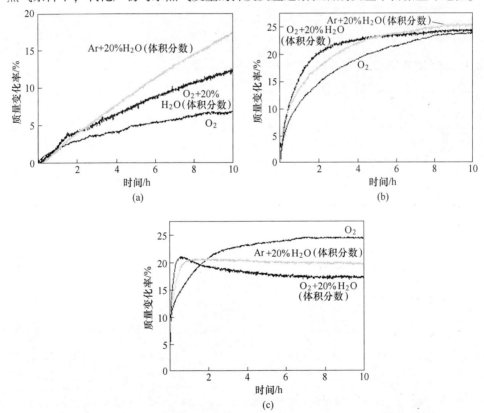

图 3-25 Si_3N_4 粉体在不同气氛下恒温反应 10h 后的热重曲线结果

(a) 1100℃；(b) 1300℃；(c) 1500℃

　　本节进一步研究了不同气氛对 Si_3N_4 粉体的反应行为，通过结合 XRD、SEM和 TEM 对其反应过程进行了具体的分析。通过 XRD 分析可以看出，在氧气条件下（见图 3-26（a）），Si_3N_4 的特征峰的相对强度随着温度的升高逐渐下降，在1300℃以上特征峰消失；产物 SiO_2 特征峰的相对强度则随着温度的升高逐渐加强，说明了更高的温度促进了 Si_3N_4 粉体的氧化。而在含水蒸气气氛下（见图 3-26（b）、（c）），Si_3N_4 粉体在 1100~1400℃反应后的特征峰的变化规律与其在氧气条件下类似。差别在于，与 1400℃的结果相比，1500℃反应后产物 SiO_2 的特征峰的相对强度出现了降低的趋势。为了进一步量化产物 SiO_2 峰强度的变化，对 SiO_2 在 21.5°~23°主峰的峰面积进行了计算比较，峰面积的高低代表结晶的SiO_2 含量的大小（见图 3-26（d））。上述结果侧面反映了 Si_3N_4 粉体在高温含水蒸气条件下挥发反应的发生。从图 3-27（a）可以看出，在氧气条件下反应后Si_3N_4 粉体的尺寸相较于原始粉体明显变大（见图 3-27（b））。此外，产物粉体之

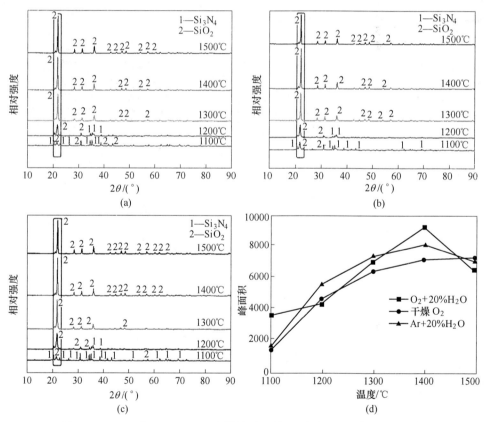

图 3-26　Si_3N_4 在 1100~1500℃不同气氛下恒温反应 10h 后的 XRD 图谱

(a) 氧气；(b) 氧气+20%H_2O（体积分数）；(c) 氩气+20%H_2O（体积分数）；

(d) SiO_2 特征峰峰面积比较

间发生了一定的团聚且其表面是致密和光滑的，这些表面特征可能与样品中的杂质相的存在和高温烧结作用有关。EDS 进一步分析结果表明表面产物是 SiO_2。而在氩气+20%H_2O（体积分数）条件下反应后的样品表面较为粗糙，存在许多小的颗粒（见图 3-27（b））。进一步对氩气+20%H_2O（体积分数）反应后的样品进行 TEM分析发现（见图 3-27（c）），反应后产物表面颗粒表面存在许多纳米级的近球形的小颗粒。对这些特殊形貌的小颗粒进行 EDS 分析发现，小颗粒中 Si：O 为 1：2.4，低于 SiO_2 中的 Si、O 比。其中偏高的氧很有可能来自于沉积在产物表面的挥发$Si(OH)_4$ 相。这也就给出了在含水蒸气条件下气相挥发物存在的有力证据。

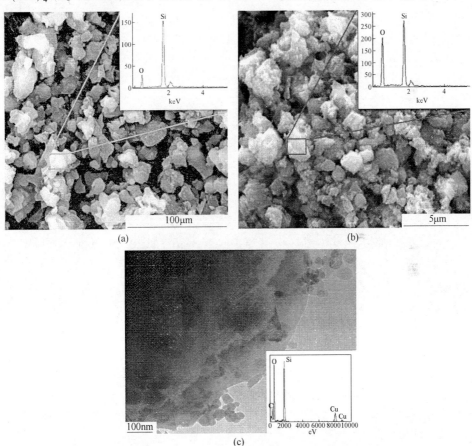

(a)   (b)

(c)

图 3-27 Si_3N_4 粉体在 1500℃ 不同气氛下反应 10h 后的 SEM 照片

（a）氧气；（b）氩气+20%H_2O（体积分数）及 TEM 照片；（c）氩气+20%H_2O（体积分数）

3.3.1.2 Si_3N_4 纤维

笔者课题组对 Si_3N_4 纤维在高温含水条件下的反应进行了较为系统的研究。

首先将 Si_3N_4 纤维在氧气和氧气含水蒸气条件下进行变温反应，热重曲线如图 3-28所示。可以看出，在两种气氛下 Si_3N_4 纤维都是从 1000℃ 左右开始发生反应，反应速率从 1200℃ 开始出现较快的增长。此外，两种气氛下反应结果的对比表明，水蒸气的介入加快了 Si_3N_4 纤维的反应进程。

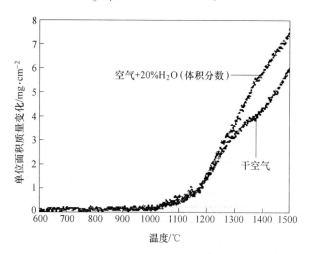

图 3-28　Si_3N_4 纤维在氧气和氧气+20%H_2O（体积分数）条件下变温反应热重曲线对比

　　为了进一步研究水蒸气对 Si_3N_4 纤维反应的影响，将 Si_3N_4 纤维在 1200℃ 氩气含不同体积分数水蒸气的气氛中进行实验，其结果如图 3-29 所示。可以看出随着水蒸气含量的增加，Si_3N_4 纤维在前期的反应速度及最后的增重量都得到了明显的提升。说明更高的水蒸气分压能够加剧 Si_3N_4 纤维的反应。

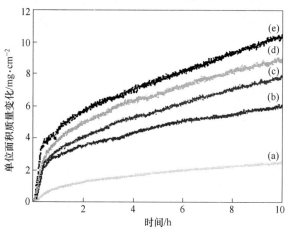

图 3-29　Si_3N_4 纤维在氩气含不同体积分数水蒸气条件下 1200℃ 恒温反应 10h 后的热重曲线

（a）空气；（b）氩气+5%H_2O（体积分数）；（c）氩气+10%H_2O（体积分数）；

（d）氩气+15%H_2O（体积分数）；（e）氩气+20%H_2O（体积分数）

为了进一步分析不同气体氧化源对 Si_3N_4 纤维反应的影响，对 Si_3N_4 纤维在氧气和氩气+20%H_2O（体积分数）条件下反应后的典型断面形貌进行了比较，其结果如图 3-30 所示。从断面形貌来看，在氧气条件下反应后的 Si_3N_4 外部产物层致密光滑（见图 3-30（a））。而在氩气+20%H_2O（体积分数）气氛中反应后的 Si_3N_4 的外部产物层存在若干裂缝（见图 3-30（b））。这些裂缝是由上面提到的纤维表面形成的贯通孔洞的内部延伸造成的。EDS 面扫分析表明氧元素主要存在于横截面的外层，氮元素主要存在于横截面的内层，硅元素则分布于整个横截面中。结合 EDS 由横截面内层到外层的线扫分析，可以看出在两种气氛下反应后的横截面都可以划分为 3 个组成部分，即以 SiO_2 为主的最外层、由 Si-O-N 组成的过渡层以及未反应的 Si_3N_4 最内层。上述结果表明 Si_3N_4 纤维在两种氧化源作

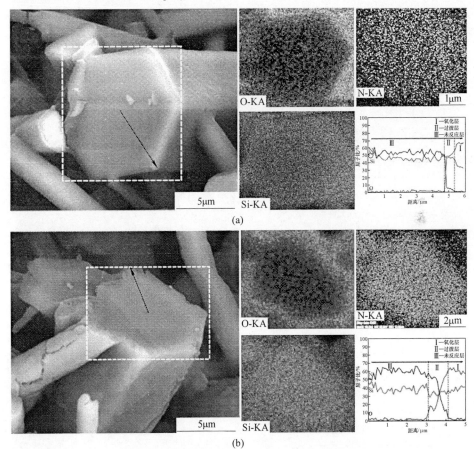

图 3-30　Si_3N_4 纤维在 1200℃不同气氛条件下恒温反应 10h 后纤维结构的断面 SEM 照片及相应元素的线扫和面扫分析

（a）氧气；（b）氩气+20%H_2O（体积分数）

用下，都是先形成 Si-O-N 的过渡相，再进一步氧化形成 SiO_2。进一步对比可以发现，Si_3N_4 纤维在氩气+20%H_2O（体积分数）气氛中反应后的最外层和过渡层明显要厚于其在氧气气氛中反应的结果，这也从另一个角度说明了水蒸气的介入能加剧 Si_3N_4 纤维的反应进程，这与不同气氛下引起产物形貌结构的变化是密切相关的。

图 3-31 所示为 Si_3N_4 纤维在 1200℃ 氩气含不同体积分数水蒸气条件下反应后的形貌，作为对比，Si_3N_4 纤维在氩气+5%O_2（体积分数）反应后的结果也一并给出。可以看出，在没有水蒸气介入的条件下，反应后的 Si_3N_4 纤维仍保持着原来的形貌，只是有少量的裂纹出现（见图 3-31（a））。这些裂纹应该与产物 SiO_2 和基体 Si_3N_4 热膨胀系数的不匹配及冷却过程中物相转变有关。当有 5%（体积分数）水蒸气介入反应后，可以看到纤维表面出现了少量贯通的孔洞（见图 3-31（b）中箭头代表）。随着反应气氛中水蒸气含量的提升（见图 3-31(c)~(e)），这些贯通的孔洞的数量和深度都逐渐增加。孔洞的增加将有利于气体氧化源和气体产物的扩散，这与不同水蒸气分压下的热重结果是一致的（见图 3-29）。

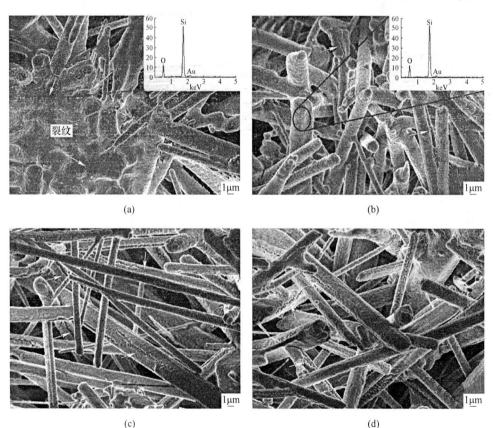

(a)　　　　　　　　　　　　　　　(b)

(c)　　　　　　　　　　　　　　　(d)

(e)

图 3-31　Si_3N_4 纤维在 1200℃不同气氛条件下恒温反应 10h 后的 SEM 照片

(箭头代表贯通的孔洞)

(a) 氩气+5%O_2（体积分数）；(b) 氩气+5%H_2O（体积分数）；(c) 氩气+10%H_2O（体积分数）；

(d) 氩气+15%H_2O（体积分数）；(e) 氩气+20%H_2O（体积分数）

　　为了进一步说明上述贯通孔洞结构的形成是由于水蒸气在高温下与材料反应，而并非由于产物 SiO_2 在冷却至 300℃发生 β→α 的物相转变造成的，对 Si_3N_4 纤维在氧气和氩气含水蒸气条件下进行了气氛交替实验，其实验结果如图 3-32 所示。在氩气+20%H_2O（体积分数）条件下反应 20h 后，大部分 Si_3N_4 纤维的表面都出现了明显的贯通的孔洞（见图 3-32（a））。而在氩气+20%H_2O（体积分数）条件下反应 10h，又在氩气+20%O_2（体积分数）条件下反应 10h 后的纤维表面则较为平整，只有部分纤维表面存在一些较小的裂缝（见图 3-32（b）），说明氧气中的反应对这些贯通的孔洞存在一定的愈合作用。从图 3-32（c）中可以看出，Si_3N_4 纤维在氩气+20%O_2（体积分数）条件下反应 20h 后，纤维的结构没有发展破坏，也没有裂纹在纤维表面产生。而在氩气+20%O_2（体积分数）条件下反应 10h，又在氩气+20%H_2O（体积分数）条件下反应 10h 后，可以看到 Si_3N_4 纤维的表面存在许多贯通的孔洞。综合上述结果可以确定，Si_3N_4 纤维反应后的降温过程不是导致贯通的孔洞出现的直接原因（否则在每种气氛中反应后都应该有贯通孔洞的出现），贯通的孔洞结构的产生与气氛中介入的水蒸气直接相关。

　　基于上述的一系列热重分析及其后续对反应样品的物相和形貌表征，本节提出了水蒸气改变 Si_3N_4 纤维产物形貌及加速反应的两种机理，其示意图如图 3-33 所示。当 Si_3N_4 纤维与水蒸气接触后，首先在纤维结构表面形成一层非晶的 SiO_2 层。随后水蒸气可以进入并溶入 SiO_2 层中，这个过程将会改变 SiO_2 的网络结构，从而加速氧化源气体的渗入。以这种方式，水蒸气可以很容易地与未反应的材料进行接触并与其发生反应。基于这种作用效果，整个反应的速度会加快，使得在

图 3-32　Si_3N_4 纤维在 1200℃气氛交替实验反应后的 SEM 照片

（a）氩气+20%H_2O（体积分数）条件下反应 20h；（b）氩气+20%H_2O（体积分数）反应下进行 10h 后，
氩气+20%O_2（体积分数）条件下反应 10h；（c）氩气+20%O_2（体积分数）条件下反应 20h；
（d）氩气+20%O_2（体积分数）条件下反应 10h 后，氩气+20%H_2O（体积分数）条件下反应 10h

SiO_2 产物层中积累大量的气体产物。随着反应的进一步进行，一方面，内部的气体产物的压力将会达到产物层所承受的临界值，进而会冲破产物层形成孔洞；随着时间的延长，相邻的孔洞将彼此连接形成贯通的孔洞。另一方面，随着反应的进行，外层非晶的 SiO_2 开始发生结晶。由于结晶的 SiO_2 对气体产物的溶解度很低，溶解在非晶 SiO_2 层中的气体产物不得不在结晶过程中释放出来。气体的释放过程将会在结晶的 SiO_2 上产生孔洞，同样随着时间的延长，这些孔洞会逐渐连接成贯通的孔洞，直至产物层都转化成结晶的 SiO_2。上述产生的贯通的孔洞结构将为气体氧化源的传输和气体产物的释放提供通道，从而加速整个反应的进行。

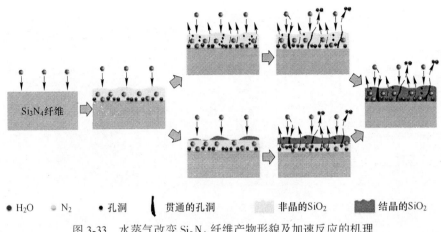

● H_2O　● N_2　● 孔洞　❙ 贯通的孔洞　▨ 非晶的SiO_2　▰ 结晶的SiO_2

图 3-33　水蒸气改变 Si_3N_4 纤维产物形貌及加速反应的机理

3.3.1.3　Si_3N_4 块体

Singhal 研究了热压 Si_3N_4 在湿空气中氧化 Si_3N_4 的活化能为 $(488\pm30)\,kJ/mol$，相对于在干空气氧化的活化能高出许多，并指出活化能的这些变化可能是由于 OH^- 离子通过表面氧化膜的扩散和溶解所致，但不排除因为各种添加剂和杂质在氧化过程中会集中在表面氧化层中。

Suetsuna 在含有 10% ~ 50% H_2O 的流动空气（2.45cm/s）中，在总压力为 1.8~10atm（大气压），1300~1500℃ 下研究氮化硅（Si_3N_4）的氧化行为，图 3-34 所示为在 1400℃ 下在 10%~50% H_2O（0.18~3atm）中在 1.8~10atm 的总压力下氧化 100h 后 Si_3N_4 表面的 SEM 显微照片。在恒温（1400℃）下，氧化条件使表面形貌发生显著变化。随着 H_2O 分压的增加，$Lu_2Si_2O_7$ 颗粒（白色）的量增加。此外，可能通过 SiO_2 相以 $Si(OH)_4$ 形式的挥发和或 N_2 的排出产生更多的孔。在 $P_{H_2O}=2.1atm$（$P_{total}=4.2atm$（50%））时，表面非常粗糙，有大量的孔隙。然而，随着总压力在恒定的水蒸气含量下增加，孔隙的数量减少。在 $P_{total}=4.2atm$（$P_{H_2O}=1.26atm$（30%））下，观察到的孔比 $P_{total}=1.8atm$（$P_{H_2O}=0.9atm$（50%））时更少。特别地，在 $P_{total}=10atm$（$P_{H_2O}=3.00atm$（30%））下，与 $P_{total}=2atm$（$P_{H_2O}=2.1atm$（50%））相比，在致密 SiO_2 层上观察到很少的孔，综上对各样品的显微结构分析可推测表面 SiO_2 层可以抑制 Si_3N_4 的氧化。

刘新元研究了无压烧结 Si_3N_4 陶瓷在 1200℃、在流动的含水气 20%（体积分数）的加湿空气中的氧化行为。研究表明，Si_3N_4 陶瓷在加湿空气中氧化分两个阶段进行。第一阶段为直接氧化，此时，氧化增重与氧化时间成线性关系；第二阶段为钝化氧化，此时，氧化主要通过离子和分子的扩散来完成。Maeda 等人对

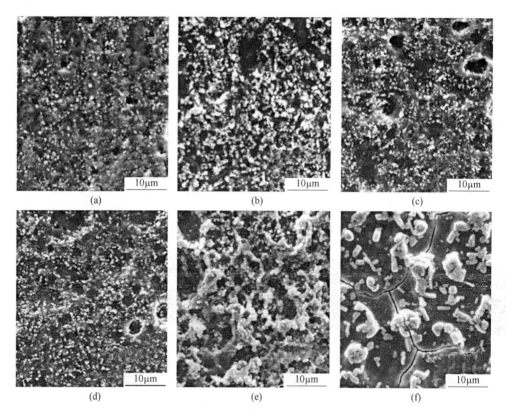

图 3-34　含有 $10\% \sim 50\% H_2O$ 的流动空气（2.45cm/s）中，在总压力为 $1.8 \sim 10atm$，

$1300 \sim 1500℃$ 下 Si_3N_4 氧化 100h 的 SEM 形貌

（a）$P_{total} = 1.8atm$，$P_{H_2O} = 0.18atm$（10%）；（b）$P_{total} = 1.8atm$，$P_{H_2O} = 0.54atm$（30%）；

（c）$P_{total} = 1.8atm$，$P_{H_2O} = 0.9atm$（50%）；（d）$P_{total} = 4.2atm$，$P_{H_2O} = 1.26atm$（30%）；

（e）$P_{total} = 4.2atm$，$P_{H_2O} = 2.1atm$（50%）；（f）$P_{total} = 10atm$，$P_{H_2O} = 3.0atm$（30%）

比了 Si_3N_4 陶瓷块体在湿空气流中用 10%、20%、30% 和 40%（体积分数）的
H_2O 在 $1300℃$ 下氧化 100h 的结果，研究了水蒸气对氧化的影响（图 3-35），他
们发现，在含有水蒸气的条件下试样的增重加快，氧化层厚度增加并且试样表面
变得疏松多孔，水蒸气对氧化过程中生长的表面氧化层具有强烈的粗糙化作用。

　　笔者课题组针对 Si_3N_4/Al_2O_3 陶瓷块体，研究了水蒸气相较于氧气加速材料
的反应速度。首先进行了 Si_3N_4/Al_2O_3 材料在 $900 \sim 1500℃$ 不同气氛下恒温热重实
验，如图 3-36 所示。

　　图 3-36（a）表明，氧气条件下，Si_3N_4/Al_2O_3 材料在 $900 \sim 1100℃$ 的热重曲
线近似服从抛物线规律。从 $1300℃$ 开始热重曲线出现了较为明显的波动，且
$1300℃$ 的增重量较 $1100℃$ 并没有明显提升。在同一温度下进行对比可以发现，相

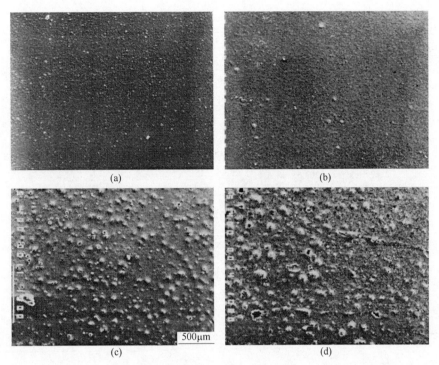

图 3-35 Si₃N₄ 在湿气氛中氧化 100h 后的表面 SEM 图 （1300℃，100h）

（a）10%H₂O（体积分数）；（b）2%H₂O（体积分数）；

（c）30%H₂O（体积分数）；（d）40%H₂O（体积分数）

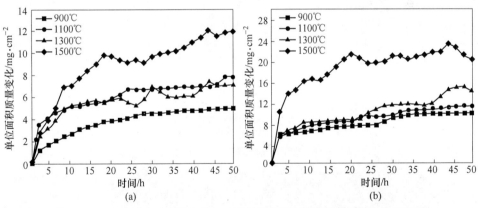

图 3-36 Si₃N₄/Al₂O₃ 材料在 900~1500℃不同气氛中恒温氧化的热重曲线

（a）氧气；（b）氩气+20%H₂O（体积分数）

较于氧气条件，水蒸气的介入加速了材料的氧化进程。同样，随着温度的升高，材料的氧化增重量加大，但是材料在 900~1300℃反应后增重幅度很小，其原因在于高温下氧化产物与水蒸气间的挥发反应的加强。当温度提高到1500℃，反应后材料增重量大幅提高。通过 XRD 分析（见图 3-37）可以看出，Si_3N_4/Al_2O_3 材料在氧气条件下 900℃反应后物相组成没有明显变化，只是出现了少量的 Si_2N_2O 相。在 1100℃，过渡相 Si_2N_2O 转化为 SiO_2。随着温度升高，在 1300℃时，Si_3N_4 的特征峰已经基本观察不到。此时，有莫来石和 SiAlON 相的生成。随着温度的进一步升高，莫来石相成为最主要的氧化产物，1500℃反应后只有 Al_2O_3 和莫来石相。在氩气+20%H_2O（体积分数）条件下（见图 3-37（b）），Si_3N_4/Al_2O_3 材料在 900℃反应后没有生成过渡相 Si_2N_2O，而是直接生成 SiO_2 和莫来石相。在 1100℃反应后样品中已经检测不到 Si_3N_4 的存在。在 1300℃以上就只能观察到 Al_2O_3 和莫来石相，且随着温度进一步升高，更多的 Al_2O_3 向莫来石转变。上述现象也间接说明在含水蒸气条件下，Si_3N_4/Al_2O_3 材料氧化速度加快。

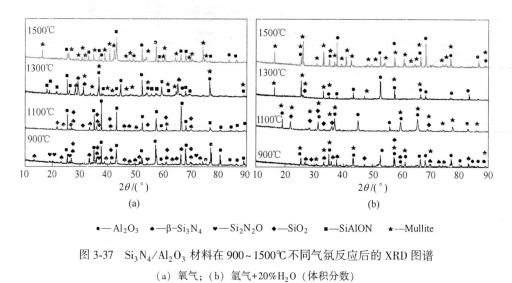

●—Al_2O_3 ◆—β-Si_3N_4 ▼—Si_2N_2O ◆—SiO_2 ■—SiAlON   ★—Mullite

图 3-37　Si_3N_4/Al_2O_3 材料在 900~1500℃不同气氛反应后的 XRD 图谱
（a）氧气；（b）氩气+20%H_2O（体积分数）

SEM 进一步与 EDS 结合分析，Si_3N_4/Al_2O_3 材料在 900℃反应后生成新的物相（见图 3-38（a）），该物相出现在 Al_2O_3 基体上，形状近似于由中心向外生长的花状，EDS 分析为莫来石。在 1100℃反应后（见图 3-38（b）），材料反应界面出现了大量的块状突起，EDS 分析表明这些块体也是莫来石相。除此之外，在此条件下也有针状莫来石的生成。在 1300℃反应后（见图 3-38（c）），样品表面除了非晶态的 SiO_2 和针状莫来石外，还有花状结构的产物生成。通过 EDS 分析，该花状结构也是莫来石相。而当反应温度升高到 1500℃，花状的莫来石消失，整个反应界面都是针状的莫来石相。

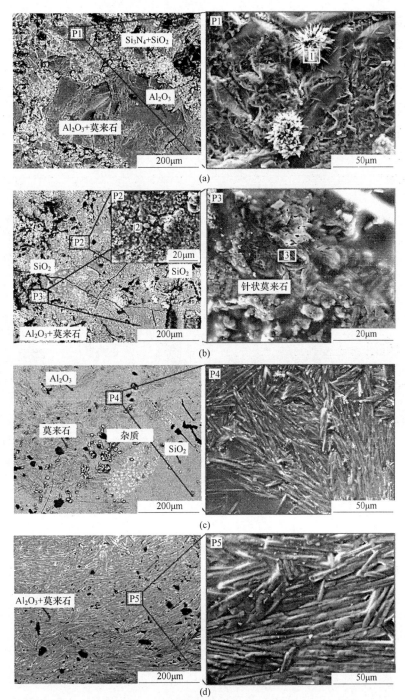

图 3-38 Si_3N_4/Al_2O_3 材料在氩气+20%（体积分数）H_2O 条件下
不同温度反应后的 SEM 照片及相应的放大图

(a) 900℃；(b) 1100℃；(c) 1300℃；(d) 1500℃

综上所述，在 900~1100℃，材料高温界面反应行为符合扩散控速规律。在 1300℃，液相的 SiO_2 改变反应界面的致密性和产物莫来石的形貌，提高了材料的抗氧化能力。在更高温度下，材料反应速度加快，晶化莫来石产物增多。与水蒸气接触最充分的材料表面由于水蒸气与材料剧烈反应产生了大量气体，这些气体因液相 SiO_2 层的存在无法排除造成的，当气体压力足够大时可将 SiO_2 层顶起，从而形成突起结构（见图 3-39），同时产物上突起结构的出现与破裂进一步改变 Si_3N_4/Al_2O_3 陶瓷块体的反应行为，使其热重曲线出现明显波动。

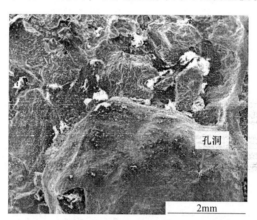

图 3-39　Si_3N_4/Al_2O_3 材料在氩气+20% H_2O（体积分数）条件下
1500℃反应后特殊位置的 SEM 照片

Fox 等人对不同合成方式的 Si_3N_4 在 1200~1400℃含水蒸气条件下的反应行为进行了对比研究。实验表明不同成分的 Si_3N_4 材料的氧化行为不同。当 50%（体积分数）H_2O 引入到环境中后，SiO_2 与水蒸气之间的挥发反应逐渐占据主导，整个反应过程遵循线性-抛物线规律（见图 3-40）。T. Sato 等人也表明水蒸气氧化 Si_3N_4 基陶瓷的动力学是抛物线形的，同时发现其不受 1.5kPa 以上水蒸气压的影响。Tomohiro Suetsuna 研究了 Si_3N_4 在含有 10%~50% H_2O 的流动空气（2.45cm/s）中，在总压力为 1.8~10atm，1300~1500℃下的氧化行为。通过增加 H_2O 分压和升高温度来增强 Si_3N_4 的氧化，发现 H_2O 分压的影响大于温度。相比于水蒸气分压，气氛总压对材料氧化速率的影响较小并且抑制了 SiO_2 的挥发。随着氧化皮在湿空气中挥发，氧化加速，氧化条件也使表面形貌发生剧烈变化。

关于水蒸气的介入能够提升 Si_3N_4 材料氧化速率的原因，文献中也进行了一定的探讨并提出了一些假说，代表性的观点如下：Deal 等人认为虽然 O_2 的扩散系数比 H_2O 大，但是 H_2O 在 SiO_2 中的溶解度要比 O_2 大很多，这是水蒸气相较于氧气能够加速材料反应的原因。Irene 等人基于实验结果进行猜想，认为 H_2O

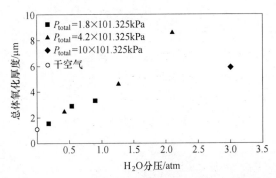

图 3-40 在 1400℃ 不同总压及水蒸气分压对 Si_3N_4 氧化的影响

通过形成 SiOH 相使 SiO_2 的晶格变大，从而改变 SiO_2 的晶格结构，使 H_2O 可以更快地进行传质。

3.3.2 AlN

在高温且有水蒸气介入的环境下，水蒸气一方面会与 AlN 发生氧化反应，另一方面会与生成的氧化产物继续发生挥发反应，其具体反应式如下：

$$AlN(s) + \frac{3}{2}H_2O(g) = \frac{1}{2}Al_2O_3(s) + \frac{1}{2}N_2(g) + \frac{3}{2}H_2(g) \qquad (3-8)$$

$$Al_2O_3(s) + 3H_2O(g) = 2Al(OH)_3(g) \qquad (3-9)$$

3.3.2.1 AlN 粉体

笔者课题组对 AlN 粉体在 1000~1773K 含水条件下的反应行为进行相对系统的研究。首先进行变温实验，其结果如图 3-41 所示。可以看出，两种条件下的反应都是从 1200K 开始的，反应速率从 1300K 开始增加，到 1500K 左右趋于平缓。通过比较，AlN 粉体在湿空气中的总质量变化为 21%，低于干空气的氧化，即 23.7%。考虑到实验中天平的灵敏度为 0.0001g，质量变化具有统计学显著性，表明 AlN 暴露于湿空气时发生了挥发。

根据变温实验结果，首先进行了 1273~1423K 条件下的恒温实验。图 3-42（a）所示为 1273~1423K 干燥空气中 AlN 粉体的 TG 曲线。结果表明，反应初期由于反应势垒在较高温度下降低，氧化速率随温度的升高而迅速增加。在更长的时间间隔，由于动力学因素，增加速率持续降低，最终几乎达到了极限。这表明 AlN 粉体在空气中的反应主要受控于氧气通过氧化物产物层到氧化物-AlN 界面的扩散。根据式（2-13），最大质量增加百分比为 24.4%，表明干燥空气中的氧化完成。

图 3-42（b）和（c）所示分别为 AlN 粉体在含 20% 体积分数水的空气和含

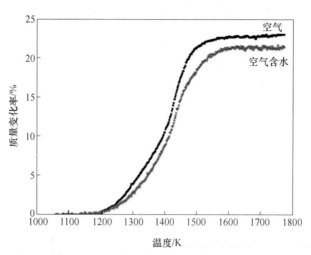

图 3-41　1000~1773K 温度范围内氮化铝在干空气和湿空气中的变温热重曲线

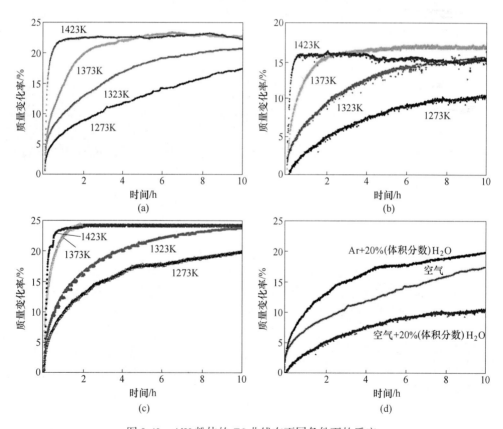

图 3-42　AlN 粉体的 *TG* 曲线在不同条件下的反应

（a）干燥空气；（b）含 20%体积分数水的空气；（c）含 20%体积分数水的氩气；（d）1273K 不同气氛

20%体积分数水的氩气中的反应行为。两者在 1273~1373K 条件下的氧化行为与在干燥空气中的相似，即随着时间的延长，反应速率先增加后减慢，表明反应机制主要受扩散控制。在 1423K 温度下，湿空气中的反应行为相当不稳定。最初，质量迅速增加，然后随时间延长而降低（见图 3-42（b）），表明产生了一些挥发性产物，例如由 Al_2O_3 与 H_2O 反应生成的 $Al(OH)_3$。

图 3-42（d）所示为 1273K 不同条件下 AlN 粉体的反应行为。可以看出，湿氩气中的反应速率增强，然而湿空气中的反应速率减缓。总质量改变从低到高的顺序如下：含 20%水的空气（12.0%）< 干燥空气（19.5%）< 含 20%水的氩气（21.1%）。图 3-43 所示为三种条件下 1323K 下反应 15h 的样品 XRD 图。在三种条件下，α-Al_2O_3 相明显出现，表明主要发生氧化反应。在湿空气（图 3-43（b））反应样品的 XRD 图中，在 20~30℃下出现隆起，表明生成了非晶产品。鉴于在湿氩气中出现 AlN 的氧化物产物（图 3-43（c）），氧化铝的中间相（如 γ-Al_2O_3 和 θ-Al_2O_3）与 α-Al_2O_3 一起出现。从 XRD 分析结果可知，水蒸气改变了反应过程中氧化物的物相。图 3-43 所示为在不同条件下 1273K 时 15h 水蒸气对 AlN 粉体的反应行为的影响。

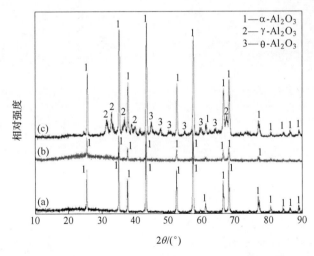

图 3-43 不同反应条件下 AlN 粉体在 1323K 反应 15h 的 XRD 图谱
(a) 干燥空气；(b) 含 20%体积分数水的空气；(c) 含 20%体积分数水的氩气

进一步采用 TEM 研究了反应后产物的微观结构。图 3-44（a）~（d）所示分别为 1323K 下在干燥空气、湿空气和湿氩气中反应 15h 后 AlN 粉体的 HRTEM 图像和 SEAD 图。图 3-44（a）所示是 AlN 暴露于干燥空气时氧化物层的典型微观结构，可见氧化物主要具有均匀的晶体结构，具有良好的晶格条纹。结合 XRD 结果，氧化相为稳定的 α-Al_2O_3。当 AlN 暴露于含 20%水的空气时，氧化物产品的微观结构变得有点复杂，如图 3-44（b）、（d）所示。可见氧化物层由两部分组成，即外层主要是非晶层，内层主要是单晶层。为了进一步确认暴露于湿空气的 AlN 的氧化相的特征，使用 HRTEM 在图 3-44（b）、（d）所示的不同场下检查氧化层。氧化物层相似，说明氧化物的扩散层是在反应过程中形成的，而不是样品制备过程造成的。非晶层对应于 XRD 图谱中的凸起（图 3-43（b）），进一步验证了 TEM 结果的合理性。鉴于产物在湿氩气中反应的微观结构（图 3-44（c）），可以看出氧化物产物主要为多晶。结合 XRD 结果，多晶相由 γ-Al_2O_3 和 θ-Al_2O_3 和 α-Al_2O_3 组成。TEM 分析表明，当 AlN 粉体暴露于含水环境时，水蒸气改变了氧化物的微观结构。

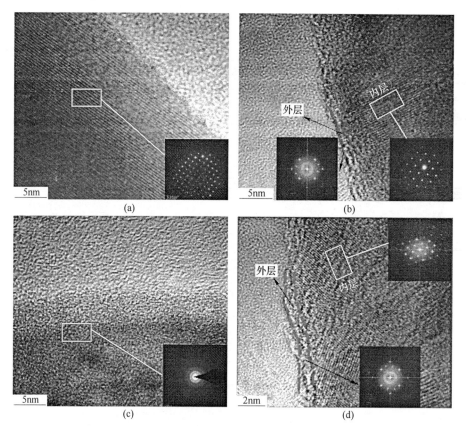

图 3-44　不同反应条件下 AlN 粉体在 1323K 反应 15h 的 HRTEM 和对应的 SEAD 图
（a）干燥空气；（b），（d）含 20% 体积分数水的空气；（c）含 20% 体积分数水的氩气

考虑到氧化产物与水蒸气的作用，进行了 AlN 粉体在 1573～1773K 的恒温实验，其热重结果如图 3-45 所示。从图 3-45 可以看出，在初始阶段，反应速率迅速增加，三个温度下的质量增益百分比均在 0.5h 内达到最大值。这表明在此阶段以 O_2 和 H_2O 氧化 AlN 为主。需要指出的是，此阶段的氧化反应发生如此质量

变化，百分比曲线很快相互重叠。随着温度的升高，Al(OH)₃的质量变化量开始下降，且下降速率增加，进一步证实了挥发分 Al(OH)₃ 的形成。在一定温度下，Al(OH)₃ 的质量下降速率呈线性变化，表明 Al(OH)₃ 的氧化和挥发同时进行。

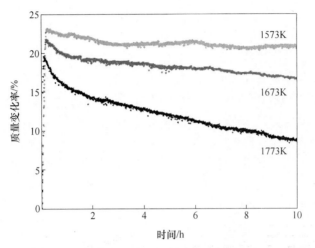

图 3-45　不同温度下 AlN 粉体在含 20%H₂O 的湿空气中反应 15h 的等温 TG 曲线

为了进一步研究 AlN 在湿空气中的反应行为，还记录了1773K 下 AlN 粉体在含 H₂O 为 0~20% 的湿空气中的 TG 曲线，如图 3-46 所示。在实验中，AlN 粉体的质量变化在 1773K、15h 的干燥空气反应是 23.8%，接近理论最大质量变化 24.4%，实验值低于理论值的原因是形成了保护性的 Al₂O₃ 层。这个 Al₂O₃ 层能阻止氧从扩散到达未反应的 AlN 的界面。在较高的温度下，氧化完全可以完成。

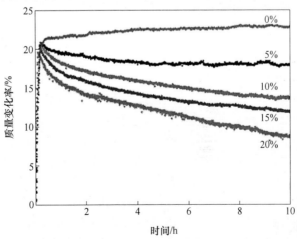

图 3-46　含不同 H₂O 含量的 AlN 粉在 1773K 下反应 15h 的反应曲线

　　如上所述，与氮化铝在干燥空气中的反应行为相比，氮化铝与水蒸气的反应由两个阶段组成：快速增重阶段和较慢的失重阶段。在第一阶段，似乎 AlN 粉体在不同温度下的反应以相似的速率发生，最大增重约为 22.5%。主要原因是该阶段 AlN 与 O_2 和 H_2O 的氧化反应占优势；第二阶段以 Al_2O_3 与 H_2O 的挥发反应引起的体重减轻为主。在此条件下，水含量的影响对下降速率起重要作用。如图 3-46所示。考虑到 AlN 的氧化形成的 Al_2O_3 的量是固定的，由于实验中 AlN 的量几乎相同，质量会不断减轻，直到 Al_2O_3 被耗尽足够长的时间，因此，在给定的足够长的时间内，所有暴露于不同量水蒸气的 AlN 粉体的递减曲线都将达到一个固定值。

　　图 3-47 所示为反应前后样品的 XRD 图谱，结果表明，AlN 粉在湿空气中的主要反应产物是稳定的 α-Al_2O_3，其相对强度随温度的升高而降低，表明高温对挥发反应起促进作用。

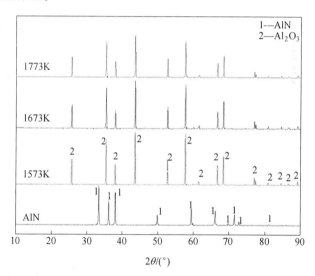

图 3-47　不同温度下在含 20% H_2O 的湿空气中反应 15h 前后 AlN 粉体的 XRD 图谱

　　在含有 20% 水的湿空气中，在 1773K 下反应 15h 的 AlN 粉体表面的典型 SEM 图像如图 3-48 所示。与 AlN 粉体（图 3-48（a））相比，反应颗粒的边缘变圆（见图 3-48（c）），表面有一些裂纹，并且高温烧结产生一定的颗粒间内聚力（见图 3-48（d））。这一现象可以解释 AlN 粉体的混合控制反应行为。在起始的阶段，氧化主要和 Al_2O_3 的氧化物层在 AlN 粉体的表面形成。随着时间的延长，Al_2O_3 层被烧结，阻碍了氧化反应的进一步发生。因此，后期主要是 Al_2O_3 与 H_2O 反应生成挥发性 $Al(OH)_3(g)$。而由相变引起的裂纹如图 3-48（d）所示，它为氧气通过扩散到达 AlN 粉体的界面提供了通道。因此，氧化和挥发性反应均发生在后期，导致 AlN 粉体的反应行为在后期遵循线性行为，如图 3-45 和图3-46所示。

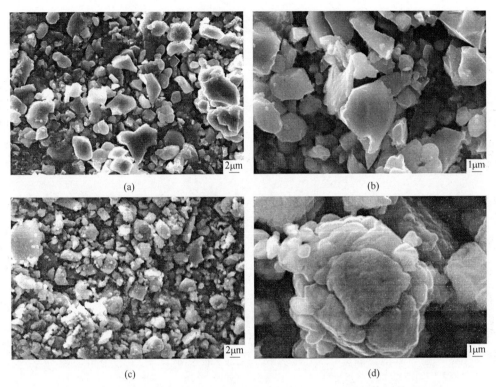

图 3-48 在含有 20% H_2O 的湿空气中反应 15h 前后的 AlN 粉体的 SEM 图像

(a), (b) 低倍和高倍放大的原材料; (c), (d) 低倍和高倍放大的 1773K 反应后材料

根据上述结果, AlN 粉体在湿空气中的反应机理可以如图 3-49 所示。当 AlN 粉体在高温下暴露于湿空气中时, 首先在 AlN 表面发生 AlN 的氧化, 形成 Al_2O_3 层。一旦形成 Al_2O_3, Al_2O_3 与 H_2O 就会发生反应生成挥发性的 $Al(OH)_3$; 同时, Al_2O_3 表面由于氧化物产物的相发生相变而出现裂纹。这使得氧气和 H_2O 再次到达未反应 AlN 粉体的反应界面, 导致反应速率处于混合控制之中, 如 TG 曲线所示。AlN 粉体在 1573~1773K 的湿空气中开始反应时, 由于氧化, 重量迅速增加。一旦氧化产物形成, 由 Al_2O_3 和 H_2O 引起的挥发性的反应同时发生并且速率随温度和含水量的增加而增加。

3.3.2.2 AlN 块体

Long 等人研究发现 700℃时在干空气或湿空气中保温 1h 对 AlN 块体都没有影响; 1000℃时发生了轻微的氧化, 直到 1200℃比较明显的氧化才发生。此研究表明, AlN 陶瓷块体在 1000℃左右就会与水蒸气发生反应, 且水蒸气相较于空气能够加快 AlN 的反应速度。

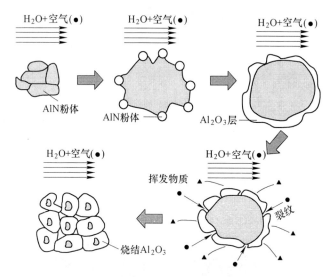

图 3-49　AlN 粉在湿空气中的反应过程示意图

　　杂质的引入同样会影响材料在水蒸气下的氧化行为，Kim 等人研究了含 3%（质量分数）Y_2O_3 的烧结氮化铝的氧化行为，将 AlN 样品暴露于高温空气中长达 100h。在暴露于不同温度和湿度水平期间，持续监测样品重量。在温度低于 1200℃时，观察到线性增重；在温度高于 1200℃时，体重增加相对于暴露时间呈抛物线状。空气中的水蒸气能显著提高氧化速率。X 射线分析发现氧化产物为 Al_2O_3 和 $5Al_2O_3 \cdot 3Y_2O_3$ 的混合物。

　　暴露于空气中的 AlN 样品的重量变化与空气中的温度和湿度水平有很大的关系。图 3-50 所示为温度对暴露于湿空气（$P_{H_2O} = 1 \times 10^{-3} MPa$，露点为 +7℃）的样

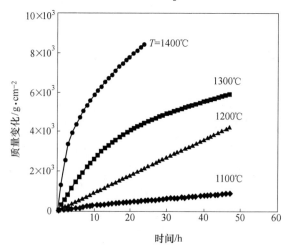

图 3-50　温度对暴露于湿空气（$P_{H_2O} = 1 \times 10^{-3} MPa$）的 AlN 样品重量变化的影响

品重量变化的影响——两种不同的氧化行为取决于暴露温度。在低于1200℃时，重量增加与暴露时间呈线性关系。如同上述Sato的研究，当他们将样品暴露于1200℃以下的湿氮气氛时，在AlN中也观察到线性增重。他们将观察到的氧化动力学归因于氧化标度中的高水平孔隙度。当他们将温度提高到1350℃时，当表面的氧化皮变得更致密时，检测到抛物线型重量增加。

氧化速率还受到空气中水蒸气水平的显著影响。如图3-51所示，湿空气中的氧化速率（$P_{H_2O} = 1 \times 10^{-3}$ MPa）高于干燥空气中的氧化速率（$P_{H_2O} = 4 \times 10^{-6}$ MPa）10倍以上。之前的研究表明，式（2-13）是空气中AlN的主要氧化反应。然而，如图3-51所示，增重率对水蒸气压的强烈依赖性表明式（3-8）在决定空气中的氧化行为中起重要作用。Kim还测定了氧化对室温弯曲强度的影响，并与观察到的试样重量变化相对应（图3-52）。样品在1000~1400℃之间氧化100h下，监测重量、成分、微观结构和室温弯曲强度的变化，可发现空气中水蒸气的水平显著影响氧化速率。

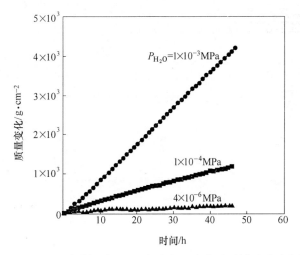

图3-51 在1200℃下暴露的样品，空气中的湿度水平对样品质量变化的影响

本节通过在湿空气中暴露于不同温度前后AlN样品的X射线衍射图和SEM照片研究了AlN的氧化结果。在潮湿空气中不同氧化温度前后的AlN样品的X射线衍射图如图3-53所示。暴露前（见图3-53（a））仅检出AlN峰。然而，在晶界区域，通过EDS分析检测到了强烈的钇和铝峰。该发现表明，作为烧结助剂加入的Y_2O_3以非晶态存在于晶界处。样品在1000℃下氧化50h的结果如图3-53（b）所示，XRD检测到Al_2O_3和$5Al_2O_3 \cdot 3Y_2O_3$峰。$5Al_2O_3 \cdot 3Y_2O_3$显然是由AlN氧化产生的Al_2O_3和晶界处的无定形Y_2O_3之间的反应形成的。随着氧化温度升高至1200℃，Al_2O_3和$5Al_2O_3 \cdot 3Y_2O_3$峰（见图3-53（c）），这意味着在AlN表

面形成了更厚的氧化层。随着温度的进一步升高，Al_2O_3 峰的强度不断增强，而 $5Al_2O_3 \cdot 3Y_2O_3$ 峰的强度逐渐减弱。样品在 1300℃ 下氧化 50h 的 X 射线衍射图谱表示 AlN 表面上主要是 Al_2O_3 峰。

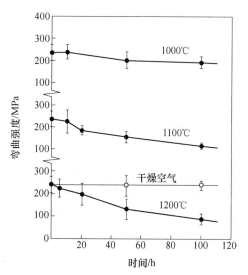

图 3-52　在高温下暴露在空气中的 AlN 的室温弯曲强度

（空气中的湿度水平为 1×10^{-3} MPa）

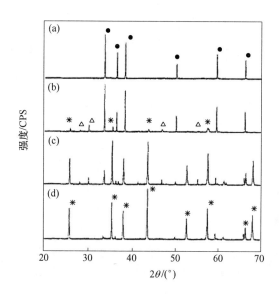

图 3-53　AlN 暴露于空气前与暴露 50h 后的 X 射线衍射图（$P_{H_2O} = 1 \times 10^{-3}$ MPa）

（a）暴露前；（b）暴露于 1000℃，$5Al_2O_3 \cdot 3Y_2O_3$ 被检测到；（c）暴露于 1200℃，$5Al_2O_3 \cdot 3Y_2O_3$ 的峰强增强；（d）暴露于 1300℃，显示 Al_2O_3 在 AlN 的表面上是主要的峰

●—AlN；△—$5Al_2O_3 \cdot 3Y_2O_3$；*—Al_2O_3

暴露于 1200℃空气前后的样本抛光表面的 SEM 显微照片如图 3-54 所示。如图 3-54 （a） 所示，在氧化前样品的抛光表面观察到第二个相。如前所述，通过 EDS 分析从晶界相检测到强钇峰，因此，认为该第二相为无定形 Y_2O_3 或铝酸钇相，因为如图 3-53 （a） 所示，仅通过 XRD 检测到 AlN 相。当样品在 1200℃下氧化 20h 后，表面形成氧化层之后氧化层严重破裂，如图 3-54 （b） 所示，这是因为 AlN 的热膨胀系数 （$5×10^{-6}/℃$） 与 Al_2O_3 的热膨胀系数 （$9×10^{-6}/℃$） 之间存在较大差异。研究中计算得出的 Al_2O_3 层上的残余应力约为 2000MPa，该值远大于氧化铝的抗拉强度。因此。很好地解释了试样表面裂纹的形成。由于较长暴露导致表面形成的氧化层变厚，裂纹开口变大，如图 3-54 （c） 所示，这显然是较长裂纹形成的结果。预计 AlN 的力学性能通常会受到这种缺陷氧化层形成的影响。

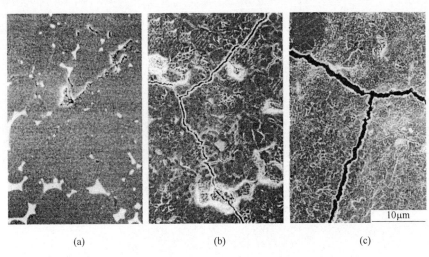

(a)　　　　　　　　(b)　　　　　　　　(c)

图 3-54　样品表面的 SEM 显微照片

（a） 暴露前；（b） 暴露于 1200℃空气 20h 后；（c） 暴露于 1200℃空气 20h 后

Sato 等人研究了无添加剂的热压 AlN 在 1100～1400℃时在干空气、湿空气和湿氮气气氛中的氧化反应，水蒸气压为 1.5～20kPa。一方面 AlN 在空气和水蒸气的共同氧化下，在 1150℃以上形成 α-Al_2O_3 膜；空气中的氧化动力学呈抛物线型，水蒸气促进氧化动力学。另一方面，在 1250℃以下，湿氮气中的氧化动力学是线性的，在 1350℃以上为抛物线。在湿氮气中的氧化速率远大于在湿空气中的氧化速率。氧化率随温度的升高而增加，直到 1350℃，然后下降。抛物线速率常数随温度升高而减小，随水蒸气压升高而线性增大。线性速率常数在 1150～1250℃随着温度的升高而增大，表观活化能为 250kJ/mol，线性速率常数与水蒸气压之间呈朗格缪尔型关系。

Long 等人研究发现湿空气中的氧化程度大于干燥空气中的氧化程度。然而，水蒸气对 AlN 氧化的作用细节尚未明确。在 Sato 的研究中进行了一系列测试，以评价 AlN 陶瓷在湿度环境中的抗氧化性。Sato 利用 JANAF 热力学表中的热力学数据计算的 AlN 被 O_2 和水蒸气可能的氧化反应的化学自由能变化如图 3-55 所示，其中产物 NO、NO_2 和 NH_3 的分压为 $10^{-7}MPa$，O_2、水蒸气和 N_2 的分压为 0.1MPa。几个反应在热力学上都是可能的，但 AlN 氧化为 Al_2O_3 和 N_2 似乎是 O_2 和水蒸气气氛中最可能的反应。

文献研究了在 1250℃ 下干空气、湿空气和湿氮气气氛下中氧化 AlN 的增重随时间的变化规律，结果如图 3-56 所示。AlN 在空气和湿氮气中的氧化行为有很大差异。在湿氮气中，增重随反应时间线性增加。水蒸气促进了空气中的氧化速度。值得注意的是，湿氮气中的氧化速率比湿空气中的氧化速率大 10 倍以上。这

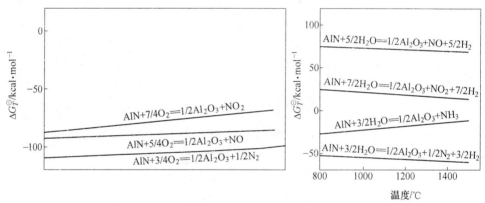

图 3-55 氧气和水蒸气对铝离子可能发生氧化反应的化学自由能变化

(a) AlN-O_2 体系；(b) AlN-H_2O 体系

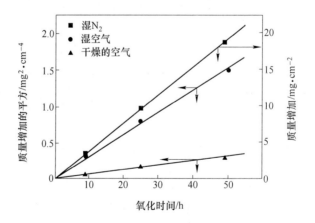

图 3-56 在干燥空气、湿空气和湿氮气氛中氧化的 AlN 样品的质量增加随时间的变化规律

些结果表明，通过 AlN 和水蒸气之间的反应形成多孔的 α-Al$_2$O$_3$ 膜，并且保留暴露于气相的游离 AlN 表面。因此，反应速率受表面化学反应控制，动力学接近线性。另一方面，在空气中，形成致密的 α-Al$_2$O$_3$ 膜。由于气体扩散不再容易地发生，因此动力学变为抛物线形。

　　本节同时研究了 AlN 在 20kPa 压力下不同温度的湿氮气中氧化增重和时间的关系，结果如图 3-57 所示。由图可见，上述氧化发生在 1150℃ 以上，但在 1100℃以下未观察到显著的体重变化。氧化速率随温度升高而增加，直至 1350℃，但在1400℃时急剧地减少。动力学在低于 1250℃ 为线性，在 1350℃ 以上为抛物线。

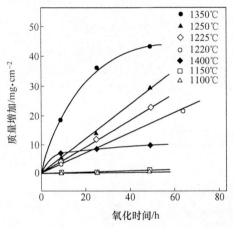

图 3-57　水蒸气压为 20kPa 下不同温度湿氮气下
增重和氧化时间的关系

　　通过扫描电镜发现 1250℃ 下的 Al$_2$O$_3$ 薄膜是相当多孔的，由大量直径为 20～100nm 的孔隙组成。孔径随温度升高而减小，在 1400℃ 下 Al$_2$O$_3$ 氧化膜中仅发现少量小孔存在。由于表面形成的 α-Al$_2$O$_3$ 是通过提高氧化温度致密化的，较致密的表面膜控制了水蒸气从表面向内部的扩散，从而使动力学在 1350℃ 以上变为抛物线。在复合抛物线动力学的氧化温度范围内孔径随温度升高而减小，因此氧化速率也随温度升高而降低。

　　在 1250℃ 和 1350℃ 下速率常数与湿度的关系如图 3-58 所示，其中动力学是线性的和抛物线的，一方面，1350℃ 下的抛物线速率常数随水蒸气压的增加而线性增加。这些结果证实了氧化速率是由水蒸气通过 Al$_2$O$_3$ 膜的扩散控制的；另一方面，在 1250℃ 下线性动力学速率常数曲线对水蒸气压力没有形成一个直线。如图 3-59 所示，速率常数 $1/K$ 对 $1/P_{H_2O}$ 的朗格缪尔图呈线性。这些结果表明，在1250℃ 下的氧化控速为 AlN 与吸附在表面的水蒸气之间的直接反应。在 10kPa 和20kPa 的水蒸气压力下，表观活化能为 250kJ/mol，未观察到水蒸气压的显著影响。Sato 的研究得出了以下结论：（1）AlN 在空气中的氧化动力学为抛物线形，水蒸气促进了其氧化动力学。（2）在 1250℃下，AlN 在水蒸气中的氧化速率是由 AlN 和吸附水蒸气之间的表面化学反应控制，在 1350℃以上时由水蒸气通过的 Al_2O_3 薄膜的扩散控制。

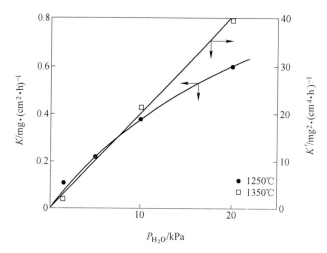

图 3-58　在 1250℃时水蒸气压与线性速率常数的关系和在 1350℃时与抛物线速率常数的关系

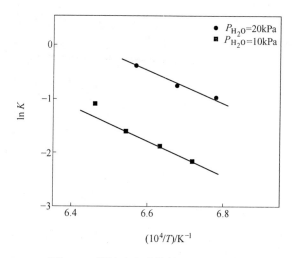

图 3-59　线性速率常数的 Arrehenius 图

3.4　硼化物的高温含水条件下的腐蚀

本节同样以 ZrB_2 为例，对硼化物在高温含水条件下的腐蚀行为进行介绍和讨论。在高温且有水蒸气介入的环境下，水蒸气一方面会与 ZrB_2 发生氧化反应，另一方面会与生成的氧化产物继续发生挥发反应，其具体反应式如下：

$$ZrB_2(s) + 5H_2O(g) === ZrO_2(s) + B_2O_3(s, l) + 5H_2(g) \qquad (3-10)$$

$$ZrO_2(s) + 2H_2O(g) === Zr(OH)_4(g) \qquad (3-11)$$

$$1/2B_2O_3(l) + 1/2H_2O(g) === BOOH(g) \qquad (3-12)$$

V. Guérineau 等人研究了本书旨在观察并了解 ZrB_2-20%SiC（体积分数）（ZS）、HfB_2-20%SiC（体积分数）（HS）及 HfB_2-20%SiC（体积分数）-3%Y_2O_3（体积分数）（HSY）材料在水蒸气条件下在 2400℃ 时的氧化机理。在 SPS 烧结后，用 30%H_2O（体积分数）/70%Ar（体积分数）在几个温度下在 20s 内氧化完全致密的样品。在 1550℃ 以下氧化是有限的，并且观察到薄的氧化层。在 1900℃ 和 2200℃ 时，ZS 和 HS 出现机械损伤（裂纹、剥落），而 HSY 保持其结构完整性和层间黏附性。

在 1200℃，SiC 在任何测试样品中都不会被氧化，除了 HSY-1200，其中在表面几乎检测不到 SiO_2。在此温度下，形成非常薄的氧化层。氧化表面保留了 MeB_2-SiC 材料的微观结构，在表面上没有观察到玻璃层。

在 1550℃，每种材料呈现双层氧化皮：在顶部是富含玻璃的 SiO_2 层，并且在该层下面是 MeO_2（Me =Zr 或 Hf）层（见图 3-60）。在该温度下，没有观察到机械问题，也没有观察到任何 SiC 耗尽层（即没有 SiC 的 MeB_2 层）。

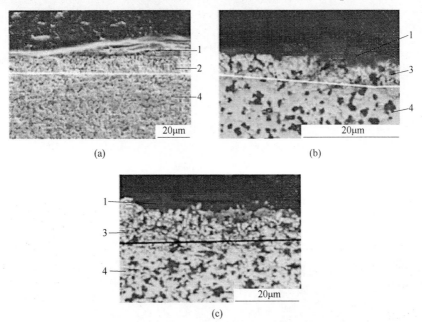

图 3-60 不同材料的 SEM 显微照片

(a) ZS-1550；(b) HS-1550；(c) HSY-1550

1—富含 SiO_2 玻璃层；2—ZrO_2+SiO_2；3—HfO_2+SiO_2；4—块状材料

在 1900℃，每种材料呈现三层氧化皮：从表面到底部，非均匀分布的富含 SiO_2 的玻璃层、MeO_2 层，然后是贫 SiC 的 MeB_2 层。然而，可以注意到一些微观结构差异。在 ZS 样品上，ZrO_2 层显示出两个不同的方面。在最顶部，在氧化皮的边缘上观察到非黏性薄片。由于其非黏性性质，该子层在处理过程中从样品上脱落，因此在 SEM 显微照片中未观察到。尽管如此，仍假设它在氧化试验期间存在。在该非黏性 ZrO_2 层下面是 ZrO_2 层，由大的 ZrO_2 晶粒和富含 SiO_2 的玻璃渗透的柱状 ZrO_2 制成。在最后的 ZrO_2 层下面是 SiC 贫化的 ZrB_2 层，它位于未反应的材料之上（见图 3-61）。富含 Si-O-C 的夹杂物存在于贫化 SiC 的层中，同时还有空孔。

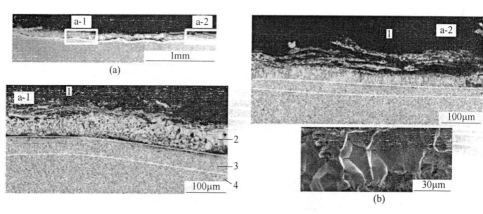

图 3-61　SEM 显微照片

（在层 1 和层 2 中观察到富含二氧化硅的玻璃）

（a）ZS 样品在 1900℃下氧化 20s（相同样品的放大显微照片标记为 a-1 和 a-2）；

（b）放大第 2 层中的大尺寸 ZrO_2 晶粒

1—ZrO_2 薄片；2—ZrO_2；3—SiC 贫化的 ZrB_2；4—块状材料

在 2200℃，由氧化的 ZS 样品产生的顶部氧化皮也显示出两个不同的方面。在顶部观察到与 ZS-1900 相同的非黏性薄片，但在处理过程中从样品上掉落。在该非黏性 ZrO_2 层下面是柱状 ZrO_2 层，然后是 SiC 贫化的 ZrB_2 层和未反应的材料（见图 3-62）。与在 1900℃下氧化的材料相比，柱状 ZrO_2 层被 SiO_2 渗透。

QuynhGiao N. Nguyen 等人研究了采用 HfB_2+20%（体积分数）SiC（HS）、ZrB_2+20%（体积分数）SiC（ZS）和 ZrB_2+30%（体积分数）C+14%（体积分数）SiC（ZCS）等超高温陶瓷作为航空推进发动机潜在材料的可能性。他们使用 1 个大气压的循环立式炉在水蒸气（90%）中氧化这些材料。在 1200℃、1300℃和 1400℃的温度下总暴露时间为 10h。并将这些结果与在静止空气炉中在 1327℃温度下进行的 100min 试验以及在 1100℃和 1300℃温度下在 6atm 下进行的 50h 高压燃烧器试验结果进行比较。与滞留空气相比，低速水蒸气对氧化速率没

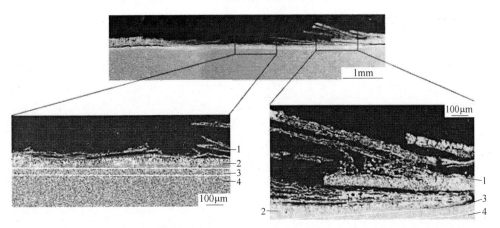

图 3-62　ZS-2200 的 SEM 显微照片

（在层 1 和层 2 中观察到富含二氧化硅的玻璃）

1—ZrO₂ 薄片；2—柱状 ZrO₂；3—贫 SiC 的 ZrB₂；4—块状材料

有显著影响。气体速度是超高温材料波动、剥落和加速衰退的重要因素。由于燃烧环境中的快速氧化和材料衰退速率，这些超高温陶瓷不适合长期的航空推进应用。观察到的超高温陶瓷的典型抛物线比重量变化如图 3-63 所示。可以看出预期的 SiC 的近似线性重量变化。

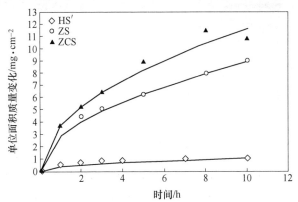

图 3-63　暴露于 90%水蒸气和 10%氧气循环炉中的超高温陶瓷

在 1200℃下 10h 的典型重量变化结果

（平滑线表示符合数据的抛物线）

3.5　硅化物的高温含水条件下的腐蚀

　　本节同样以 MoSi₂ 为例，对硅化物在高温含水条件下的腐蚀行为进行介绍和讨论。在高温且有水蒸气介入的环境下，水蒸气一方面会与 MoSi₂ 发生氧化反应，另一方面会与生成的氧化产物继续发生挥发反应，其具体反应式如下：

$$MoSi_2(s) + 6H_2O(g) \Longrightarrow MoO_2(s) + 2SiO_2(s) + 6H_2(g) \qquad (3-13)$$

$$MoO_3(s) + H_2O(g) \Longrightarrow MoO_2(OH)_2(g) \qquad (3-14)$$

除了式（3-14）产生的挥发产物外，$Si(OH)_4$ 作为挥发产物也可能产生，其反应由式（3-5）表示。

Hansson 等人对 $MoSi_2$ 陶瓷在不同水蒸气条件下的反应行为进行了研究。研究暴露于 980K 和 1084K 的样品显示具有两个独立动力学区域的快速氧化，第二个比第一个快得多。如图 3-64 所示，980K 和 1084K 水蒸气样品在暴露于 $300mg/cm^2$ 和 $140mg/cm^2$ 的 20h 后的质量增加期间膨胀和翘曲。分别暴露于 670K 和 773K 水蒸气 24h 和 20h 的样品显示小于 $4mg/cm^2$ 的质量增加，相当于每个样品的总质量变化小于 1%。此外，670K 和 773K 样品在目视检查时几乎没有变化。对于空气和水蒸气样品的 670~877K 暴露的热重（TG）结果如图 3-65 所示。

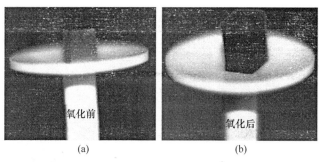

图 3-64　$MoSi_2$ 在 1084K 水蒸气环境暴露前后的形貌

（a）氧化前；（b）氧化 20h

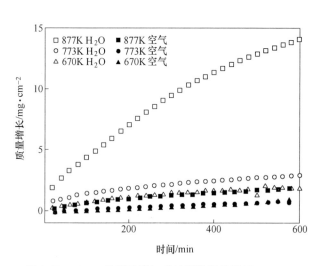

图 3-65　$MoSi_2$ 的质量增加对时间数据暴露于 0.55atm

水蒸气（空心符号）和合成空气（实心符号）中的 670~877K 等温线

（通过减少质量增益从上到下排列图例）

图 3-66 所示为 1188~1498K 的水蒸气和空气 TG 数据。$MoSi_2$ 似乎在 1188~
1395K 的空气和水蒸气中钝化，质量比率增益降低，即扩散受限氧化，在空气中
比在水蒸气中更快。对于两个 1498K 样品，氧化速率降低至相对升高的线性质量
增益，表明样品不是钝化的。下面使用 SEM 进一步研究这些样品。

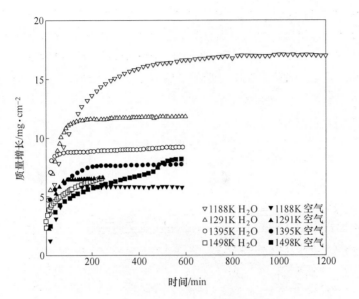

图 3-66 $MoSi_2$ 的质量增加对时间数据暴露于 0.55atm
水蒸气（空心符号）和合成空气（实心符号）中的 1188~1498K 等温线
（通过降低水蒸气样品中的质量增益，从上到下排列图例）

　　表面和横截面 SEM 均用于分析每个样品所得的微观结构。在 980K 和 1084K
观察到最快速的氧化。图 3-67 所示为从左到右以增加的放大率暴露 20h，1084K
水蒸气暴露后的 $MoSi_2$ 样品的氧化表面。1084K 样品显示出大的氧化物颗粒。相
比之下，图 3-68 所示为 $MoSi_2$ 样品在从左到右增加放大倍数 20h，1188K 水蒸气
曝光后的自顶向下透视图。与暴露于 1084K 水蒸气的样品相比，1188K 样品形成
了更细粒的氧化物。此外，该层较少破裂并均匀地覆盖样品表面。670K、1084K
和 1498K 水蒸气样品的横截面的显微照片如图 3-69~图 3-71 所示。图 3-69 所示
的 670K 样品显示出与图 3-72 所示的原样材料相似的微观结构，具有均匀分布的
孔。从样品的横截面图中没有可观察到的氧化物层。773K 样品显示出与 670K 样
品相同的微观结构，在显微照片中没有可见的氧化物层，并且大部分材料具有与
原始材料相似的结构。图 3-71 所示的 1084K 样品在图 3-68 中显示出显著的质量
增益，似乎反应完全，晶粒边界暴露在整个样品中。同样地，980K 暴露导致与
图 3-70 中所示的 1084K 样品相同的完整样品劣化。最后，图 3-72 中所示的
1498K 样品形成了孔隙率增加约 80μm 的区域，从横截面的边缘进入大部分样

品。空气和水蒸气 1498K 样品都表现出类似的持续氧化趋势，而 1188～1395K 样品在两个气氛中钝化。图 3-73 比较了 1498K 合成空气和水蒸气暴露的样品。应该注意的是，合成空气样品经历 10h 等温保持，而水蒸气等温线仅持续 4h。

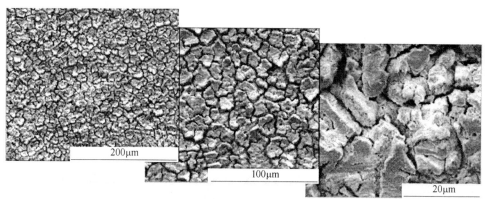

图 3-67　1084K 水蒸气环境反应 20h 后 $MoSi_2$ 样品的 SEM 形貌照片

图 3-68　1188K 水蒸气环境反应 20h 后 $MoSi_2$ 样品的 SEM 形貌照片

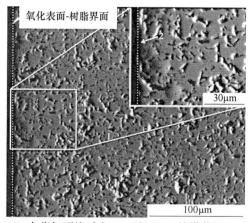

图 3-69　670K 水蒸气环境反应 20h 后 $MoSi_2$ 的横截面 SEM 形貌照片

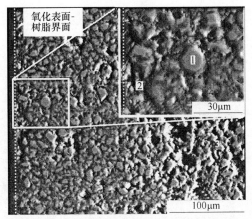

图 3-70 1084K 水蒸气环境反应 20h 后 MoSi$_2$ 的横截面（SEM 照片）

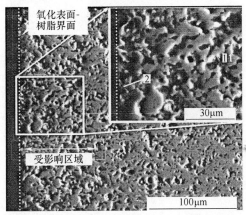

图 3-71 1498K 水蒸气环境反应 4h 后 MoSi$_2$ 的横截面（SEM 照片）

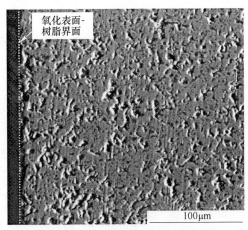

图 3-72 原始 MoSi$_2$ 的背散射照片

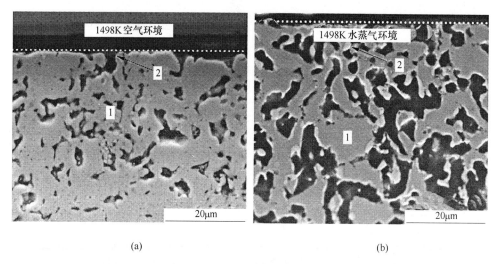

图 3-73   1498K 反应 10h 后 MoSi₂ 样品的横截面 SEM 形貌照片

对横截面样品进行线扫描，从每个样品的氧化界面分析到每个样品的大部分 50μm。由于这些样品的孔隙率，所获得的数据在光束穿过材料中的孔时显示出显著的波动。然而，与原样材料相比，Mo/Si 的比率提供了通过暴露样品的横截面的组成变化的见解。图 3-74 所示为 670K、1084K 和 1498K 水蒸气暴露的线扫描，并将 1498K 水蒸气暴露与 1498K 空气暴露样品进行比较。能量色散光谱未显示 670K 和 773K 样品的整体或沿着边缘的任何升高的氧水平。在通过 EDS 鉴定的 1084K 样品的横截面样品中存在升高的氧水平，表明在样品的大部分深处形成氧化物。EDS 表明氧气仅存在于材料较轻区域的最边缘（1498K 空气样品的顶部）。如图 3-73 所示，水蒸气样品的 80μm 受影响区域中的每个孔具有类似的较轻的轮廓区域，其也包含氧气。

综合上述可以得到以下结论：MoSi₂ 在水蒸气中显示出与在干燥空气中不同的氧化行为。在 670～1498K 温度范围内，观察到四种不同的行为。抛物线氧化仅在 670～773K 水蒸气中显示。从 877～1084K 的水蒸气中，MoSi₂ 迅速增加质量，导致在 980K 和 1084K 的整个样品中氧化。在 980～1084K 反应后，所得材料显示出膨胀。MoSi₂ 在 1188～1395K 温度范围内表现出最大的水蒸气氧化阻力，钝化并显示非常少的视觉或微观结构氧化迹象。在 1498K，钝化的 SiO₂ 层在水蒸气环境中作为氢氧化物挥发，降低其性能。两种挥发性氢氧化物 MoO₂(OH)₂ 和 Si(OH)₄(g) 在 MoSi₂ 在水蒸气中的行为中起重要作用。第一种促进均匀 SiO₂ 的形成并导致抛物线氧化动力学，在 670～773K 下减缓氧化反应。第二次去除保护性 SiO₂ 层，使得材料在高于 1473K 的温度下易于进一步氧化。

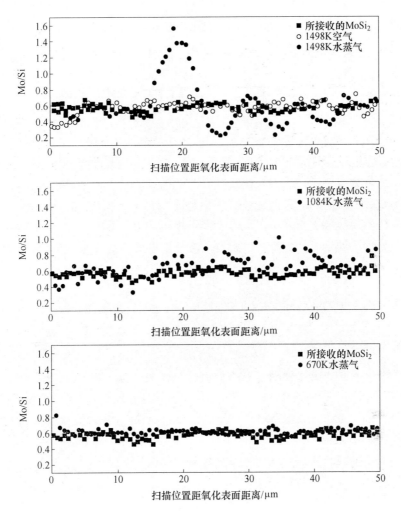

图 3-74 与原样材料相比，使用 EDS 线扫描测量的 Mo/Si 比率从氧化
表面扫描到 50μm 到横截面样品中 670K、1084K 和 1498K

3.6 小结

尽管水蒸气相较于氧气是一种弱氧化剂，但是它在高温下与非氧化物陶瓷发生反应过程往往会改变产物的形貌，进而会改变后续氧化源气体向陶瓷基体内传输的路径，从而加快材料的反应进程。另外在高温下，水蒸气与氧化产物间的挥发反应同样不可忽视，它往往是造成非氧化物陶瓷在高温含水条件下性能退化的主要原因。目前对于水蒸气在反应中的机理尽管进行了较多研究，但是由于难以实现原位观测，对其反应机理还存在较多的疑问，仍需要后续更多更深入的研究。

4 动力学模型在描述非氧化物陶瓷高温反应行为方面的应用

基于特定的反应原理和不同的假设，迄今为止研究者已经提出了许多动力学模型来描述非氧化物陶瓷高温气固反应行为。已有的动力学模型通常包含一系列复杂和多变的因素（包括系统温度、反应介质的分压、非氧化物陶瓷的尺寸和形状以及氧化产物层的密度等），这些因素在很大程度上会影响整个反应的进程。因此，动力学模型是描述外部环境对反应影响的有效手段。本章将对适用于非氧化物陶瓷不同反应类型的动力学模型进行系统的介绍和比较。

4.1 非氧化物陶瓷氧化动力学模型

4.1.1 惰性氧化模型

通常情况下，非氧化物陶瓷的惰性氧化是由表面向内部的均质的连续过程，处理时研究者将非氧化物陶瓷视为具有均一的密度和尺度，其材料形状根据维度主要分为三种，即一维平面材料、二维圆柱体材料和三维球形材料。惰性氧化步骤主要包括：

（1）氧气通过气-固边界层向试样表面扩散；
（2）氧通过氧化产物层向反应界面传质；
（3）在界面发生化学反应并产生气体产物；
（4）气体产物通过氧化产物层向表面扩散；
（5）气体产物通过气-固边界层向气流中扩散。

实际上，氧化过程可以分为更细更多的步骤，然而，如果考虑更多的步骤并严格加以处理，其计算过程和工作强度是很大的。为了便于处理，将整个反应过程中速度很快的步骤忽略，主要考察氧化过程中的速度比较慢的步骤。结合实验分析和文献结果可知，氧在氧化产物中的扩散以及在反应界面处的反应这两个步骤比较慢，从而成为氧化过程中的控速环节。基于上述特定的假设，非氧化物陶瓷的反应分数 ξ 和未反应材料的长度（半径）的关系可以用式（4-1）表示：

$$\xi = 1 - \left(\frac{r}{R_0}\right)^d \tag{4-1}$$

式中，d 为材料维度，当它的数字为 1、2 和 3 的时候分别对应不同形状的非氧化物陶瓷（见图4-1）。本章会对不同模型的假设和关键推导步骤分别进行描述和讨论，并对不同模型的适用范围进行讨论。

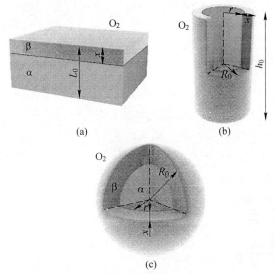

图4-1　简化的非氧化物陶瓷氧化反应示意图

（R_0、r 和 x 分别代表整体材料（α+β）的长度（半径），

未反应的非氧化物陶瓷和已反应的非氧化物陶瓷）

（a）一维平面材料；（b）二维圆柱体材料；（c）三维球体材料

4.1.1.1　体积收缩模型

体积收缩模型通常用于描述相界面控速的反应类型（phase-boundary controlled reactions）。在反应过程中，材料表面的形核反应迅速发生，而后反应界面的迁移过程被认为以恒定的速率发生，因此反应界面的迁移速率与反应时间 t 之间具有如下关系：

$$\frac{\mathrm{d}r}{\mathrm{d}t} = -k_{\text{int}} = \text{constant} \tag{4-2}$$

式中，k_{int} 为界面迁移的反应速率常数。

考虑到非氧化物陶瓷维度对反应的影响（见式（4-1）），体积收缩模型可以表达为：

$$1 - (1-\xi)^{\frac{1}{d}} = \frac{k_{\text{int}}}{R_0}t = kt \tag{4-3}$$

式中，k 为广义速率常数，该常数的大小与反应条件和特定的材料有关。

可以看出，由于体积收缩模型的假设范围较小，因而该模型可以描述不同维度材料的氧化行为。在实际的应用当中，该模型能够很好地描述二维碳/碳复合材料的界面控速的氧化动力学行为。但是，对于非氧化物陶瓷来说，该模型只适用于描述反应的最开始阶段。这是因为一旦保护性氧化层形成，界面反应速率将不再是定值，而是随着时间的变化而变化。同时反应的限速环节也会向扩散转变。

4.1.1.2 Jander 模型

Jander 模型建立的目的在于对球形材料扩散控速的固相反应进行描述。基于菲克第一扩散定律，该模型建立时主要采用了两个假设。其一，氧化反应发生在平面材料的表面并且反应界面面积在反应过程中是恒定的。其二，球形材料的体积在氧化反应前后是恒定的。对于非氧化物陶瓷来说，其氧化速率和氧化产物层的厚度表现为负相关，其具体关系如下：

$$dx/dt = k/x \tag{4-4}$$

对式（4-4）进行积分可以得到：

$$x^2 = 2kt \tag{4-5}$$

在特定时间内，材料未反应部分的体积为：

$$V = (4/3)\pi(R_0 - x)^3 \tag{4-6}$$

$$V = (4/3)\pi r^3(1 - \xi) \tag{4-7}$$

将式（4-6）和式（4-7）进行联立可以得到：

$$x = R_0\left[1 - (1 - \xi)^{\frac{1}{3}}\right] \tag{4-8}$$

将式（4-8）代入式（4-5）中，可以得到 Jander 方程的表达式如下：

$$\left[1 - (1 - \xi)^{\frac{1}{3}}\right]^2 = 2kt/R_0^2 = Kt \tag{4-9}$$

将影响氧化进程的参数引入到式（4-9）中，Jander 模型可以转变为：

$$\left[1 - (1 - \xi)^{\frac{1}{3}}\right]^2 = \frac{2D_{O_2}\Delta C_{O_2}}{R_0^2\rho}t = Kt \tag{4-10}$$

式中，ρ 为球体材料的密度；D_{O_2} 为氧气的扩散系数；ΔC_{O_2} 为在气体/氧化层界面和氧化层/非氧化物陶瓷基本界面的氧气浓度差。

可以看出，$\left[1 - (1 - \xi)^{\frac{1}{3}}\right]^2$ 和反应时间 t 之间是线性关系。

如式（4-10）所示，Jander 模型的表达式是相对简单。用此模型，一些研究者成功处理了他们的实验数据。典型例子如下：Shimada 等人发现 HfC 粉体（平均粒径大约为 1μm）在 480~600℃ 的等温氧化行为可以很好地由 Jander 模型描述（图 4-2）。Ichimura 等人采用 Jander 模型描述 CrN 薄膜的氧化行为，结果表明实验数据与模型计算数据符合的很好。然而，受限于过于简单的假设，Jander 模型在描述非氧化物陶瓷实际氧化时通常效果不好，其原因主要在于以下两点：（1）非氧化物陶瓷氧化一般是发生在二维或者三维的界面而不是平面，此时反应界面的面积随着反应进程逐渐变化；（2）实际应用的非氧化物陶瓷的尺寸相对较大，在氧化反应前后其体积的变化比较大，因而不能忽略。

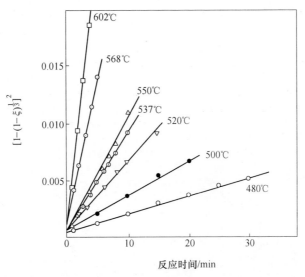

图 4-2　平均粒度为 1μm 的 HfC 粉体恒温氧化及 Jander 模型拟合结果

4.1.1.3　Ginstling-Brounshtein（G-B）模型

G-B 模型的建立过程考虑到了氧化过程中反应界面面积的变化。此时，氧化反应速率和反应产物层厚度的关系可以由式（4-11）表示：

$$\frac{\rho \mathrm{d}r}{\mathrm{d}t} = -\frac{D_{O_2}\Delta C_{O_2}}{R\ln\left(\dfrac{r_0}{R}\right)} \tag{4-11}$$

将式（4-1）代入式（4-11）中可以得到二维和三维材料的表达式如下：

$$(1-\xi)\ln(1-\xi) + \xi = \frac{4D_{O_2}\Delta C_{O_2}}{r_0^2\rho}t = Kt \tag{4-12}$$

$$1 - \frac{2}{3}\xi - (1-\xi)^{\frac{2}{3}} = \frac{2D_{O_2}\Delta C_{O_2}}{r_0^2\rho}t = Kt \tag{4-13}$$

与 Jander 模型相比，G-B 模型考虑了反应界面面积变化的影响，因而更加准确。已有研究表明，G-B 模型可以很好地描述 Si_3N_4 和 β-sialon 粉体的高温氧化行为（见图 4-3）。需要指出的是 G-B 模型也有一些自身的缺点。首先，在模型的构建过程仍旧没有考虑到反应前后材料体积变化的影响，在处理一些尺度较大的非氧化物陶瓷氧化问题时会引入误差。其次，G-B 模型的动力学表达式是相对复杂的，并且反应分数与影响反应进程的参数之间是隐函数关系，不利于定性和定量讨论。

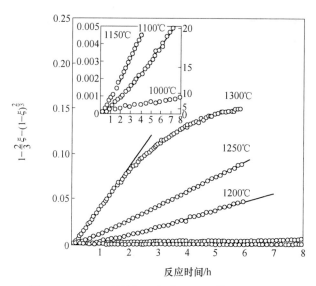

图 4-3　SiAlON 粉体恒温氧化及 G-B 模型拟合结果

4.1.1.4　Cater 模型

Cater 模型进一步考虑了非氧化物陶瓷反应前后的体积变化，因而可以对球形材料进行更加准确的描述。Cater 模型的示意图如图 4-4 所示。

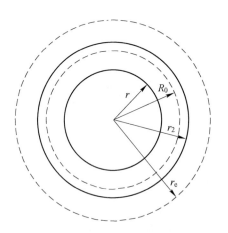

图 4-4　Cater 模型示意图

(R_0 为材料的起始半径；r 为时间 t 时未反应材料的半径；r_2 为时间 t 时未反应材料与产物层的半径和；r_e 为材料完全反应后产物层的半径)

Cater 模型同样认为反应过程是扩散控速，当反应时间为 t 时，未反应的材料的体积为：

$$V = (4/3)\pi r^3 \qquad (4\text{-}14)$$

由材料体积的变化速率等于气体通过产物层（$r_2 - r$）的流量，可以得到：

$$dV/dt = -4\pi k r r_2/(r_2 - r) \qquad (4\text{-}15)$$

式（4-15）适用于稳态条件，其中气体的浓度梯度是由每个界面扩散气体的活度和扩散层的厚度共同决定的。随着气体向材料内部的扩散，其扩散面积逐渐变大。而通过每一个扩散面的气体流量应该是始终一致的。需要指出的是，材料反应后整体的体积包括未反应的材料和产物层，它们具有如下关系：

$$r_2^3 = zR_0^3 + r^3(1 - z) \qquad (4\text{-}16)$$

式中，z 为生成物与反应物的体积比。

同时，反应分数与材料半径间的关系可以表达如下：

$$r = (1 - \xi)^{\frac{1}{3}} R_0 \qquad (4\text{-}17)$$

将式（4-16）和式（4-17）联立，在考虑反应时间的条件下可以得到：

$$r dr_1/dt = -kr_2/(r_2 - r) \qquad (4\text{-}18)$$

对式（4-18）中的 r_2 进行替换可以得到：

$$\left\{ r - \frac{r^2}{[zR_0^3 + r^3(1 - z)]^{\frac{1}{3}}} \right\} dr = -kdt \qquad (4\text{-}19)$$

将式（4-16）代入式（4-19），可以得到：

$$[1 + (z - 1)\xi]^{2/3} + (z - 1)(1 - \xi)^{2/3} = z + 2(1 - z)kt/r_0^2 \qquad (4\text{-}20)$$

同样将影响氧化进程的参数引入式（4-20）中，Cater 模型可以转变为：

$$\frac{z - [1 + (z - 1)\xi]^{\frac{2}{3}} - (z - 1)(1 - \xi)^{\frac{2}{3}}}{2(z - 1)} = \frac{2D\Delta C}{R_0^2 \rho} = kt \qquad (4\text{-}21)$$

相较于 Jander 模型和 G-B 模型，Cater 模型在描述准确性方面无疑是最准确的，这是由于该模型同时考虑了反应界面面积变化和材料反应前后体积变化对反应的影响。利用此模型，Cater 对具有特定尺寸和形状的镍粉的氧化行为进行描述（见图 4-5）。结果表明，界面面积和反应前后体积的变化对反应影响很大，利用 Cater 模型可以得到更好的拟合结果。此外，He 等人成功应用此模型描述了两种 SiC 粉体的氧化动力学行为，其中生成物与反应物的体积比 z 为 2.186。尽管 Cater 模型将拟合的准确性提高了，但是其动力学表达式也变得更加复杂了，这导致其在实际应用中的使用率并不高。

4.1.1.5 Deal-Grove（D-G）模型

D-G 模型建立的初衷是为了描述纯 Si 的氧化行为，后经发展在非氧化物陶瓷的氧化方面取得了较为广泛的应用。在模型的建立过程中，除了扩散步骤外，气相传输和化学反应的效果也被一起考虑。如图 4-6 所示，Si 在氧化过程中即时

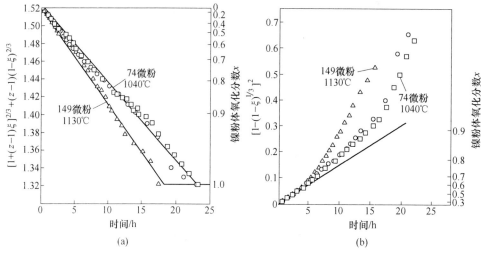

图 4-5　不同粒度的 Ni 粉的氧化行为及不同模拟的拟合结果

(a) $[1 + (z-1)\xi]^{2/3} + (z-1)(1-\xi)^{2/3}$；(b) $[1-(1-\xi)^{\frac{1}{3}}]^2$

的氧化层厚度假设为 x_0。

根据纯硅氧化实验，这个模型假设氧化过程是一种氧化源气体的向内运动而不是硅的向外运动。氧化物质的运输有三个必要的步骤，即环境气体中的氧化源气体必须通过反应或被吸附而到达材料外表面，氧化源气体穿过氧化层向 Si 内迁移，以及氧化源气体与 Si 反应形成新的产物层。

氧化源气体的流量可以由式（4-22）表示：

$$F_1 = h(C^* - C_0) \tag{4-22}$$

式中，h 为氧化源气体的传输系数；C_0 和 C^* 分别代表任意时间氧化源气体在外界环境中和与氧化层外表面平衡的浓度。

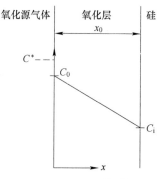

$F_1 = h(C^* - C_0)$　$F_2 = D_{eff}\dfrac{C_0 - C_i}{x_0}$　$F_3 = kC_i$

稳态条件，$F_1 = F_2 = F_3$

图 4-6　纯 Si 的氧化的 D-G 模型

假设氧化源气体的平衡浓度和气体中氧化源的分压之间的关系遵循亨利定律：

$$C^* = Kp \tag{4-23}$$

同时，通过氧化层的气体氧化源的流量根据菲克第一扩散定律可以表示如下：

$$F_2 = -D_{eff}(\mathrm{d}C/\mathrm{d}x) \tag{4-24}$$

式中，x 代表在氧化层中的任一点；D_{eff} 是有效扩散系数；dC/dx 代表在氧化层中氧化源气体的浓度梯度。

根据稳态氧化过程的假设，F_2 在氧化层中任意位置 x 是一致的，换句话说，$dF_2/dX = 0$。因而，如图 4-6 所示，氧化源气体在产物层中的浓度是呈线性变化的，其流量值 F_2 可以表示为：

$$F_2 = D_{eff}(C_0 - C_i)/x_0 \tag{4-25}$$

式中，C_i 是氧化源气体靠近氧化层-Si 界面的浓度。

对于氧化反应，相应的流量 F_3 可以根据一级反应规律表示如下：

$$F_3 = kC_i \tag{4-26}$$

在稳态条件下，一段时间后反应将会达到平衡，即 $F_1 = F_2$ 且 $F_2 = F_3$。

联立式（4-22）~式（4-26），求解 C_i 和 C_0，可以得到：

$$\frac{C_i}{C^*} = \frac{1}{1 + k/h + kx_0/D_{eff}} \tag{4-27}$$

和

$$\frac{C_0}{C^*} = \frac{1 + kx_0/D_{eff}}{1 + k/h + kx_0/D_{eff}} \tag{4-28}$$

将 C_i 和 C_0 去掉，相应的流量可以得到：

$$F = F_1 = F_2 = F_3 = \frac{kC^*}{1 + k/h + kx_0/D_{eff}} \tag{4-29}$$

假设 N_1 是单位体积氧化层需要的氧化源气体的分子数，那么氧化层生长的速率可以由下面微分方程表示：

$$\frac{dx_0}{dt} = \frac{F}{N_1} = \frac{kC^*/N_1}{1 + k/h + kx_0/D_{eff}} \tag{4-30}$$

为了体现式（4-30）的初始条件，整体氧化层的厚度包括两个部分。其一为氧化前存在的氧化层厚度 x_i；其二为氧化过程中后续生成的氧化层厚度。因此，氧化过程的初始条件为：

当 $t = 0$ 时 $\qquad\qquad x_0 = x_i \tag{4-31}$

将以上初始条件进行积分，可以得到：

$$x_0^2 + Ax_0 = Bt + x_i^2 + Ax_i \tag{4-32}$$

式（4-32）进一步可以转化为：

$$x_0^2 + Ax_0 = B(t + \tau) \tag{4-33}$$

式中因子 A 和 B 代表与氧化物性质和反应条件相关的物理传输常数。参数 τ 可以将反应的初始时间推移到特定的点，代表考虑了未记录前已存在的氧化层厚度。接着，定义抛物线速率常数 $k_p = B$ 和线性速率常数 $k_l = B/A$，将这两个参数代入式（4-33）可以得到 D-G 模型更加实用的表达式：

$$\frac{x^2}{k_p} + \frac{x}{k_1} - \tau = t \tag{4-34}$$

对式（4-34）中的 x 进行求解可以得到：

$$x = \frac{\sqrt{k_p}(-\sqrt{k_p} + \sqrt{4tk_1^2 + 4\tau k_1^2 + k_p})}{2k_1} \tag{4-35}$$

当实验用的材料没有起始氧化层的时候（氧化实验前用 HF 对材料进行刻蚀），式（4-35）可以简化为：

$$x = \frac{\sqrt{k_p}(-\sqrt{k_p} + \sqrt{4tk_1^2 + k_p})}{2k_1} \tag{4-36}$$

为了进一步简化，将式（4-33）代入式（4-36）可以得到：

$$\frac{x}{A/2} = \left(1 + \frac{t+\tau}{A^2/4B}\right)^{\frac{1}{2}} - 1 \tag{4-37}$$

从式（4-37）可以看出，该动力学过程存在两个极限的特定氧化时间，如图 4-7 所示。对于相当长的氧化时间，即 $t \gg A^2/4B$ 且 $t \gg \tau$，此时式（4-37）可以简化为通用的抛物线氧化模型：

$$x^2 \approx Bt \tag{4-38}$$

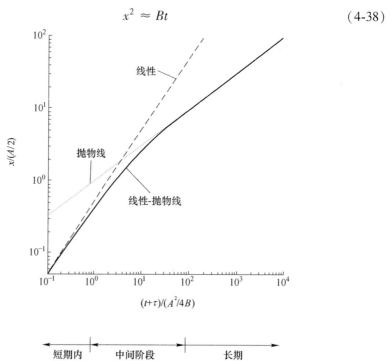

图 4-7 符合 D-G 模型的动力学过程示意图

（短的反应时间适用于线性规律，长的反应时间适用于抛物线规律）

对于另外的一个极端情况，即非常短的氧化时间（$t \ll A^2/4B$），可以得到线性氧化模型：

$$x \approx \frac{B}{A}(t + \tau) \tag{4-39}$$

综上分析，D-G 模型可以对材料的氧化过程进行全面的考量，即同时考虑反应中的扩散和化学反应步骤。同时，该模型也解释了为什么仅用抛物线模型无法对材料氧化的整个动力学数据进行很好的描述。在此基础上，D-G 模型在很多材料上获得了应用，如 SiC/SiC 复合材料等（见图 4-8）。尽管该模型具有比较广泛的应用，但是在处理一些特定条件下的氧化行为时仍具有一定的偏差。为了解释和解决这些偏差，研究者提出了一些修正的模型。Hu 等人提出材料界面反应速率与氧化源分压存在幂规律关系，这可以解释在薄的氧化层区域（< 40nm）氧化物的异常快速增长。Iren 等人通过考虑氧化源在微孔中的传输和产物层的弹性性质来对 D-G 模型进行修正，结果表明，氧化层的形貌和机械性能对于理解氧化行为至关重要。Reisman 等人强调了 SiO_2 层不稳定的外延对于材料氧化速率下降的影响，他们提出的修正模型对于较厚的产物层是适用的。

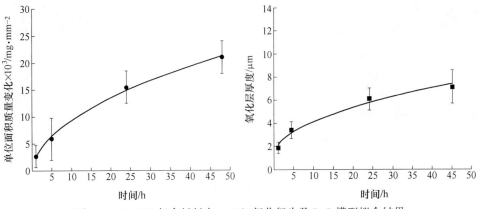

图 4-8 SiC/SiC 复合材料在 1400℃氧化行为及 D-G 模型拟合结果

不同于纯 Si 的氧化，非氧化物陶瓷的氧化往往伴随着气体的产生，而不是简单的固体产物层。一旦气体产物的外扩散成为反应的限速环节，直接应用 D-G 模型来对反应进行描述的话，就可能引起较大的误差。Song 等人基于 SiC 的氧化（存在气体产物 CO 的外扩散）提出了修正模型。与 D-G 模型中纯 Si 的氧化相比，修正模型引入了两个关键的步骤，即 CO 通过 SiO_2 产物膜的外扩散和气体产物从产物表面的逸出。遵循相似的推导过程，可以得到修正模型中的因子 A 和 B 的表达式分别为：

$$A = \frac{1 + \dfrac{1.5K_f}{h_{O_2}} + \dfrac{K_r}{h_{CO}}}{\dfrac{1.5K_f}{D_{O_2}} + \dfrac{K_r}{D_{CO}}} \tag{4-40}$$

$$B = \frac{(K_f C_{O_2}^* - K_r C_{CO}^*)/N_0}{\dfrac{1.5K_f}{D_{O_2}} + \dfrac{K_r}{D_{CO}}} \tag{4-41}$$

式中，K_f 和 K_r 分别是 SiC 氧化正反应和逆反应的速率常数，K_f 的大小取决于 SiC 中 C 的局部浓度，K_r 的大小则与 SiO_2 的局部浓度有关；D_{CO} 代表产物 CO 的扩散系数。

在氧化过程中，应该是 $C_{O_2}^* \gg C_{CO}^*$，因而式（4-40）和式（4-41）可以重新表述为：

$$k_1 = B/A = \frac{(K_f C_{O_2}^* - K_r C_{CO}^*)/N_0}{1 + \dfrac{1.5K_f}{h_{O_2}} + \dfrac{K_r}{h_{CO_x}}} \approx \frac{C_{O_2}^*}{N_0} K_f \tag{4-42}$$

$$k_p = B = \frac{(K_f C_{O_2}^* - K_r C_{CO}^*)/N_0}{\dfrac{1.5K_f}{D_{O_2}} + \dfrac{K_r}{D_{CO}}} \tag{4-43}$$

同样地，式（4-42）和式（4-43）可以在特定的条件下进一步简化。当反应在最初始阶段的时候，氧化层按照线性规律生长，此时界面反应是氧化过程的限速环节，反应速率表述如下：

$$B/A \approx \frac{C_{O_2}^*}{N_0} K_f \tag{4-44}$$

当反应的限速环节变为扩散时，氧化层按照抛物线规律生长，此时的反应分为两种情况。第一种为氧气的扩散为反应的限速环节或者 $K_f/D_{O_2} \gg K_r/D_{CO}$，此时：

$$B \approx \frac{C_{O_2}^*}{1.5 N_0} D_{O_2} \tag{4-45}$$

在这种情况下，抛物线速率常数所对应的活化能与纯 Si 氧化是一致的。第二种情况是当 CO 的外扩散是反应的限速环节或者 $K_f/D_{O_2} \ll K_r/D_{CO}$，此时：

$$B \approx \frac{C_{O_2}^* K_f}{N_0 K_r} D_{CO} \tag{4-46}$$

在这种情况下，CO 外扩散的重要性在 D-G 模型中没有得到体现。

得益于修正的模型，Song 等人很好地描述了 4H-SiC 不同晶面的氧化动力学数据，如图 4-9 所示。利用卢瑟福后向散射（RBS）光谱和光谱椭圆偏振法测定的氧化层厚度与 Song 修正后的模型吻合较好。但 D-G 模型与实验数据存在较大的差异，说明在 SiC 晶体氧化过程中考虑 CO 向外扩散的必要性。可以预见的是，该模型也可以应用于其他氧化气体，如 CO_2 和 H_2O，相应的气体产物为 CO和/或 H_2。Šimonka 等人在后续工作中进一步引入了晶向对反应的影响，他们的修正模型可以对多维的单晶 SiC 材料的氧化行为进行描述。所有的上述修正对于非平面的器件结构（比如金属氧化物半导体场效应晶体管）的设计具有显著的指导意义，不同晶面的各异氧化行为对晶体管的服役性能具有很大影响。

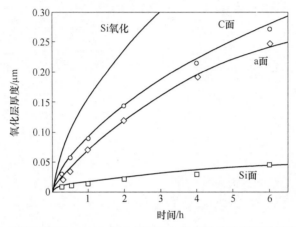

图 4-9　SiC 不同晶面在 1150℃氧化层厚度与时间的关系及不同模型拟合结果

4.1.1.6　real physical picture（RPP）模型

RPP 模型通过强调不同限速环节（扩散控速和化学反应控速）来实现对非氧化物陶瓷高温气固反应行为的描述。作为一种几何收缩模型，RPP 模型考虑了不同维度对材料反应行为的影响。此外，通过分别引入表观活化能和化学驱动力，RPP 模型中包含了反应温度和氧分压对反应的影响。基于此，针对不同限速环节，RPP 模型的推导过程如下。

A　扩散控速的氧化反应

a　恒温氧化模型

以球形粉体材料为例，如图 4-1 所示，反应分数与材料半径的关系可以表述为：

$$\xi_d = 1 - \left(\frac{r}{R_0}\right)^3 \tag{4-47}$$

对式（4-47）进行变换可以得到：

$$r = R_0(1 - \xi_d)^{\frac{1}{3}} \tag{4-48}$$

然后，ξ_d 的变化速率可以表示为：

$$\frac{\mathrm{d}\xi_d}{\mathrm{d}t} = -\frac{3r^2}{R_0^3}\frac{\mathrm{d}r}{\mathrm{d}t} \tag{4-49}$$

基于菲克第一扩散定律，通过产物层的氧气的流量可以表示为：

$$J_0^\beta = -D_0^\beta\left(\frac{\partial C_0^\beta}{\partial x}\right) \tag{4-50}$$

式中，J_0^β、D_0^β 和 C_0^β 分别代表氧气经由 β 相的流量、氧气的扩散系数和氧气在 β 相中的浓度。

基于 Sievert 准则，平衡浓度 $C_0^{\beta\prime}$ 根据氧分压可以表述为：

$$C_0^{\beta\prime} = K\sqrt{P_{O_2}} \tag{4-51}$$

式中，K 是反应 $\frac{1}{2}O_2 = [O]^\beta$ 所对应的平衡常数。

假定 $C_0^{\beta\prime\prime}$ 是平衡于 α 相和 β 相界面处氧化物的 O_2 浓度，当反应达到最终平衡后 $C_0^{\beta\prime}$ 和 $C_0^{\beta\prime\prime}$ 会保持为常数。此时式（4-49）可以转变为：

$$J_0^\beta = -D_0^\beta\left(\frac{C_0^{\beta\prime\prime} - C_0^{\beta\prime}}{R_0 - r}\right) \tag{4-52}$$

另一方面，氧气的消耗会引起氧化层的生长，因而氧化层厚度增加的速率正比于氧气的流量，即

$$\frac{\mathrm{d}r}{\mathrm{d}t} = \frac{J_0^\beta}{v_m} = \frac{D_0^\beta}{v_m}\left(\frac{C_0^{\beta\prime\prime} - C_0^{\beta\prime}}{R_0 - r}\right) \tag{4-53}$$

式中，v_m 为用来弥补不同氧化层以及氧化层与基体间密度差异的修正系数。

通过联立式（4-48）、式（4-49）和式（4-53），可以得到：

$$\frac{\mathrm{d}\xi_d}{\mathrm{d}t} = -\frac{3D_0^\beta(C_0^{\beta\prime} - C_0^{\beta\prime\prime})}{R_0^2 v_m} \times \frac{(1-\xi_d)^{\frac{2}{3}}}{1-(1-\xi_d)^{\frac{1}{3}}} \tag{4-54}$$

根据初始条件：$t = 0$，$\xi = 0$，式（4-54）可以转换为：

$$\left[1 - (1-\xi_d)^{\frac{1}{3}}\right]^2 = -\frac{2D_0^\beta(C_0^{\beta\prime\prime} - C_0^{\beta\prime})}{R_0^2 v_m}t \tag{4-55}$$

通过进一步简化可以得到：

$$\xi_d = 1 - \left[1 - \sqrt{-\frac{2D_0^\beta(C_0^{\beta\prime\prime} - C_0^{\beta\prime})}{R_0^2 v_m}t}\right]^3 \tag{4-56}$$

当温度改变的时候，相应扩散系数的变化可以改变材料的反应速率。温度对扩散系数的影响可由式（4-57）表示：

$$D_0^\beta = D_0^{0\beta}\exp\left(-\frac{\Delta\varepsilon_d}{RT}\right) \tag{4-57}$$

式中，$\Delta\varepsilon_d$ 为扩散控速氧化反应的活化能；$D_O^{0\beta}$ 为一常数，与温度无关而与粉体材料自身的性质相关。

将式（4-51）和式（4-57）代入式（4-56）中，可以得到：

$$\xi_d = 1 - \left[1 - \sqrt{-\frac{2K_d\left(\sqrt{P_{O_2}} - \sqrt{P_{O_2}^{eq}}\right)D_O^{0\beta}\exp\left(-\dfrac{\Delta\varepsilon_d}{RT}\right)}{R_0^2 v_m}t}\right]^3 \tag{4-58}$$

式中，P_{O_2} 和 $P_{O_2}^{eq}$ 分别代表氧气在气氛中的分压和与界面处氧化物相平衡的分压。

当温度固定的时候，$P_{O_2}^{eq}$ 值为恒定的。K_d 是氧气在 β 相中的反应平衡常数，它可以由式（4-59）表示：

$$K_d = K_O^{0\beta}\exp\left(-\frac{\Delta H_d}{RT}\right) \tag{4-59}$$

其中 $K_O^{0\beta}$ 与温度无关，ΔH 是氧气在 β 相中的反应焓。令表观活化能 $\Delta E_d = \Delta\varepsilon_d + \Delta H_d$，将式（4-59）和式（4-58）代入式（4-56），可以得到：

$$\xi_d = 1 - \left[1 - \sqrt{\frac{2K_O^{0\beta}D_O^{0\beta}\left(\sqrt{P_{O_2}} - \sqrt{P_{O_2}^{eq}}\right)}{R_0^2 v_m}\exp\left(-\frac{\Delta E_d}{RT}\right)t}\right]^3 \tag{4-60}$$

式（4-60）即为反应分数与氧化时间、氧化温度、氧分压以及粉体粒度等这些影响因素之间关系的表达式。此表达式将反应分数与这些影响因素之间的关系以一个简单的显函数形式表示出来，因此可以进行定量的讨论。下面分别讲述氧化反应的反应分数和各个变量之间的关系。

（1）温度的影响。这里定义一个常数：

$$B_T = \frac{1}{\dfrac{2K_O^{0\beta}D_O^{0\beta}}{v_m}\dfrac{\sqrt{P_{O_2}} - \sqrt{P_{O_2}^{eq}}}{R_0^2}} \tag{4-61}$$

由式（4-61）可看出，B_T 是与 P_{O_2}、$P_{O_2}^{eq}$ 和 R_0 有关的函数。如果 $P_{O_2}^{eq}$ 的值非常小或者 $P_{O_2}^{eq}$ 的温度系数可以被忽略，那么当氧分压和颗粒粒度固定的时候，B_T 将会是一个常数。此时，可以得到：

$$\xi_d = 1 - \left[1 - \sqrt{\frac{\exp\left(-\dfrac{\Delta E_d}{RT}\right)t}{B_T}}\right]^3 \tag{4-62}$$

式（4-62）即为反应分数 ξ 和氧化温度 T 的关系，由式（4-62）可看出，氧化温度越高，反应分数越大。

（2）氧分压的影响。同理，定义常数：

$$B_{\mathrm{P}} = \cfrac{1}{\cfrac{2K_{\mathrm{O}}^{0\beta} D_{\mathrm{O}}^{0\beta}}{v_{\mathrm{m}} R_0^2}} \tag{4-63}$$

它是温度 T 和粒度 R_0 的函数，当温度 T 和粒度 R_0 为定值时，B_{P} 为常数。可得到氧化分数 ξ 和氧分压 P_{O_2} 的关系式为：

$$\xi = 1 - \left[1 - \sqrt{\frac{\sqrt{P_{\mathrm{O}_2}} - \sqrt{P_{\mathrm{O}_2}^{\mathrm{eq}}}}{B_{\mathrm{P}}} \exp\left(-\frac{\Delta E}{RT}\right) t} \right]^3 \tag{4-64}$$

（3）粒度的影响。同理，定义常数：

$$B_{R_0} = \cfrac{1}{\cfrac{2K_{\mathrm{O}}^{0\beta} D_{\mathrm{O}}^{0\beta}}{v_{\mathrm{m}}} \cfrac{\sqrt{P_{\mathrm{O}_2}} - \sqrt{P_{\mathrm{O}_2}^{\mathrm{eq}}}}{R_0^2}} \tag{4-65}$$

由式（4-65）可看出，参数 B_{R_0} 是氧分压 P_{O_2} 和平衡氧分压 $P_{\mathrm{O}_2}^{\mathrm{eq}}$ 的函数，当氧分压不变时，B_{R_0} 为一定值，则反应分数 ξ 和氧分压 $P_{\mathrm{O}_2}^{\mathrm{eq}}$ 之间的关系式如下：

$$\xi_{\mathrm{d}} = 1 - \left[1 - \frac{1}{R_0} \sqrt{\frac{\exp\left(-\dfrac{\Delta E_{\mathrm{d}}}{RT}\right) t}{B_{R_0}}} \right]^3 \tag{4-66}$$

由式（4-66）可看出，粉体的粒度 R_0 越小，氧化反应分数 ξ 越大。对于粉体而言，由于其粒度是一个分布范围，因此严格地讲，式（4-66）中的 R_0 由许多粒度组成，然而这样的计算强度很大。对于大部分粉体而言，其粒度分布符合高斯分布，故为了简便，我们可采用一个"有效粒度"来替代式（4-66）中的 R_0。

（4）材料维度的影响。

进一步考虑材料特定形状对反应的影响，对于三维块状材料（L_0、M_0 和 H_0 分别代表原始的材料长度、宽度和高度），相应的 RPP 模型转换为：

$$\xi_{\mathrm{d}} = 1 - \left[1 - \frac{1}{L_0} \sqrt{\frac{2K_{\mathrm{O}_2} D_{\mathrm{O}_2}\left(\sqrt{P_{\mathrm{O}_2}} - \sqrt{P_{\mathrm{O}_2}^{\mathrm{eq}}}\right)}{v_{\mathrm{m}} \exp\left(\dfrac{\Delta E_{\mathrm{d}}}{RT}\right)} t} \right] \times \left[1 - \frac{1}{M_0} \sqrt{\frac{2K_{\mathrm{O}_2} D_{\mathrm{O}_2}\left(\sqrt{P_{\mathrm{O}_2}} - \sqrt{P_{\mathrm{O}_2}^{\mathrm{eq}}}\right)}{v_{\mathrm{m}} \exp\left(\dfrac{\Delta E_{\mathrm{d}}}{RT}\right)} t} \right] \times$$

$$\left[1 - \frac{1}{H_0} \sqrt{\frac{2K_{\mathrm{O}_2} D_{\mathrm{O}_2}\left(\sqrt{P_{\mathrm{O}_2}} - \sqrt{P_{\mathrm{O}_2}^{\mathrm{eq}}}\right)}{v_{\mathrm{m}} \exp\left(\dfrac{\Delta E_{\mathrm{d}}}{RT}\right)} t} \right] \tag{4-67}$$

对于二维柱状材料（h_0 代表原始的材料高度），相应的 RPP 模型转换为：

$$\xi_{\mathrm{d}} = 1 - \left[1 - \frac{1}{R_0}\sqrt{\frac{2K_{O_2}D_{O_2}\left(\sqrt{P_{O_2}} - \sqrt{P_{O_2}^{\mathrm{eq}}}\right)}{v_{\mathrm{m}}\exp\left(\dfrac{\Delta E_{\mathrm{d}}}{RT}\right)}t}\right]^2\left[1 - \frac{2}{h_0}\sqrt{\frac{2K_{O_2}D_{O_2}\left(\sqrt{P_{O_2}} - \sqrt{P_{O_2}^{\mathrm{eq}}}\right)}{v_{\mathrm{m}}\exp\left(\dfrac{\Delta E_{\mathrm{d}}}{RT}\right)}t}\right]$$

$$(4\text{-}68)$$

对于一维的平面材料（L_0 代表原始的材料厚度），相应的 RPP 模型转换为：

$$\xi_{\mathrm{d}} = \sqrt{\left[\frac{2K_{O_2}D_{O_2}}{v_{\mathrm{m}}}\frac{\sqrt{P_{O_2}} - \sqrt{P_{O_2}^{\mathrm{eq}}}}{L_0^2}\exp\left(-\frac{\Delta E_{\mathrm{d}}}{RT}\right)\right]t} \tag{4-69}$$

此外，一个新的概念，即"特征氧化时间"t_{d} 可以在 RPP 模型中提取出来，进而来评估非氧化物陶瓷的抗氧化性能，t_{d} 定义如下：

$$t_{\mathrm{d}} = \frac{1}{\dfrac{2K_{O_2}D_{O_2}}{v_{\mathrm{m}}}\dfrac{\sqrt{P_{O_2}} - \sqrt{P_{O_2}^{\mathrm{eq}}}}{R_0^2}\exp\left(-\dfrac{\Delta E_{\mathrm{d}}}{RT}\right)} \tag{4-70}$$

将式（4-70）代入式（4-60）可以得到：

$$\xi_{\mathrm{d}} = 1 - \left(1 - \sqrt{\frac{t}{t_{\mathrm{d}}}}\right)^3 \tag{4-71}$$

当反应时间趋近于 t_{d} 的时候，反应分数 ξ 的值等于 1，这意味着 t_{d} 的物理意义是代表球形材料完全氧化所需的时间。t_{d} 的值越小，说明扩散控诉的氧化反应的速度越快。因此，"特征氧化时间"的概念可以用来描述相关非氧化物陶瓷的抗氧化能力。

b 变温氧化模型

当反应在变温环境下进行时，特定的升温速率用 η 表示，$\eta = \dfrac{\mathrm{d}T}{\mathrm{d}t}$。如果反应体系从室温（$T_0$）开始加热，即时温度与反应时间之间的关系为：

$$T = T_0 + \eta t \tag{4-72}$$

将式（4-72）代入式（4-60），可以得到球形材料在变温环境下的动力学表达式为：

$$\xi_{\mathrm{d}} = 1 - \left\{1 - \sqrt{\left[\frac{2K_{O_2}D_{O_2}\left(\sqrt{P_{O_2}} - \sqrt{P_{O_2}^{\mathrm{eq}}}\right)}{R_0^2 v_{\mathrm{m}}}\exp\left(-\frac{\Delta E_{\mathrm{d}}}{RT}\right)\right]\frac{T - T_0}{\eta}}\right\}^3 \tag{4-73}$$

不同的因素对于变温实验的影响可以通过处理恒温实验的类似方法得到，这里就不再赘述。

B 化学反应控速的氧化反应

a 恒温氧化模型

界面处的化学反应可表示为：

$$O(\alpha/\beta) + M(\alpha) \underset{K_r^b}{\overset{K_r^f}{\rightleftharpoons}} MO(\alpha/\beta) + N \tag{4-74}$$

则氧化的化学反应速率 V_r^f、其逆反应 V_r^b 及总的反应速率 V_r 可表示为：

$$V_r^f = K_r^f C_O(\beta/\alpha) \tag{4-75}$$

$$V_r^b = K_r^b C_N(\beta/\alpha) \tag{4-76}$$

$$V_r = V_r^f - V_r^b = K_r^f C_O(\beta/\alpha) - K_r^b C_N(\beta/\alpha) \approx K_r^f C_O(\beta/\alpha) - K_r^b C_N^{eq}(\beta/\alpha) \tag{4-77}$$

式中，C_O 和 C_N 分别为氧和气体反应产物在 β/α 界面处的浓度。

当反应达到稳定状态时，反应速率常数 K_r 可表示为：

$$K_r = \frac{K_r^f}{K_r^b} = \frac{C_N^{eq}}{C_O^{eq}} \tag{4-78}$$

式中，C_O^{eq} 和 C_N^{eq} 分别为氧和气体反应产物在 β/α 界面处的平衡浓度。

将式（4-78）代入式（4-77）得：

$$V_r = V_r^t - V_r^b = K_r^f C_O - K_r^f C_O^{eq} = K_r^f(C_O - C_O^{eq}) \tag{4-79}$$

另一方面，氧化产物层厚度的增加速率与氧化反应速率成正比，即：

$$\frac{dx}{dt} = \frac{V}{v_m} \tag{4-80}$$

式中，V 为反应速率；v_m 是取决于物质和物质反应的相关系数。

由式（4-47）、式（4-48）、式（4-79）和式（4-80）得：

$$\frac{d\xi}{dt} = -\frac{3r^2 K_r^f(C_O - C_O^{eq})}{R_0^3 v_m} \tag{4-81}$$

根据初始条件，即 $t = 0$ 时，$\xi = 0$，对式（4-81）积分：

$$\int_0^\xi d\xi = \int_0^t -\frac{3K_r^f(C_O - C_O^{eq})}{R_0 v_m} \times (1-\xi)^{\frac{2}{3}} dt \tag{4-82}$$

由式（4-82）得：

$$1 - (1-\xi)^{\frac{1}{3}} = -\frac{K_r^f(C_O - C_O^{eq})}{R_0 v_m} t \tag{4-83}$$

根据式（4-51）以及式（4-59），将式（4-83）进一步整理得到：

$$\xi_c = 1 - \left[1 - \frac{K_0\left(\sqrt{P_{O_2}} - \sqrt{P_{O_2}^{eq}}\right)}{R_0 v_m} \exp\left(-\frac{\Delta E_c}{RT}\right) t\right]^3 \tag{4-84}$$

其中 $K_0 = K k_0^{0\beta}$，$\Delta E = \Delta\varepsilon_r + \Delta H$。

式（4-84）即为粉体材料在氧化过程中界面反应控速下的氧化分数和各种影响因素，如氧分压、粉体颗粒度以及氧化温度等之间的定量关系表达式。同样，可以通过引入函数将某些参数合并来定量考察氧化分数和各种影响因素之间的关系，这里就不再赘述。

b 变温氧化模型

同理将式（4-72）代入式（4-84），可以得到变温条件下化学反应控速时 RPP 模型描述非氧化物陶瓷氧化的动力学表达式：

$$\xi = 1 - \left[1 - \frac{K_O\left(\sqrt{P_{O_2}} - \sqrt{P_{O_2}^{eq}}\right)}{R_0 v_m} \exp\left(-\frac{\Delta E}{RT}\right)\frac{T - T_0}{\eta} \right]^3 \tag{4-85}$$

不同的因素对于变温实验的影响可以通过处理恒温实验的类似方法得到，这里就不再赘述。

得益于 RPP 模型的一系列优点，包括动力学模型的显函数表达和各个参数明确的物理意义等，该模型可以提取出更多有价值的动力学信息。因此 RPP 模型在非氧化物陶瓷和其他材料领域（碳复合材料等）具有广泛的应用（见图 4-10、图 4-11），具体事例见表 4-1。

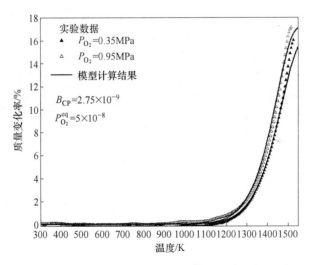

图 4-10 利用 RPP 模型拟合 AlN 粉体在不同氧分压下的
变温氧化以及和实验数据的对比

4.1.1.7 经验模型

与非氧化物陶瓷单相材料相比，包含添加剂和烧结助剂的非氧化物陶瓷基复合材料的高温反应行为往往会更加复杂，这是因为反应过程中反应产物会出现连续的化学和结晶态的变化。同时，气体氧化源的扩散系数也随时间发生变化，这些特点使得传统严格物理推导的动力学模型很难描述它们的反应行为。在这种情况下，基于特定实验现象和数学推导的经验模型会成为一种有效的处理手段。

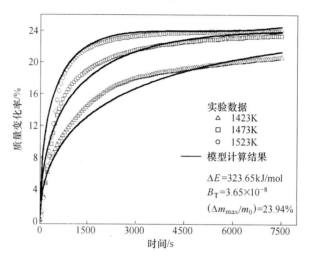

图 4-11 利用 RPP 模型拟合 AlN 粉体恒温氧化（$P_{O_2} = 0.35\text{MPa}$）

以及和实验数据的对比

表 4-1 RPP 模型在描述材料氧化过程的典型应用

材　料	测　试　条　件
SiC 微粉	恒温：900~1500℃，尺寸：0.95μm 和 7μm，空气
Al_2O_3-SiC-SiO_2-C 复合物	恒温：600~1200℃，空气
AlN 粉体	恒温：70~1250℃，氧分压：0.35MPa 和 0.95MPa，氧气
AlN-SiC-(2%、5%、10%（质量分数）) TiB_2 粉体	恒温：1200~1400℃，变温：600~1500℃，空气
SiC 粉体	恒温：1350~1400℃，尺度分布：0~80μm，空气
TiC 粉体	恒温：600~785℃，氧分压：2~20kPa，氧气
TiN 粉体	变温：327~1127℃，恒温：600~850℃，氧分压：0.021~0.21MPa，氧气
ZrB_2-(10%~30%（质量分数）) SiC 复合陶瓷	恒温：1500~1700℃，氧气
SiC 纤维	恒温：1250~1450℃，空气

对于单独氧化来说，其反应行为可用如下经验的幂律公式来表达：

$$x^n = kt \tag{4-86}$$

式中，n 和 k 都是与反应温度、压力和氧化层厚度有关的函数。

当 $n = 1$，式（4-86）将会转化成与一维体积收缩模型相同的表达形式（见式（4-3））。当 $n = 2$，式（4-86）将会转化成与抛物线模型相同的表达形式。

正如 D-G 模型所述，非氧化物陶瓷的氧化通常是首先由化学反应控速，而后转变为扩散控速。但是当反应发生在相对密闭的环境的时候，伴随着反应的进行，环境中氧化源气体的浓度将会下降，这就导致后续的反应过程相较于抛物线反应动力学规律出现偏差。在这种情况下，通常采用经验模型（式（4-87））：

$$x = k_1 t + k_p \sqrt{t} \tag{4-87}$$

式（4-87）从形式上看与式（4-34）很像，但是两者所表达的意义完全不同。在式（4-87）中，方程的因变量是产物层厚度 x，而在式（4-34）中因变量是反应时间 t。式（4-87）中的 k_1 任一提高，都会自动使得总的产物层厚度 x 提高，即加快材料的反应进程（图 4-12）。而式（4-34）存在相反的规律（见图 4-13）。

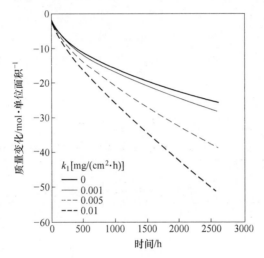

图 4-12 任一 k_p 的条件下，k_1 的提高对式（4-87）的影响

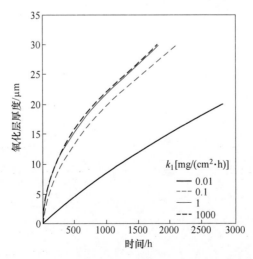

图 4-13 $k_p = 0.5 \mu m^2/cm$ 时，变化的 k_1 对式（4-34）的影响

　　在某些情况下，反应会超过式（4-87）描述的范围。这是因为材料中的一些特定组分的存在或者生成了一些特定的产物。对于前者来说，Persson 等人通过引入时间的反正切函数构建了如下经验模型：

$$x = a\arctan\sqrt{b(t+q)} + c\sqrt{t+q} + k_1 t \tag{4-88}$$

式中，a、b、c 和 q 都是常数。

　　该经验模型的典型应用在于描述一系列 SiAlON 陶瓷的高温反应行为，其中一些稀土元素（Nd 和 Sm 等）的引入会导致反应后期氧化层出现线性增长。

　　对于后者来说，Nickel 在构建模型中引入了新的描述项：

$$x = k_1 t + k_p\sqrt{t} + k_{log}\log(t) \tag{4-89}$$

　　相较于式（4-87），式（4-89）中添加了第三项 k_{log}。该项的物理基础在于反应后期出现的渐进钝化的趋势。在非氧化物陶瓷的反应过程中，渐进钝化行为出现的原因主要是生成了一些致密的非晶产物层，这些产物层可以在很大程度上阻止氧化的进一步发生，进而材料产物层的增长与时间的关系就会遵循对数法则。图 4-14 所示为 Si_3N_4 陶瓷典型的长期氧化实验结果。可以看出随着反应的进行，动力学曲线逐渐偏离了简单的抛物线规律。进一步通过对比可见，式（4-89）相较于式（4-87）可以更好地对实验结果进行拟合。造成上述结果的原因在于，式（4-87）只允许一个时间偏移来反映初始的反应情况，而式（4-89）则可以正确描述早期相对快速的前期阶段和后期的减速过程。模型式（4-89）的另一个典型应用是来描述 AlN-SiC-ZrB_2 复合材料的反应行为（见图 4-15），反应过程出现渐进线规律钝化的原因在于生成了硼硅酸盐玻璃相。

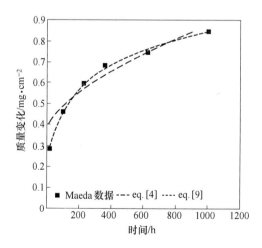

图 4-14　Si_3N_4 陶瓷长期氧化实验结果

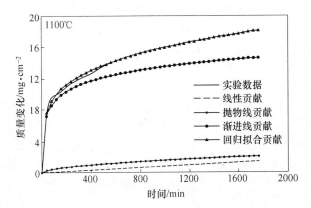

图 4-15 式（4-89）用于描述 AlN-SiC-ZrB$_2$ 复合材料的反应行为的应用实例

4.1.1.8 讨论

对于非氧化物陶瓷的惰性氧化来说，氧气在产物层中的扩散通常是反应的主要限速环节。基于两个过于简化假设的 Jander 模型具有一个相对简单的动力学表达式。通过摆脱这些假设的束缚，G-B 模型和 Cater 模型提高了对反应行为描述的精确度，但也引起动力学表达式复杂化的问题。D-G 模型考虑到了化学反应在反应前期中的影响，在此基础上推导出的一些修正模型进一步提高了描述非氧化物陶瓷反应行为的准确性。

然而，所有的上述模型都是隐函数的表达且都包含一个物理意义并不明确的参数" k "，这不利于理论上讨论不同因素对反应的影响。此外，当计算在动力学分析过程中很重要的参数活化能的时候，上述模型的处理过程往往是相对复杂的，如式（4-90）所示：

$$\ln k = \frac{-\Delta E}{RT} + \ln A \tag{4-90}$$

计算活化能过程必须要通过回归方程的方式先算不同温度下对应的 k 值，然后需要绘制 $\ln k$ - $1/T$ 图，在此基础上再次通过回归方程确定出活化能。在上述过程中，需要针对多组数据进行若干次回归，因而活化能计算将不可避免地引入误差。

不同于上述隐函数表达的动力学模型，RPP 模型得到的是反应分数与一系列影响因素间的显函数关系。因而，氧分压、粉体粒度、粉体粒度分布和体积变化等因素对非氧化物陶瓷在恒温和变温环境下氧化行为的影响可以被准确表示。此外，RPP 模型通过一次线性回归就可以准确计算出反应的活化能和特征氧化时间，其处理过程相对简单且准确度高。得益于这些优势，RPP 模型不但可以定性讨论不同因素对反应的影响还可以定量预测材料在相同反应机理下不同条件的反应的行为，如图 4-16 所示。

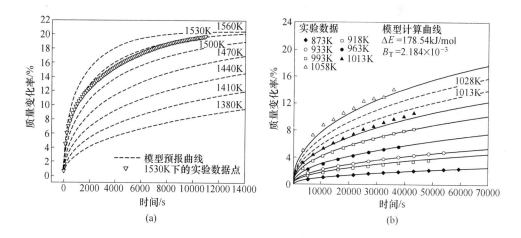

图 4-16 恒温热重实验结果、RPP 模型的拟合结果以及 RPP 模型的预报结果
（a）Si$_3$N$_4$ 粉体在 1380~1560K 内氧化行为的预报；（b）TiC 粉体在氧分压为 85kPa 下 873~1058K 的氧化

需要指出的是，还没有一种合适的物理模型能够考虑到所有因素（杂质、结晶特性、组分和氧化层结晶状态）对非氧化物陶瓷氧化行为的影响。这是因为杂质和烧结助剂会很大程度上改变氧化层的组成和结晶状态，导致扩散系数发生连续的变化。在这种情况下，一些典型的经验模型可以对这些特定的实验进行较好的解释。然而，这些经验模型都是基于实验观察而并非基础理论。将这些经验模型能够从数学角度复制材料的生长速率，但无法从物理的角度给予理论的解释，更无法预测材料长期的服役行为。因此，能够兼具物理模型和经验模型优点的综合模型还有待进一步建立。

4.1.2 活性/惰性氧化转换模型

在非氧化物陶瓷中，活化氧化通常发生于 SiC 和 Si$_3$N$_4$ 以及它们的复合材料。当仅有活性氧化发生时，反应的限速环节要么是气体氧化产物的向内传输，要么是气体氧化产物的向外传输。上述过程传输的流量通常采用质量传输系数来评估。对于平板材料，其反应的动力学表达式如下：

$$J = 0.664 \left(\frac{C_{O_2} v L}{\nu} \right)^{1/2} \left(\frac{\nu}{C_{O_2} D_{O_2}} \right)^{1/3} \frac{D_{O_2} \rho}{L} \tag{4-91}$$

式中，J 为单位面积质量损失的速率；v 和 ν 分别为气体的线速度和气体的黏度；L 为平行于气流方向的试样长度。

从式（4-91）可以看出，反应速率随着气流速度的提升而提升，这与气相扩散过程控速的反应过程的规律相一致。

对于 SiC 和 Si_3N_4 材料来说，在实际应用中，与单独的活性氧化相比，活性/惰性氧化之间转换是更加重要的，这一转化在不稳定和多变的服役环境是非常需要重点关注的。因此，本部分的重点是关注描述活性和惰性氧化之间转化关系的动力学模型。考虑到 SiC 和 Si_3N_4 材料在给定的氧分压下近乎相同的转化点，这里重点以 SiC 材料作为代表进行介绍和讨论。

4.1.2.1 Wagner 模型

Wagner 模型是针对纯 Si 材料在 O_2/He 混合气中的活性/惰性氧化转换而建立的。Si 的惰性氧化的发生取决于式（4-92）的平衡过程：

$$\frac{1}{2}Si(l) + \frac{1}{2}SiO_2(s) === SiO(g) \tag{4-92}$$

假设环境中存在更高的 O_2 浓度，O_2 可以与 Si 的表面接触进而按照如下的形式发生活化氧化（式（4-93））：

$$Si(s) + \frac{1}{2}O_2(g) === SiO(g) \tag{4-93}$$

当 SiO(g) 达到式（4-93）平衡所需要的浓度的时候，活性氧化向惰性氧化的转换将会发生，同时保护性的 SiO_2 层也会形成（见图 4-17）。

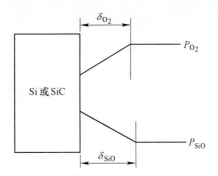

图 4-17 活性到惰性氧化转换的 Wagner 理论中的边界层示意图

（δ_{O_2} 是 $O_2(g)$ 边界层的厚度，δ_{SiO} 是 SiO(g) 边界层的厚度，

此处 CO(g) 的梯度和 SiO(g) 的梯度是近似的）

当反应的边界层处于层流和稳流之间时，从活性氧化向惰性氧化转换所需的临界的氧分压（P_{O_2}）可以表达为：

$$P_{O_2}^{active\text{-}to\text{-}passive} = \frac{1}{2}\left(\frac{D_{SiO}}{D_{O_2}}\right)^{1/2} P_{SiO}^{eq} \tag{4-94}$$

式中，D_{SiO} 为 SiO(g) 的扩散率；P_{SiO}^{eq} 为由式（4-94）算出的 SiO(g) 的平衡压力。

对于由惰性氧化向活性氧化的转化，这取决于 SiO_2 的分解：

$$2SiO_2(s) \Longrightarrow SiO(g) + \frac{1}{2}O_2(g) \tag{4-95}$$

通过推导，可以得到从惰性氧化向活性氧化转化的氧分压如下：

$$P_{O_2}^{passive\text{-}to\text{-}active} = \left[\left(\frac{1}{4}\right)^{2/3} + \left(\frac{1}{2}\right)^{1/3}\right]K^{2/3}\left(\frac{D_{SiO}}{D_{O_2}}\right)^{1/3} \tag{4-96}$$

式中，K 为式（4-95）反应的平衡常数。

通过对比式（4-95）和式（4-96）可以看出，Si 的惰性/活性氧化转换对应的 P_{O_2} 存在几个数量级的差别。这一特定的滞后并不适用于 SiC 和 Si_3N_4，因为惰性/活性氧化的转换是取决于基体/氧化层间的界面反应。因此，SiC 和 Si_3N_4 活性/惰性氧化转换过程所对应的 P_{O_2} 是比较小的。

Wagner 模型为深入认识惰性/活性氧化打下了坚实的基础，并为后续学者针对 SiC 材料活性/惰性氧化研究提供了重要的指导。

4.1.2.2 Hinze 和 Graham 模型

Hinze 和 Graham 模型包括两种形式：第一种是将 Wagner 模型扩展到 SiC，第二种是基于 Turkdogan 等人提出的 SiO_2 氧气理论（图4-18）。

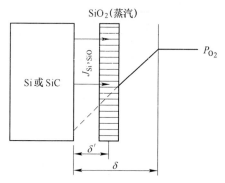

图 4-18 基于 Turkdogan 理论描述活性到惰性氧化的转化
（δ 代表 O_2 边界层的厚度，δ' 代表 Si(g) 或者 SiO(g) 与 O_2(g) 发生反应的区域）

对于第一种形式，SiO_2 和 SiC 之间的平衡可以通过如下的公式计算得出：

$$SiC(s) + 2SiO_2(s) \Longrightarrow 3SiO(g) + CO(g) \tag{4-97}$$

$$SiC(s) + SiO_2(s) \Longrightarrow 2SiO(g) + C(s) \tag{4-98}$$

$$2SiC(s) + SiO_2(s) \Longrightarrow 3Si(l, s) + 2CO(g) \tag{4-99}$$

与 Wagner 模型的推导类似，Hinze 和 Graham 模型中活性氧化到惰性氧化转化所对应的 P_{O_2} 可以表示为：

$$P_{O_2}^{活性\text{-}惰性} = \left(\frac{D_{SiO}}{D_{O_2}}\right)^{1/2} P_{SiO}^{eq} \tag{4-100}$$

或者

$$P_{O_2}^{活性\text{-}惰性} = \left(\frac{D_{CO}}{D_{O_2}}\right)^{1/2} P_{CO}^{eq} \tag{4-101}$$

式中，D_{CO} 为 CO(g) 的扩散系数；SiO(g)、P_{CO}^{eq}、CO(g) 和 P_{SiO}^{eq} 的平衡分压可以通过式（4-99）、式（4-100）和式（4-101）计算得到。

第二种形式假定 SiO_2 烟雾是转换过程主要的中间产物，该产物主要以如下方式产生：

$$Si(g) + O_2(g) \Longrightarrow SiO_2(smoke) \tag{4-102}$$

基于此，从活化氧化向惰性氧化转换的 P_{O_2} 可以表达为：

$$P_{O_2}^{活性\text{-}惰性} = \frac{P_{Si}}{h_{O_2}} \left(\frac{RT}{2\pi M_{Si}}\right)^{1/2} \tag{4-103}$$

式中，P_{Si} 为 Si(g) 在 SiC 表面的平衡分压；R 为气体常数；T 为绝对温度；M_{Si} 为 Si(g) 的分子质量；h_{O_2} 为 O_2 的质量传质系数。

式（4-103）应用的困难主要在于从 SiC 表面形成的 Si(g) 的分压非常低，因而难以预测 SiC 和 Si_3N_4 对应的转化值。为了解决这个问题，Heuer 等人用 SiO(g)代替 Si(g) 生成 SiO_2 的方式来修正模型。根据 Si-O 挥发相图，他们指出由活性氧化向惰性氧化转换所对应的 P_{O_2} 必须满足如下规律：

$$P_{O_2} = \frac{1}{2}P_{SiO} \tag{4-104}$$

然而，上述公式只有当 SiO_2 在热力学上是稳定相的时候才有效，忽略了一些动力学因素的影响，导致计算的转换压力低于实际值。

4.1.2.3　Nickel 模型

Nickel 模型考虑了碳的活度对活性/惰性边界的影响。在低的碳活度和高温的环境下，假定浓缩的 SiO(l) 物相在 SiC/SiO_2 边界上。不同于式（4-97）、式（4-98）和式（4-99）代表的反应，此时的速率限制反应可以由式（4-105）表示：

$$SiC(s) + SiO(l) \Longrightarrow 2Si(l) + CO(g) \tag{4-105}$$

一旦 P_{CO} 超过周围环境的压力，从活性氧化到惰性氧化的二次转换就会发生，这可以解释材料中大气泡的生成。然而，SiO(l) 的存在是根据热力学计算推断得到的，并没有在 SiC/SiO_2 边界实质观察到。

4.1.2.4　Balat 模型

Balat 模型对 Wagner 模型进行了拓展，该模型同时考虑了惰性氧化和活性氧化的发生。基于质量平衡规则，描述氧化模式转变的动力学方程可以表达如下：

$$P_{O_2}^{\text{trans}} = \left(\frac{D_{\text{SiO}}}{D_{O_2}}\right)^{3/8} \left(\frac{D_{\text{CO}}}{D_{O_2}}\right)^{1/8} K_1^{-1/2} K_2^{3/4} \tag{4-106}$$

式中，K_1 和 K_2 分别是式（2-1）和式（2-2）的反应平衡常数。

　　然而，该模型忽略了活性和惰性氧化同时存在的转换区域。Wang 等人通过采取质量传输和动力学计算相结合的方式对上述模型进行了修正。修正模型证实了由活性氧化向惰性氧化转变的区域，该区域 SiO_2 和 SiO（g）同时存在的同时，基体 SiC 的质量是不变的。此外，修正模型对于气流速度对转换区域的影响也给出了较好的解释。

4.1.2.5　Ogura 模型

Ogura 模型适用于描述当 SiC/SiO_2 界面总压超过周围环境压力，界面有气泡产生时所对应的反应。这些气泡会诱发产物层发生破裂。基于此，Ogura 等人将惰性氧化到活性氧化的转变区域分为两部分：第一部分为由惰性氧化到气泡产生的转变，第二部分为由气泡产生到活性氧化的转变。除了考虑总压对气体产物的影响外，SiC 表面形成的 SiO_2 薄膜的物理性质也被考虑。该模型不足之处在于，没有提出由活性氧化到多性氧化转换的相应表达式。

4.1.2.6　Harder 模型

Harder 模型是在 SiO_2 烟气理论的基础上推导出来的，其动力学表达式如下：

$$P_{O_2}^{\text{passive-to-active}} = \frac{\alpha P_{(\text{SiO})}}{2h_{O_2}} \sqrt{\frac{RT}{2\pi M_{\text{SiO}}}} \tag{4-107}$$

式中，α 和 M_{SiO} 分别是 SiO 的挥发系数和分子质量。

　　该模型可以用来推算不同类型 SiC 由惰性氧化到活性氧化的转换区域。此模型的推算误差主要来自于挥发系数，应用过程该挥发系数通常采用的是文献中粉体材料的平均值。

4.1.2.7　讨论

　　与非氧化物陶瓷的惰性氧化相比，非氧化物陶瓷活性氧化是较为少见但却同样重要的。对于活性氧化动力学来说，一些可以用来评估活性氧化速率和惰性/活性氧化转化的模型在本部分中进行了简单的介绍和讨论，应用这些模型计算出的活性-惰性和惰性-活性转变的临界值如图 4-19 所示。相应的扩散系数可以通过 Chapman-Enskog 相关关系计算得到：

$$D_{AB} = \frac{0.0018583\sqrt{T^3\left(\dfrac{1}{M_A} + \dfrac{1}{M_B}\right)}}{P(\sigma_{AB})^2\Omega_{AB}} \tag{4-108}$$

式中，D_{AB} 为气体 A 在 B 中的气相扩散率；T 为绝对温度；M_A 和 M_B 分别是 A 和 B 的相对分子质量；P 为环境的总压；σ_{AB} 为 A 和 B 的平均分子直径；Ω_{AB} 为 A 和 B 的碰撞积分。

图 4-19 中每个模型对应的不同组分扩散率的结果可在文献中查阅。

目前，大多数的理论都集中于活性—惰性氧化转换研究，研究过程要么用到 SiO_2/SiC 平衡，要么根据活性氧化和惰性氧化同时发生来定义转换点。对于纯 Si 来说，惰性氧化到活性氧化的转换通过 SiO_2 的分解来描述。对于 SiC 而言，SiO_2 产物层中生成的气泡很可能扮演着重要的角色。在众多模型中，具有代表性的模型的特点在表 4-2 中进行了总结。

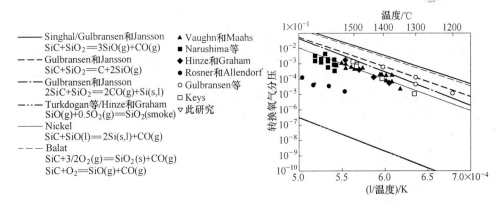

图 4-19 理论和实验研究 SiC 材料活性/惰性氧化转换结果

表 4-2 活性/惰性氧化转换模型

模 型	限制环节	优 点	局限性
Wagner：氧化层/基体平衡	SiC/SiO_2，$SiC/Si/SiO_2$，或者 $SiC/C/SiO_2$ 平衡	1. 描述 Si 氧化形式转换的迟滞现象。 2. $SiC/Si/SiO_2$ 平衡符合活性到惰性氧化转换的数据	1. 缺乏对 SiC 材料氧化形式转换迟滞现象的描述。 2. 自由的 Si 在界面并没有观察到
Nickel：含有 SiO(l) 的氧化层/基体平衡	$SiC/SiO(l)$ 平衡	符合 SiC 活性到惰性氧化转换的数据	假想的 SiC(l) 并没有通过实验观察到，存在争议

模　　型	限制环节	优　点	局限性
Balat：同时的活性/惰性氧化转换	同时进行： $SiC(s) + \frac{3}{2}O_2(g) = SiO_2(s) + CO(g)$ $SiC(s) + O_2(g) = SiO(g) + CO(g)$	符合活性到惰性氧化转换的数据	不适用于活性氧化和惰性氧化同时发生的区域
Schneider/Ogura：气泡生成	SiO_2 层中形成的气泡导致惰性产物层破裂	与显微结构变化相呼应	只描述了惰性到活性氧化的转换

　　Wagner 在此领域做出了开创性的工作，其关于 Si 的活性氧化到惰性氧化转换的模型为后续研究 SiC 和 Si_3N_4 材料的相应转换奠定了坚实的基础。基于 SiO_2 烟雾理论的模型能够较好地拟合实验数据，但是相关重要的参数比如 P_{Si} 和 $\alpha_{(SiO)}$ 的获取是比较困难的。Nickel 在模型中假想出浓缩的 SiO(1) 相来解释活性氧化到惰性氧化的转换，但是 SiO(1) 的存在并没有通过实验验证。Balat 模型意在同时描述活性/惰性氧化之间的转换，但是该模型在活性和惰性氧化同时发生的区域是不适用的。Ogura 模型中引入了产物形貌变化（生成气泡）对反应的影响，该模型能够较好地描述惰性氧化到活性氧化的转化，但是气泡在活性氧化到惰性氧化中的作用并未被提及。

　　显而易见，上述模型都有各自的优点和局限性，因而没有一个模型可以涵盖所有的应用条件。此外，能够包含更综合的因素（样品品质和杂质等）对反应影响的模型仍有待进一步构建。

4.2　非氧化物陶瓷氧化和挥发共存反应动力学模型

4.2.1　Paralinear 模型

　　Paralinear 模型是由 Tedmon 针对 Cr 金属和含 Cr 合金的特定的氧化和挥发共存反应提出的。其中 Cr 的氧化过程由扩散控速（见式（4-109）），氧化层生长的即时速率如下：

$$2Cr(s) + \frac{3}{2}O_2(g) \longrightarrow Cr_2O_3(s) \tag{4-109}$$

$$\frac{dx}{dt} = \frac{k_p}{x} \tag{4-110}$$

　　而氧化产物 Cr_2O_3 的挥发过程（见式（4-111））则由化学反应控速，该过程的反应动力学可由下式表示：

$$\text{Cr}_2\text{O}_3\,(\text{s}) + \frac{3}{2}\text{O}_2\,(\text{g}) \longrightarrow 2\text{CrO}_3\,(\text{g}) \tag{4-111}$$

$$\frac{\mathrm{d}x}{\mathrm{d}t} = -k_1 \tag{4-112}$$

将式（4-110）和式（4-112）联立可以得到：

$$\frac{\mathrm{d}x}{\mathrm{d}t} = \frac{k_p}{x} - k_1 \tag{4-113}$$

对式（4-113）进行积分可以得到：

$$\frac{-x}{k_s} - \frac{k_d}{k_s^2}\ln(k_p - k_1 x) + C = t \tag{4-114}$$

式中，C 是积分常数，该常数可以通过将边界条件设置为 $t=0$，$x=0$ 来评估。

对 C 求解后，式（4-114）可以转变为：

$$t = \frac{k_p}{k_1^2}\left[-\frac{k_1}{k_p}x - \ln\left(1 - \frac{k_1}{k_p}x \right) \right] \tag{4-115}$$

因为产物层生长的速率随着产物层厚度的增加而降低，最终产物层生长的速率会趋近于零，此时会达到氧化层厚度的临界值。当式（4-115）为零时，可以得到临界的产物层厚度为：

$$x_f = \frac{k_p}{k_1} \tag{4-116}$$

因此，确保式（4-115）有明确物理意义的先决条件是 $0 \leqslant x < x_f$。

考虑到非氧化物陶瓷的反应检测通常是通过连续的质量变化而并非氧化层厚度的变化来实现，Opila 通过数学推导的方式在表达形式上实现了产物层厚度向质量变化的转变。以 SiC 材料的反应为例，进行转换的氧化层厚度和厚度增加速率常数可由质量变化形式表达如下：

$$x = \frac{(\Delta M/A)_1}{\alpha \rho_{\text{oxide}}} \tag{4-117}$$

$$k_p = \frac{k_p'}{\alpha^2 p_{\text{oxide}}^2} \tag{4-118}$$

$$k_1 = \frac{k_1'}{\beta p_{\text{oxide}}} \tag{4-119}$$

$$\alpha = \frac{MW_{\text{O}_2} - MW_c}{MW_{\text{SiO}_2}} \tag{4-120}$$

$$\beta = \frac{MW_{\text{O}_2}}{MW_{\text{SiO}_2}} \tag{4-121}$$

式中，$(\Delta M/A)_1$ 是单位面积总的质量变化，包括在 SiO_2 生成过程中 O_2 的吸附和 C 的脱附；ρ 为氧化产物 SiO_2 的密度。速率常数 k'_p 描述的是材料反应过程中质量的抛物线规律增长，其单位为质量^2/（长度^4·时间）。而速率常数 k'_l 描述材料由于 SiO_2 挥发所引起的线性规律失重，其单位为质量/（长度^2·时间）。

在上述推导的基础上，Paralinear 模型的质量形式动力学表达式转换如下：

$$t = \left\{ \frac{\alpha^2 k'_p}{2k'^2_l} \left[-\frac{2k'_l \Delta w_1}{\alpha k'_p} - \ln\left(1 - \frac{2k'_l \Delta w_1}{\alpha k'_p}\right) \right] \right\} - \frac{\Delta w_2}{\beta k'_l} \tag{4-122}$$

式中，α 和 β 为化学计量因子，可以用来解释方程式转化过程的质量平衡；Δw_1 为由于非氧化物陶瓷氧化的质量增加；Δw_2 为氧化产物与水蒸气发生挥发反应的质量损失。

同样地，确保式（4-122）有效的质量增重也有一个临界值：

$$\Delta w_1 = \frac{\alpha k'_p}{2k'_l} \tag{4-123}$$

截至目前，Paralinear 模型已成功地描述了许多块体非氧化物陶瓷在高温含水蒸气条件下氧化和挥发反应共同存在时的反应行为，其典型结果如图 4-20 和图 4-21 所示。

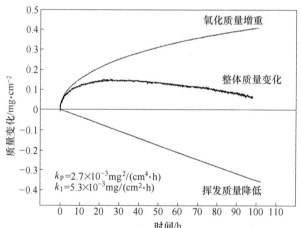

图 4-20 CVD SiC 在 1200℃的 50%H_2O/50%O_2 气氛中反应的
质量变化动力学曲线以及 Paralinaer 模型拟合曲线

4.2.2 双反应界面模型

双界面模型是对 RPP 模型的拓展，该模型考虑非氧化物陶瓷高温反应过程的双反应界面，其示意图如图 4-22 所示。

与单独氧化模式相比（见图 4-1），双界面模型中新增的 r_1 和 r_2 分别代表假想的产物层（挥发物相）和未反应的 α 与固相产物层 β 的半径之和。S_0、S_1 和

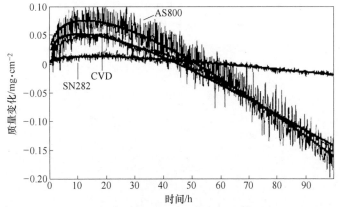

图 4-21 CVD、SN282 和 AS800 Si_3N_4 在 1200℃的 50% H_2O-50% O_2
气氛中反应的质量变化动力学曲线以及 Paralinear 模型拟合曲线

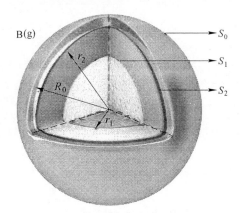

图 4-22 描述非氧化物陶瓷双反应界面气固反应的模型示意图

S_2 是初始的反应界面和不同产物层间的反应界面。在不同界面上发生的化学反应
如下：

在 S_1 界面发生的反应（Ⅰ）： $\alpha(s) + b_1 B(g) \Longrightarrow a_1\beta(s)$

在 S_2 界面发生的反应（Ⅱ）： $\beta + b_2 H_2O(g) \Longrightarrow a_2\gamma(s)$

此处，B 代表反应气体，包括 $H_2O(g)$ 和 $O_2(g)$。

不难看出，反应（Ⅰ）是由扩散过程控速而反应（Ⅱ）则是由化学反应控速。经过一系列推导可以得到水蒸气引入后不同界面反应的动力学表达式如下：

$$\xi_d = 1 - \left[1 - \sqrt{\frac{2K_B D_B \left(\sqrt{P_B} - \sqrt{P_B^{eq}}\right)}{R_0^2 v_m} \exp\left(-\frac{\Delta E_d}{RT}\right) t} \right]^3 \quad (4\text{-}124)$$

$$\xi_c = 1 - \left[1 - \frac{K_{H_2O}\left(\sqrt{P_{H_2O}} - \sqrt{P_{H_2O}^{eq}}\right)}{R_0 v_m} \exp\left(-\frac{\Delta E_c}{RT}\right) t \right]^3 \quad (4\text{-}125)$$

式中，P_B 和 P_B^{eq} 分别为气相中 B 的分压和在氧化层界面处的平衡分压；K_{H_2O} 为水蒸气的反应速率常数。

在反应过程中，氧化反应和挥发反应同时发生。因此，总的反应分数是由式（4-123）和式（4-124）共同决定，其动力学表达式如下：

$$
\begin{aligned}
\xi_{total} = & \left\{ 1 - \left[1 - \sqrt{\frac{2K_B D_B \left(\sqrt{P_B} - \sqrt{P_B^{eq}} \right)}{R_0^2 v_m} \exp\left(-\frac{\Delta E_d}{RT} \right) t} \right]^3 \right\} - \\
& \left\{ 1 - \left[1 - \frac{K_{H_2O} \left(\sqrt{P_{H_2O}} - \sqrt{P_{H_2O}^{eq}} \right)}{R_0 v_m} \exp\left(-\frac{\Delta E_c}{RT} \right) t \right]^3 \right\}
\end{aligned}
\tag{4-126}
$$

与 RPP 模型类似，经过推导也可以得到双界面模型中不同影响因素和材料形状对反应的影响。双反应界面模型提出后，它已被成功用于处理非氧化物陶瓷粉体和纤维材料在高温含水蒸气环境下的反应行为。

4.2.3　讨论

非氧化物陶瓷在高温含水环境下氧化与挥发同时发生是一个非常复杂的过程。Paralinear 模型在描述非氧化物块体陶瓷高温含水环境退化行为方面具有较为广泛的应用。但是，该模型仍有一定的内在局限性。首先，受限制的产物层厚度和质量增加决定了该模型仅适用于产物层的维度要明显低于基体的材料体系，也就是说，如果材料的反应分数相当大，比如说粉体材料，该模型将不再适用。以 Si_3N_4 粉体在 1500℃空气+20%（体积分数）H_2O 条件下的反应为例，分别用式（4-126）和式（4-122）对该条件下的实验曲线进行拟合来比较双反应界面模型和 Paralinear 模型的描述准确性，其结果如图 4-23 所示。可见，相较于Paralinear 模型，双反应界面模型能够更准确地描述 Si_3N_4 陶瓷粉体在高温含水蒸气条件下的反应行为。Paralinear 模型拟合出现较大误差（16.8%）的原因在于，该模型不适用于描述反应分数大的材料，即 Si_3N_4 陶瓷粉体反应的增重量超过了该模型可应用的临界值。其次，隐函数的表达和物理意义模糊的参数 k 使得该模型在讨论和预报不同因素对反应影响方面乏善可陈。最后，重要的动力学参数，即反应活化能的获取仍需要多次回归过程，这会增大相应参数的误差。

与 Paralinear 模型对比可以看出，由 RPP 模型扩展而来的双反应界面模型在描述非氧化物陶瓷高温反应行为方面具有更宽的适用性，即可以对不同维度和尺寸的材料进行处理。另外，该模型也继承了 RPP 模型参数物理意义明确和显函数表达的特点，因此在定性讨论不同因素对反应的影响和定量预报长期反应行为方面具有明显的优势。图 4-24 所示为双反应界面模型描述 Si_3N_4 粉体在高温含水蒸气条件下反应行为的典型应用。可以看出实验获得的数据与模型计算的结果整体符合得很好。用式（4-126）对双反应界面模型的拟合误差进行计算表明，在空气+20%（体

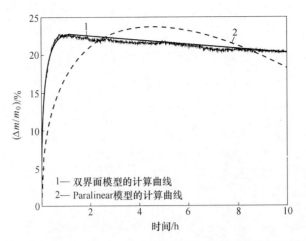

图 4-23 Si₃N₄ 粉体在空气+20%(体积分数)H₂O 条件下 1500℃热重实验结果和双反应界面
模型理论计算结果（实线 1）及 paralinear 模型理论计算结果（虚线 2）的对照

积分数）H₂O 条件下的计算曲线与反应曲线的平均误差值为 2.19%。

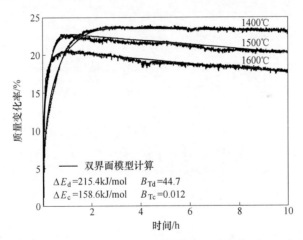

图 4-24 Si₃N₄ 粉体在空气+20%（体积分数）H₂O 条件下 1400~1600℃
热重实验结果和双反应界面模型理论计算结果（实线）的对比

以 Si₃N₄ 纤维在 1200℃氩气含不同体积分数水蒸气条件下的反应为例探讨双反应界面模型在预报材料反应方面的应用。首先，利用式（4-126）对 Si₃N₄ 纤维在氩气+5%（体积分数）H₂O，氩气+10%（体积分数）H₂O 和氩气+15%（体积分数）H₂O 条件下的实验数据进行一次非线性回归，得到参数 $P_{H_2O}^{eq}$、B_{Pd} 和 B_{Pc} 的值分别为 $3.8×10^{-8}$MPa、60.32MPa$^{1/2}$ · s、1.51MPa$^{1/2}$ · s。将上述参数代入式（4-126）中可以得到 Si₃N₄ 纤维在 1200℃氩气含不同体积分数水蒸气条件下的反应动力学表达式：

$$\frac{\Delta m}{\Delta m_{max}} = 28.6\left[1-\left(1-\sqrt{\frac{\sqrt{P_{H_2O}}-\sqrt{3.8\times10^{-8}}}{60.32}}t\right)^2\right]-\left[1-\left(1-\frac{\sqrt{P_{H_2O}}-\sqrt{3.8\times10^{-8}}}{1.51}t\right)^2\right]$$

$$(4\text{-}127)$$

式中，28.6 为 Si_3N_4 纤维理论最大增重率。

　　将 $P_{H_2O}=0.02MPa$ 代入式（4-127）中，可以得到双反应界面模型在 1200℃ 氩气+20%（体积分数）H_2O 条件下的预测曲线。将该预测曲线与实验曲线进行对比（见图 4-25），可以看出预测曲线与实验曲线符合得很好。以上结果验证了双反应界面模型的自洽性，同时也说明该模型对相同反应机理下材料的反应行为的预报功能。

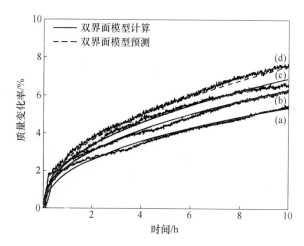

图 4-25　Si_3N_4 纤维在 1200℃氩气含不同水蒸气体积分数条件下反应 10h 的实验结果
和双反应界面模型理论计算结果（实线）及预测结果（虚线）的对照
（a）氩气+5%（体积分数）H_2O；（b）氩气+10%（体积分数）H_2O；
（c）氩气+15%（体积分数）H_2O；（d）氩气+20%（体积分数）H_2O

4.3　小结

　　截至目前，许多物理推导模型和经验模型成功地应用于描述非氧化物陶瓷高温氧化以及高温含水腐蚀反应行为中。这些模型可以较好地分析外界环境（温度、气体压力等）对非氧化物陶瓷反应行为的影响。特别是以 RPP 模型为代表的唯象模型，不但可以定向描述不同因素的影响而且可以较为准确地对不同条件下的反应进行预报，这对于非氧化物陶瓷在高温环境服役的使用寿命评估具有实质的意义。尽管取得上述进步，相关兼具物理模型和经验模型优势的，能够描述非氧化物陶瓷在更复杂环境下服役的更综合性的动力学模型仍有待建立，这将是今后非氧化物陶瓷高温反应理论研究的一个难点和热点。

5 计算软件在模拟非氧化物陶瓷 高温反应行为方面的应用

在 20 世纪 50 年代初期，人们开始利用计算机模拟技术来研究材料科学。随着固体物理、统计力学、量子力学等理论知识的深化发展，以及计算机的计算速度的飞速提升，运用计算机对物质结构进行模拟和性能测试开创了材料科学的新路径。所谓的计算机模拟，是以实验为基础通过理论原理建构起一系列系统抽象的模型和计算方法，模拟分子体系中的物理问题和实验结果，用来检验理论和实验，获得材料的微观信息，预测材料的性能，分析和建立新的理论体系。近几年，人工智能的迅猛发展也将计算机模拟推向了一个新的台阶，人们利用机器学习算法，依靠计算机的超强计算能力，根据已有的实验数据，搜索其他可能的材料体系，并进行高通量计算，筛选出合适的新材料。在上述大背景下，第一性原理计算和分子动力学研究作为计算机模拟技术的典型代表被科技工作者日益重视，在研究非氧化物陶瓷高温反应过程获得了应用的同时，也在从原子/分子尺度揭示高温反应机理、优化材料结构和提升材料性能方面表现出巨大的潜力。

5.1 第一性原理在非氧化物陶瓷高温反应行为模拟方面的应用

5.1.1 第一性原理

在物理学、材料学、化学和工程领域，理解并调控材料的结构和性质的关键在于能够从原子或分子尺度去研究。对于描述原子和分子量子行为的基本关系式——薛定谔方程（Schrödinger equation），密度泛函理论（density functional theory，DFT）是一个非常好的求解方法。薛定谔方程的一个简单形式就是大家熟悉的 $H\psi(r, R) = E\psi(r, R)$，方程中的 H 是哈密顿量（Hamiltonian），是一个描述系统总能量的算符，E 为电子的基态能量，基态能量与时间无关，这便是与时间无关的非相对论 Schrödinger 方程。其中的哈密顿量在多电子和多原子核交互作用体系中可以写为：

$$H(r, R) = -\sum_i \frac{\hbar^2}{2m_e}\nabla_{r_i}^2 + \frac{1}{2}\sum_{i \neq i'}\frac{e^2}{|r_i - r_{i'}|} - \sum_j \frac{\hbar^2}{2M_j}\nabla_{R_j}^2 +$$

$$\frac{1}{2}\sum_{j \neq j'}\frac{Z^2 e^2}{|r_j - r_{j'}|} - \sum_{i, j}\frac{Ze^2}{|r_i - R_j|} \tag{5-1}$$

式中，r 和 R 分别为电子和原子核的坐标；M_j、m_e 是原子核和电子的质量；第一项是电子的动能，第二项是电子与电子之间的库仑相互作用能，第三项是原子核的动能，第四项是核与核的相互作用能，最后一项是电子与核之间的相互作用能。

对于选定的哈密顿量，ψ 是电子波函数，它是 N 个电子每个电子空间坐标的函数，即 $\psi = \psi(r_1, r_2, \cdots, r_N)$。举个例子来说，比如研究对象为单个 O_2 分子，其全波函数是一个 48 维函数（16 个电子，每个电子三维）；再比如研究一个总原子数为 100 的 Au 纳米团簇，其全波函数高达 23700 维！因此严格求解多体薛定谔方程的波函数几乎是不可能的。于是研究人员便聚焦于另一个物理量——空间中某个具体位置上的电荷密度 $n(r)$，它仅是 3 个坐标的函数，却包含薛定谔方程全波函数解的大量信息，但是全波函数是 $3N$ 个坐标的函数。Kohn 和 Hohenberg 首次证明了 DFT（密度泛函）的第一个定理：从薛定谔方程得到的基态能量是电荷密度的唯一函数。该定理表明了基态波函数和基态电荷密度之间存在一一对应的关系。基态能量 E 可以表达为 $E[n(r)]$，其中 $n(r)$ 是电荷密度，这也是 DFT 为何称为密度泛函的原因。而 DFT 的最终形成是建立在由 Kohn 和 Sham 在 1960 年代中期推演的一套方程的基础上，也就是著名的 Kohn-Sham 方程（简称 KS 方程），其表达式为：

$$\left[-\frac{h^2}{m} \nabla^2 + V_{\text{ext}}(r) + V_{\text{H}}(r) + V_{\text{XC}}(r) \right] \psi_i(r) = \varepsilon_i \psi_i(r) \tag{5-2}$$

式中，$V_{\text{ext}}(r)$，$V_{\text{H}}(r)$ 和 $V_{\text{XC}}(r)$ 分别为外势、Hartree 势和交换相关势。

在 Hohenberg-Kohn-Sham 框架下，密度泛函理论将多电子体系问题转化为有效的单电子问题，KS 方程的解是只取决于三个空间变量的单电子波函数 $\psi_i(r)$。KS 方程中的有效势 $V_{\text{eff}} = V_{\text{ext}}(r) + V_{\text{H}}(r) + V_{\text{XC}}(r)$ 由电子密度决定，而电子密度又来自方程的本征函数——KS 轨道。所以通过迭代（自洽）求解这一方程，可得到一个自洽收敛的电荷密度，这就是基态电荷密度，并可用于计算出该体系的能量，其计算精度仅仅取决于交换关联泛函的精确程度。广泛使用的交换关联泛函包括局域密度近似（local density approximation，LDA）、广义梯度近似（generalized gradient approximation，GGA）和杂化密度泛函（hybrid density functional）。LDA 是目前较为简易和常用的近似计算方法。此理论方法不仅建构了将多粒子体系问题化简为单电子问题的理论基础，而且提供了如何计算单电子有效势的有力证据。但是它对分子的键能、半导体的能隙计算与实验结果的误差较大。相对于 LDA，GGA 大大改进了原子的交换相关能的计算结果，在物理、材料以及化学领域得到了广泛的应用。为了提高计算精度，人们引进了杂化密度泛函方法，把交换能表示为 Hartree-Fock 方法和密度泛函方法的交换能的线性组合，这样构造的交换相关能量泛函通常要比密度泛函方法的交换相关能量泛函更加准确。

随着 DFT 理论的不断完善和计算机技术的发展，DFT 作为一种研究多电子体系电子结构的量子力学方法，已经成为了一种强大的理论工具，在物理和化学上都有广泛的应用，特别是用来研究分子和凝聚态的性质，是凝聚态物理计算材料学和计算化学领域最常用的方法之一。研究人员利用这一理论工具预测和解释了多种材料的性质和现象。DFT 是一种完全基于量子力学的从头算理论，通常也把基于密度泛函理论的计算叫做第一性原理（first-principles）计算。根据 DFT 理论，从基态电子密度出发，可以得到一个多粒子体系在基态时所有的物理量。其中心思想是用电子密度泛函而不求助体系波函数来描述和确定体系的性质。第一性原理计算只需要基本物理量以及元素周期表中各元素的电子结构，而无需其他任何经验参数就可以合理预测材料的许多物理和化学性质，比如能带结构、态密度、电荷密度、结合能、形成能、表面能、反应能垒等。所以基于 DFT 的第一性原理计算被人们广泛用于实验验证、实验解释以及材料预测中。

作者所在课题组利用第一性原理计算模拟了非氧化物陶瓷高温反应过程中的一些无法通过实验观测的微观结构演变，解释实验中的一些现象，并为设计高性能的非氧化物陶瓷提供理论指导。课题组已经利用第一性原理计算模拟了 AlN、Si_3N_4 等非氧化物陶瓷的表面氧化行为，通过分析表面态密度的变化，发现了其氧化的根本原因，同时也展示了这类非氧化物陶瓷表面氧化的原子迁移和微观结构演变的详细过程，为提高这类材料的高温抗氧化性能提供了的指导。

5.1.2 第一性原理计算的应用实例

5.1.2.1 AlN 陶瓷的氧化行为的模拟

A 计算模型构建

选择纤锌矿型 AlN 为研究对象，主要针对其表面能密度最低且最容易与外界接触的（0001）面进行模型构建。所建模型如图 5-1 所示，为 2×2 的真空 slab 模型，真空层为 1nm。所有计算采用 Materials Studio 商用软件的 CASTEP 模块。在对模型进行几何优化和属性计算时，采用 Broyden-Fletcher-Goldfarb-Shantion（BFGS）优化算法，交换关联函数采用广义梯度近似 generalized gradient approximation（GGA）下的 Perdew-Burke-Ernzerhof（PBE）梯度修正函数，采用超软赝势（ultra-soft pseudopotential）描述价电子与离子实的相互作用；平面波截止能设置为 450eV，其中自洽场收敛精度为 $1.0×10^{-6}$ eV/atom，几何优化的收敛标准为：原子间作用力≤0.1eV/nm，原子间的内应力≤0.05GPa，原子位移≤0.0001nm，所有的计算都是在倒易空间进行。

B AlN 氧化过程界面结构演变

a 氧气的吸附

对于以 Al 原子终结的 AlN（0001）面，吸附位点共有三种（见图 5-1（b））：

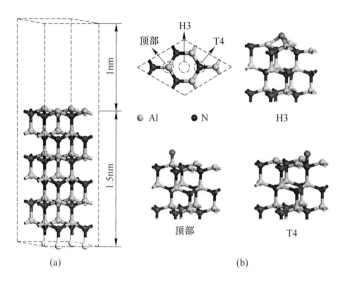

图 5-1　纤锌矿型 AlN（0001）面

（a）表面模型；（b）表面三种不同吸附位点

顶部（位于表面原子的正上方）、H3（孔位，即六边形孔的中心）和 T4（位于次外层原子的正上方）。由于表面模型为 2×2 的超胞，以 H3 位点为例，在该超胞模型表面共有 4 个 H3 位点，其他的位点同理。因此，可定义在同种位点上吸附 1、2、3、4 个 O 时，氧的覆盖度分别为 0.25 单层、0.5 单层、0.75 单层、1 单层（ML）。吸附能的计算公式如下：

$$E_n^O = E_{nO} - E_{(n-1)O} - \mu_O \tag{5-3}$$

式中，n 为吸附的 O^{2-} 个数；E_{nO} 为吸附 n 个 O^{2-} 后的 AlN（0001）表面的总能量；μ_O 是 O 的化学势，通过计算 O_2 分子能量的一半得到。

　　计算了不同氧覆盖度下不同吸附位点的氧吸附能的大小（见图 5-2），吸附能越负说明氧越容易在该位点吸附。

　　对于 0.25mL 氧覆盖度来说，一个氧原子分别吸附在 H3、T4 和顶部位点上，经过结构优化后，吸附在顶部位点的氧原子很不稳定，并且会自发地弛豫到 H3 位点上，所以有着和 H3 位点相近的吸附能。另外 H3 位点的吸附能最负，说明 H3 为最稳定的吸附位点，AlN（0001）面的氧化应该是从 H3 位点开始的。随着氧覆盖度的增大，H3 位点的吸附能一直是最负的，因此在 AlN（0001）表面上，无论氧的覆盖度是多少，氧都趋于吸附在 H3 位点。图 5-3 所示为随着氧覆盖度增加，H3 位点的吸附能的变化。可以看出，伴随着氧覆盖度的增加，H3 位点的氧吸附能从 −6.2407eV 增加到 −0.2510eV，说明氧的吸附越来越难，这主要是由 O^{2-} 之间的排斥作用造成的。所以在 AlN（0001）表面的氧化更容易发生在低氧覆盖度的情况下。

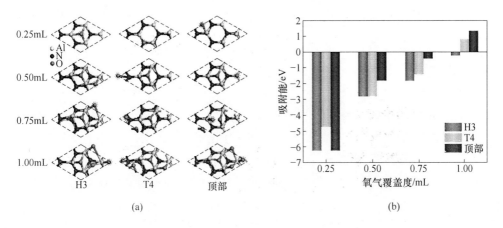

图 5-2 不同氧覆盖度下氧吸附在 H3、T4 和顶部位点
（a）优化后的结构；（b）对应的吸附能

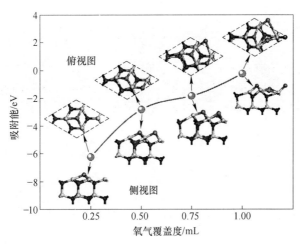

图 5-3 H3 位点氧的吸附能与氧覆盖度的关系
（能量越负表明越容易吸附）

b 不同氧化产物的生成能

AlN 的氧化必会伴随着 N^{3-} 的脱除以及 N 基气体产物的形成。NO、NO_2 以及 N_2 是被认为最有可能生成的气体产物。为了阐明哪种气体排放的能量消耗最小，计算了 NO、NO_2 以及 N_2 在不同氧覆盖度下的形成能，计算公式如下：

$$E_n^{NO} = E_{nO\text{-}NO}^{total} + \mu_{NO} - E_{n,O} \tag{5-4}$$

$$E_n^{NO_2} = E_{nO\text{-}NO_2}^{total} + \mu_{NO_2} - E_{n,O} \tag{5-5}$$

$$E_n^{N}(= E_n^{N_2}/2) = E_{nO\text{-}N}^{total} + \mu_{N} - E_{nO} \tag{5-6}$$

式中，E_n^{NO}、$E_n^{NO_2}$ 和 E_n^{N} 分别为 NO、NO_2 和 N_2 从 AlN(0001) 表面脱除的形成能；

$E_{nO\text{-}NO}$、$E_{nO\text{-}NO_2}$ 和 $E_{nO\text{-}N}$ 分别为 AlN（0001）表面脱除 NO、NO_2 或 N_2 后的总能；μ_{NO}、μ_{NO_2} 为计算的 NO 和 NO_2 分子的化学势；μ_N 为 N 原子的化学势，通过计算 N_2 分子的总能的一半得到。

所有气体形成能的计算结果如图 5-4 所示，其中数值越正代表越难生成，越负代表越容易生成。

在所有氧覆盖度下 NO 和 NO_2 的形成能都非常的正（除了 1mL 下的 NO 的形成能为负，但其绝对值很小），说明 NO 和 NO_2 的生成是吸热反应。而 N_2 的形成能则是负的，说明 N_2 的生成是放热的。当氧覆盖度小于 1mL，N_2 的形成能比 NO 和 NO_2 的要负很多，这说明 N_2 是最容易生成的气体产物。这主要是因为 O^{2-} 趋向于和 Al^{3+} 结合而不是 N^{3-}，所以导致理论 NO 和 NO_2 更难形成。

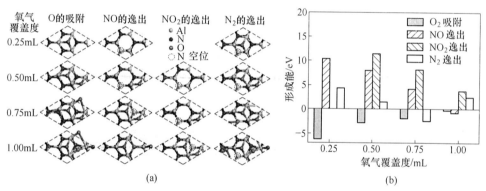

图 5-4   不同氧覆盖度下的反应结果

（a）NO、NO_2 或 N_2 脱除后的 AlN（0001）表面的结构；（b）氧吸附能以及 NO、NO_2 和 N_2 的形成能

N_2 的形成能随着氧覆盖度的增大而减小，而氧的吸附能随着氧覆盖度的增大而增大，表明 O^{2-} 之间的排斥作用会抑制氧的吸附但同时又会促进 N_2 的生成。值得注意的是，在氧覆盖度为 0.75mL 的情况下，N_2 的形成能才由正值转变为负值，因此在氧覆盖度为 0.75mL 左右的时候开始生成 N_2。此外，从图 5-4 的结构图中可以看到，当 N 以 N_2 的形式脱除后会留下一个 N 空位，与此同时，邻位的 O^{2-} 就会转移到这个 N 空位上而占据该 N 的位点。当 N 空位存在时，原来与这个 N 相连的三个 Al 会因此出现悬空键，从而增加体系的总能，使体系变得不稳定。而 O^{2-} 在 N 空位上的占据会降低体系的能量，导致 N_2 的形成能变负。因此，N_2 的生成会在氧覆盖度为 0.75mL 下自发发生。但是 0.5mL 和 0.75mL 之间的间隔还是有点大，为了得到生成 N_2 的更精细的氧覆盖度条件，本节采用了 3×3 的表面模型，这时所有可能的氧覆盖度为 0mL、1/9mL、2/9mL、…、8/9mL、1mL，重新计算了不同覆盖度下氧的吸附能和 NO、NO_2、N_2 的形成能，其结果如图 5-5 所示。总的能量变化趋势和 2×2 的计算结果一致，此外得到了 N_2 生成的更精细

的氧覆盖度（5/9mL）。

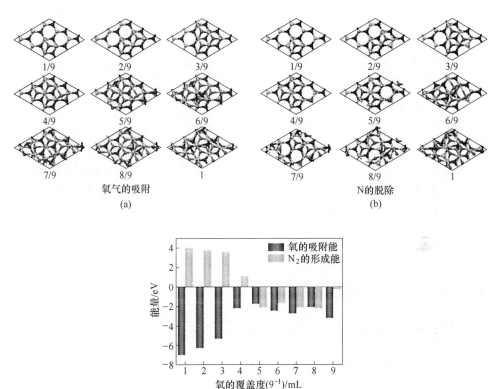

图 5-5　3×3 表面模型中不同氧覆盖度下的反应结果

（a）模型优化结构；（b）N 以 N₂ 脱除的优化结构；（c）O 的吸附能和 N₂ 的形成能

c　结构和能量的演变

根据前面的计算可以得知 N₂ 是 AlN（0001）面氧化后的主要气体产物，因此在接下来的 N 脱除过程中只考虑以 N₂ 的形式脱除。接着进一步研究 AlN（0001）表面的氧化过程。定义第 1、2、3 个氧在 H3 位点的吸附分别为步骤 1、2、3，紧接着的 N 的脱除定义为步骤 4，为了更好地理解整个氧化过程的机理，探索了后面进一步的反应，直到所有的 H3 位点都被 O²⁻ 占据，而且第一层 Al-N 双分子层的所有 N³⁻ 都被 O²⁻ 替换，逐步反应过程如图 5-6 所示。

上述计算中每一步都考虑了两种可能的情况：第一是 O²⁻ 的吸附（图 5-6 中"+O"符号标记的步骤），第二是 N³⁻ 的脱除（图 5-6 中"−N"符号所示）。每一步的氧化能用如下公式表示：

$$E_i^{\mathrm{ox}} = E_i^{\mathrm{total}} - \mu_0 - E_{i-1}^{\mathrm{total}} \tag{5-7}$$

$$E_i^{ox} = E_i^{total} + \mu_N - E_{i-1}^{total} \tag{5-8}$$

式中，E_i^{ox} 是步骤 i 的氧化能；E_{i-1}^{total} 和 E_i^{total} 是步骤 $i-1$ 和 i 的优化后的机构的总能。

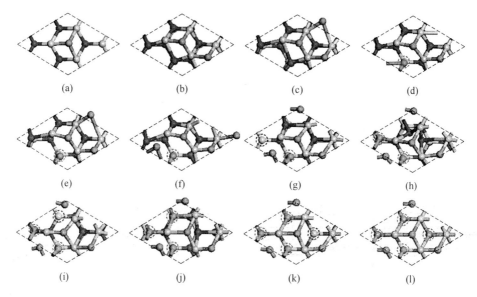

图 5-6　AlN（0001）面逐步氧化的历程

（符号"+O"表示该步骤为吸附 O 的反应，"−N"代表该步骤为脱 N 的反应）

（a）+O；（b）+O；（c）+O；（d）−N；（e）+O；（f）+O；（g）−N；（h）+O；

（i）−N；（j）+O；（k）−N；（l）+O

式（5-5）和式（5-6）分别用于 O^{2-} 的吸附和 N^{3-} 的脱除这两种情况。AlN（0001）表面第一层 Al-N 双分子层全部氧化的所有步骤的 E_i^{ox} 变化如图 5-7 所示。

对于以 Al 终结的 AlN（0001）表面，有很多 Al 的悬空键，它们趋向于被 O^{2-} 中和。因此，O^{2-} 反应初期吸附在 AlN（0001）表面时更趋向于 H3 位点，是因为 O^{2-} 在该位点能中和更多的 Al 的悬空键，从而降低体系的表面能。在 O 吸附过程中，N^{3-} 上的电子会传递到 O 吸附原子上，因为 O 具有更大的电负性。因此，O 的价态从 0 价变为−2 价，接着 AlON 作为中间产物形成了。随着更多的 O^{2-} 的引入，N 的价态从−3 变为 0，然后 N_2 分子便形成了。N_2 排放后，就会生成相应的 N 空位，同时 3 个新的 Al 的悬空键也会出现。因此，O^{2-} 趋于迁移到 N 空位中去钝化这些悬空键，所以 N^{3-} 的移除必定会伴随着 O^{2-} 在 N 空位的占据。

图 5-7 所示为 AlN 表面氧化过程中不同路径能量的演变。在前三步中，3 个 O^{2-} 吸附在 H3 位点，在第四步中，先发生 N^{3-} 以 N_2 形式脱除，然后一个 O 原子吸附迁移到 N 空位并占据 N 的位点。因此还有 2 个空的 H3 位点可以让 2 个更多的 O^{2-} 去吸附，O 的吸附成为步骤 5 和步骤 6 的主要反应。在步骤 7，由于 H3 位点都

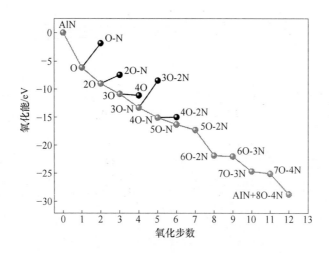

图 5-7　AlN（0001）表面整个氧化过程的能量演变

（最初的 AlN（0001）表面的能量初始化为零。浅色球代表主要反应过程，深色球代表次要反应过程）

被 O 占据，所以 N 移除成为这一步的主要反应。接着在第 8 步，临近的 O 占据了第 7 步产生的 N 空位。第 7 和 8 步可以看做是 N 原子被 O 原子替换。这两步在后续的反应中交替出现直至所有的 N^{3-} 都被 O^{2-} 替换。图 5-8 所示为第一层 Al-N 双分子层完全氧化的结构，O 占据了表面的所有 H3 位点和 N 的位点，形成了 Al-O 三分子层，两层 O 为六方最密排列，Al 处在两层 O 之间的八面体空隙中。

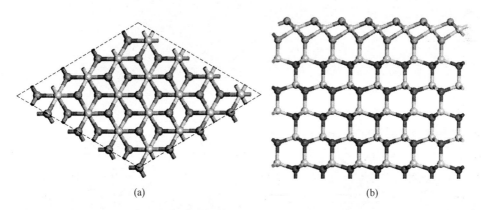

(a)　　　　　　　　　　　　　　　　(b)

图 5-8　AlN（0001）表面第一层 Al-N 双分子层完全氧化后的结构

（进行了 2×2 超晶胞处理，所有的 H3 和 N^{3-} 位点都被 O^{2-} 占据）

(a) 俯视图；(b) 侧视图

d　电子结构演变

几何结构的变化实际上是来源于电子结构的变化。为了更好地了解 AlN（0001）表面 O 吸附和反应的机理，有必要对 AlN 表面的态密度进行计算（见图

5-9）。对于以 Al 终结的 AlN（0001）面，第一层的每一个 Al 都会贡献一个悬空键，从而会生成表面施主态。大家普遍认为表面施主态在 AlN 表面氧化和 AlN 基异质结的二维电子器件的发展中起到重要作用。Miao 等人报道了源于 Al 悬空键的表面态是非占据的，这样的悬空键会导致其生成的表面态分布在带隙的上部区域。这和本节的计算结果是一样的，从图 5-9 中可以看出，Al 的表面态确实在靠近导带底的位置（用矩形标记了）。AlN 表面氧的吸附可以提供电子给表面态，所以部分非占据的 Al 表面态将会被占据。在 0.25mL 的氧吸附后，Al 的悬空键被 O^{2-} 部分中和，同时微弱的 O 的悬空键态可以被观察到（如图 5-9 中圆圈所示）。原则上，需要 3/8mL 的氧覆盖度才能钝化 Al 所有的悬空键态，因为每个

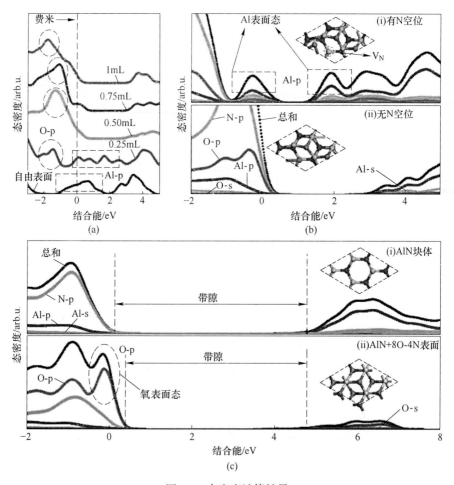

图 5-9　态密度计算结果

（a）AlN 表面氧覆盖度为 0mL、0.25mL、0.75mL 和 1mL 时的态密度图（费米面归为零）；

（b）N 空位被 O^{2-} 占据前后的态密度图；（c）AlN 单胞和 AlN（0001）表面的态密度图

Al 悬空键提供 3/4 个电子。随着氧覆盖度从 0.25mL 增加到 0.50mL，Al 的悬空键态被完全钝化，同时 O 的悬空键态的强度增强。进一步的氧吸附便会使 AlN (0001) 表面具备电子受体的特性。此外，Kempisty 等人通过第一性原理计算证明电子的传递和费米能级的改变都会对吸附能造成影响。对于纯净的 AlN 表面，费米能级被钉扎在 Al 的悬空键态中，位于带隙中间（见图 5-9（a））。在 0.25ML 氧覆盖度时，由于氧悬空键态的存在和部分 Al 悬空键被钝化，所以费米能级移动到接近价带顶的位置（见图 5-9（a））。当氧覆盖度达到 0.5mL 时，所有的 Al 悬空键都被钝化，所有的 Al 的 p 轨道的孤对电子都和 O^{2-} 离子成键，导致 AlN 表面的费米能级移动到价带顶的位置，也就是氧悬空键态的位置。随着氧覆盖度的进一步增加，费米能级依然位于价带顶的位置。综上所述，AlN (0001) 表面的费米能级的位置会从带隙中间移动到价带顶，对于不同的费米钉扎，吸附能也会有所不同。

图 5-9（b）所示为 AlN 表面氧化的第 4 步中有 N 空位和 N 空位被氧占据两种情况下的态密度。当 N 空位存在时，由于 Al-N 键的断裂，会产生更多的 Al 悬空键，因此一些 Al 的悬空键态便会在带隙附近形成，导致表面变得不稳定（见图 5-9（b）中（i））。当 O^{2-} 迁移到该 N 空位时，这些 Al 的悬空键态便会被钝化，从而降低了表面的自由能（见图 5-7）。这也是 O^{2-} 为什么会迁移并占据 N 空位的最本质的原因。此外，当 AlN (0001) 表面被完全氧化后，在价带顶处只有 O 的表面态，没有任何 Al 和 N 的表面态。和 AlN 本体（bulk AlN）相比，被氧化的 AlN 表面的价带顶发生了上移现象，导致了带隙的减小。

C　氧化产物相变和反应机理

a　氧化产物相变的推测

AlN 在干燥的条件下的氧化可以用反应式（2-1）表示。根据文献报道，α-Al_2O_3 被认为是热力学上最稳定的 AlN 氧化产物。但也有很多亚稳态的氧化铝过渡态结构，其中的典型代表就是 γ-Al_2O_3。在本研究中，γ-Al_2O_3 被认为是氧化过程的中间产物，即 α-Al_2O_3 的前驱体。由于 α-Al_2O_3 和 γ-Al_2O_3 之间的晶体结构和原子数量都不一样，故很难通过第一性原理直接模拟它们之间的相变过程。为了更好地了解其中的相变过程，首先详细分析 α-Al_2O_3 和 γ-Al_2O_3 的晶体结构特征，如图 5-10 所示。

如图 5-10（a）、（b）所示，在 γ-Al_2O_3 中，Al^{3+} 随机位于四面体和八面体空隙中，但在 α-Al_2O_3 中，所有的 Al^{3+} 都高度对称地分布在八面体空隙中。在 γ-Al_2O_3 中，有四种不等效的 Al^{3+}，分别位于特殊的位置：8a（四面体空隙），16d（八面体空隙），16c（八面体空隙）和 48f（四面体空隙），并分别用 Al_1、Al_2、Al_3 和 Al_4 表示。由于 Al^{3+} 和空位随机分布在这些位点，所以 Al 在这 4 种位点的占据数分别为 0.863、0.816、0.028 和 0.019。如图 5-10（c）所示，Al—O

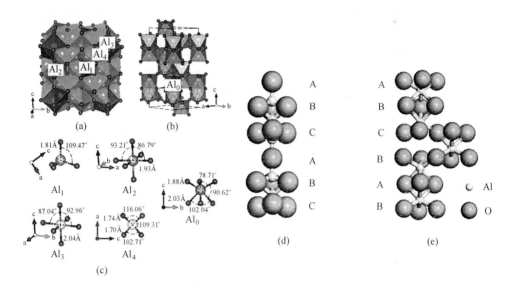

图 5-10　AlN 氧化产物结构

(a) γ-Al$_2$O$_3$ 晶体结构；(b) α-Al$_2$O$_3$ 晶体结构；

(c) γ-Al$_2$O$_3$ 中的四种 Al^{3+}，分别用 Al$_1$、Al$_2$、Al$_3$ 和 Al$_4$ 标记以及 α-Al$_2$O$_3$ 中唯一的一种 Al^{3+}，用 Al$_0$ 标记；

(d) γ-Al$_2$O$_3$ 中氧原子的 ABCABC…堆积方式；(e) α-Al$_2$O$_3$ 氧原子的 ABAB…堆积方式

键长为 1.8112nm、1.9326nm、2.0394nm（1.7432nm）和 0.1700nm。在 α-Al$_2$O$_3$ 晶胞中，所有的 Al^{3+} 都位于相同的八面体空隙（12c）中而且占据数都为 1。Al—O 键长为 0.0188nm 和 0.0203nm。对于这两种晶体来说，虽然它们的 Al^{3+} 环境不一样，但两种晶体的所有 O^{2-} 都是密堆积的，只是它们的堆积方式不一样。如图5-10（d）、（e）所示，γ-Al$_2$O$_3$ 和 α-Al$_2$O$_3$ 中 O^{2-} 的堆积方式分别为面心立方堆积（fcc，ABCABC…）和六方密堆积（hcp，ABAB…）。通过 O^{2-} 的堆积方式和 Al 的占据情况，可以推测图 5-10（d）中的类似 γ-Al$_2$O$_3$ 的结构是通过原子层沿着某个特定方向迁移从而转变为图 5-10（e）的类似 α-Al$_2$O$_3$ 的结构。

基于上述对两种晶体结构的解析，提出了一种通过氧原子堆积视角解释相变过程的方法，如图 5-11 所示。

当 AlN(0001) 面第一层 AlN 双分子层完全氧化后，所有的 N^{3-} 被 O^{2-} 替代，依次类推，当第二层双分子层氧化时，第二层的所有 N^{3-} 也会被 O^{2-} 取代，如图 5-11（a）、（c）、（e）所示，共有三层氧原子，且氧的堆积方式为 fcc（ABC），Al^{3+} 占据在四面体和八面体的空隙中，这样的结构很类似于 γ-Al$_2$O$_3$，所以将其视为 γ-Al$_2$O$_3$ 的前驱体。α-Al$_2$O$_3$ 则可以通过重构 γ-Al$_2$O$_3$ 的结构得到。比如说，如果上面的 O-Al-O 层沿着 [010] 方向（图 5-11（b）中箭头所示）迁移，则类 α-Al$_2$O$_3$ 便可以得到（图 5-11（b）、（d）、（f））。该结构中的三层氧以 hcp（AB-

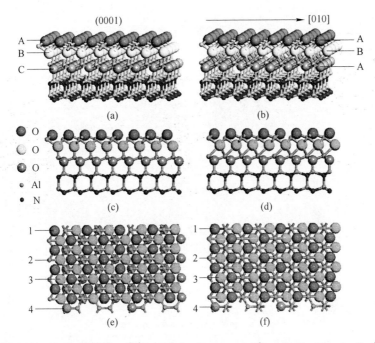

图 5-11 Al$_2$O$_3$ 的结构：类似 γ-Al$_2$O$_3$ (a, c, e) 和 α-Al$_2$O$_3$ (b, d, f) 的

三维 (a, b) 和侧视图 (c, d) 以及顶视图 (e, f)

（深色的原子为占据 H3 位点的 O^{2-}，浅灰色的原子代表替代所有 N^{3-} 的 O^{2-}。

图 (e) 和 (f) 中相同的原子用了相同的序号标记）

AB）方式堆积且 Al^{3+} 是位于八面体空隙中，所以可以看做是 α-Al$_2$O$_3$ 的前驱体。依次，γ-Al$_2$O$_3$ 向 α-Al$_2$O$_3$ 的转变可以通过分析氧原子堆积方式，即用原子层迁移模型来解释。为了进一步分析该相变的物理原因，计算出 γ-Al$_2$O$_3$ 和 α-Al$_2$O$_3$ 晶胞的单位原子总能量分别为 −286.38eV 和 −157.67eV。可以看出 α-Al$_2$O$_3$ 具有更低的总能，所以在结构上更加的稳定，因此 γ-Al$_2$O$_3$ 趋于向 α-Al$_2$O$_3$ 转变。

b 反应机理

总而言之，通过研究 AlN 表面氧化，发现其主要气体产物为 N$_2$，且在 N$_2$ 脱除过程中会产生空位，而这个空位促进了氧的迁移以及后续的氧吸附（见图 5-12），降低体系表面的能量，这是 AlN 材料氧化的本质。

5.1.2.2 β-Si$_3$N$_4$ 表面氧化过程 [SiN$_{4-n}$O$_n$] 四面体演变模拟

A 计算方法和模型

如图 5-13 所示，β-Si$_3$N$_4$ (0001) 表面呈现 C^3 对称性，最小旋转角为 120°。由虚线圆圈标记的 N 原子位于旋转轴上，并且从中心到外部有三种类型的原子被

图 5-12   AlN（0001）高温反应过程中 O$_2$ 的吸附、N$_2$ 的脱除和 O^{2-} 的迁移

定义为 N1、Si2 和 N3（图 5-13）。因此，O 原子在 β-Si$_3$N$_4$（0001）表面上具有 3 个可能的吸附位点，即连接 N 原子而没有悬空键的 N1 位点，连接含有悬空键的 Si 原子的 Si2 位点和连接含悬空键 N 原子的 N3 位点。在几个可能的吸附位点上计算不同氧气覆盖下的吸附能。考虑到 β-Si$_3$N$_4$（0001）的 C^3 对称性（见图 5-13），在计算最佳吸附位点时，含有悬挂键的 3 个 Si2 或 N3 位点可以是等效的。

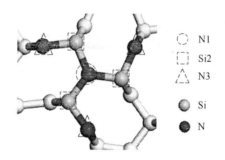

图 5-13   具有 C3 对称性的 β-Si$_3$N$_4$（0001）的模型

（由虚线圆形、虚线矩形和虚线三角形标记的表面层原子分别定义为 N1、Si2 和 N3；
非表面原子以白色修饰，以更直观地表示对称性）

在该研究中，所有计算均使用 CASTEP 软件包进行，以研究基于 DFT 的 β-Si$_3$N$_4$（0001）表面中氧的吸附和氧化。几何优化后的晶胞参数为 $a = b = 0.7604\text{nm}$，$c = 0.2906\text{nm}$。采用 $1 \times 1 \times 4$ 超晶胞获得具有 1.2nm 真空区的 Si$_3$N$_4$ 晶胞（见图 5-14），其中下六层固定用于在结构优化期间模拟体相。表面上的两层原子和吸附原子完全松弛。模型底部用赝氢终止来饱和悬空键。

在模型的几何优化和性质计算中，使用 BFGS 优化算法，采用 Perdew-Burke-Ernzerhof（PBE）泛函的广义梯度近似（GGA）中的交换相关能量函数。选择超软赝势来描述价电子和离子核之间的相互作用。平面波截止能量为500eV。所有计算均在倒易空间中进行，布里渊区的采样基于收敛状态使用5×5×12k-point进行。自洽场收敛精度为$1.0×10^{-6}$eV/atom。几何优化的收敛准则如下：原子间力小于等于0.3eV/nm，原子间内应力小于等于0.05GPa，原子位移小于等于0.0001nm。

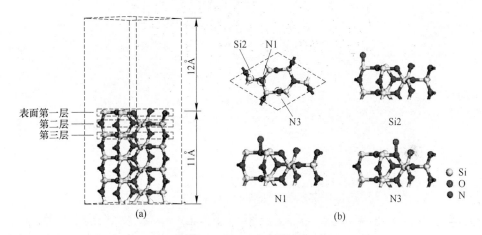

图5-14 β-Si₃N₄ 的结构

(Si2 是含有悬空键的 Si 原子上方的位置，N1 是不含有悬空键的 N 原子

上方的位置，N3 是含有悬空键的 N 原子上方的位置)

(a) β-Si₃N₄ (0001) 板坯模型的配置 (前三层原子在图中定义)；

(b) (0001) 表面的三个可能的吸附位点的俯视图和侧视图

B 氧气的吸附能量

为了研究 O 原子的吸附，有必要计算不同氧吸附量不同部位的吸附能。研究了 O 原子在不同位置的吸附能随着氧气覆盖率的增加的变化并做出了相应的模型优化配置，并以氧气覆盖率的函数作图 (见图5-15)。在 1/3mL 氧气覆盖下，O 原子分别添加到 β-Si₃N₄ (0001) 表面上可能的氧化位点，N1、Si₂ 和 N3 位点。优化后，吸附在 N1 和 N3 位置的 O 原子不稳定，并向 Si2 位点自发弛豫，如图5-15 (b) 所示。此外，Si2 位点的吸附能最负，表明 β-Si₃N₄ (0001) 表面的氧化始于 Si2 位点；随着氧气覆盖率从 1/3 增加到 1mL，吸附在 Si2 位点上的 O 原子的吸附能从 -6.1198eV 增加到 -0.2893eV。因此，无论氧气覆盖率如何，O 原子优先吸附在 Si2 位点上。在较大的氧气覆盖率下，由 O^{2-} 离子之间的排斥相互作用获得的库仑能量变得更大，因此，O 原子在 β-Si₃N₄ (0001) 表面上的吸附能随着覆盖而增加。从上述结果可以看出，在清洁的 β-Si₃N₄ (0001) 表面或较低密度的氧气覆盖率下易于发生氧化。

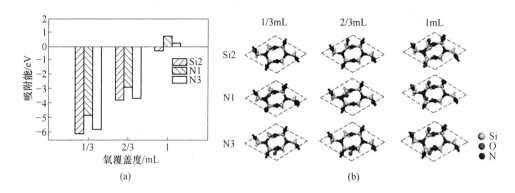

图 5-15　不同氧覆盖度反应结果

(a) 吸附能量；(b) Si2、N1 和 N3 位置的优化结构

C　不同气体产物的比较与分析

相关实验发现，Si_3N_4 的氧化伴随着 N 的去除和 N 基气体的产生。NO、NO_2 和 N_2 被认为是候选气体产物。为了阐明气体排放的最低能量，通过式（5-2）、式（5-3）和式（5-4）计算了不同氧气覆盖下 NO、NO_2 和 N_2 的形成能量，如图 5-16 所示。在所有氧气覆盖下，NO 和 NO_2 的形成能更正，表明在模拟条件下 NO 和 NO_2 的形成是强烈吸热的。应该指出的是，由于 O 原子不足，无法在 1/3mL 氧气覆盖下形成 NO_2。当除去 N 氧化物时，吸附的 O 原子需要与 N 原子一起被除去。然而，在结构变得不稳定的情况下，不能填充由 N 去除产生的 N 空位（V_N）。因此，不优先形成 NO 或 NO_2。在 1/3mL 和 1mL 时 N_2 的形成能也是正的，它比 NO 和 NO_2 略低；然后能量在 2/3mL 处变为负值，表明在 β-Si_3N_4（0001）表面氧化期间形成 N_2 更容易。此外，过低或过高的氧气覆盖率都不利于形成 N_2。相反，N_2 排放可以在适度的氧气覆盖率（2/3mL）下自发发生。有趣的是，在 2/3mL 氧气覆盖率优化后，其中一个 O 原子自发迁移到 V_N 位置，这会钝化 Si 的悬空键并降低系统的自由能，这是形成 N_2 的主导原因。相反，在 1/3mL 氧气覆盖下，N_2 的形成能的正值可能是单个 O 原子不能完全填充去除 N_2 形成的空位所造成的。另一方面，在 1mL 氧气覆盖下，在两个 O 原子填充 V_N 之后，吸附表面上仍然存在含有悬空键的 O 原子，这导致了正的形成能。根据上述计算，N_2 在表面的形成和逸出是表面氧化的最初阶段，且在 2/3mL 氧气覆盖率下具有最高优先级。此外，值得注意的是，当 N_2 形成能为负时，其值低于下一个 O 原子的吸附能（1mL）。在 2/3mL 氧气覆盖下，下一反应继续吸附 O 原子的氧化能为 -0.2993eV。N 原子去除的形成能为 -1.3477eV，表明下一步骤更可能去除 N。这也证明了在 2/3mL 氧气覆盖率下，下一步是去除 N_2 而不是继续吸附 O 原子。

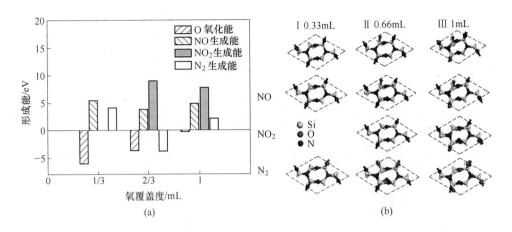

图 5-16 不同氧覆盖度反应后结果

(a) O_2 吸附能, N_2、NO、NO_2 的形成能; (b) NO、NO_2 和 N_2 排放后的优化结构模型

D 氧化反应过程

根据上述计算, N_2 是 β-Si_3N_4 (0001) 表面氧化过程中的主要气体产物, 与实验结果吻合良好。因此, 在随后的计算中, 仅将 N_2 排放视为 N 去除的形式。以这种方式逐步研究整个氧化过程。氧化的开始是在 β-Si_3N_4 (0001) 表面上吸附两个 O 原子之后, 表现为离开 V_N 位置上的第一个 N 原子的发射和附近 O 原子的占据。我们将第一和第二 Si2 位置上的氧吸附步骤分别定义为整个氧化过程的步骤 1 和步骤 2, 随后除去 N 被定义为步骤 3。为了更好地理解氧化过程的机理, 本节尽可能地分解反应步骤, 其可以简单地分成 18 个步骤。所有这些步骤可归类为两种类型的反应, 即 O 原子的吸附和 N 原子的去除。O 原子的吸附是连续氧化的前提条件, N 原子的去除是氧化反应的关键。去除 N 原子总是伴随着 V_N 处 O 的占据, 这种过程降低了总能量并促进了随后的氧化。表面 N 原子逐渐被 O 原子取代, 直到 O 原子占据第一和第二层 Si-N 双层结构中的所有 N 位, 如图 5-17所示。

为了阐明图 5-17 中所示的氧化过程, 从 β-Si_3N_4 (0001) 晶胞中选取最小的结构单元 (见图 5-18 (a))。由于氧化可被视为 O 原子取代 N 原子, 因此 N 原子环境将决定 O 原子的位置。β-Si_3N_4 (0001) 表面的 N 原子大致可分为两种类型 (见图 5-18 (a)), 即一种 N 原子连接相邻原子层中的 Si 原子 (A 型 N), 另一种连接同一层中的 3 个 Si 原子 (B 型 N)。在 A 型中, 由于在第一层中暴露的 N 原子包含悬空键, 其与内层中的 N 原子不同, 因此, 将暴露于第一层的 A 型原子定义为 A_1 型 N 型, 其余为 A_2 型 N。氧化开始时, O 原子吸附在 Si_2 位置 (图5-18 (b)) 直到第一层上的所有 3 个 Si_2 原子都被吸附, 如图 5-17 (a)、

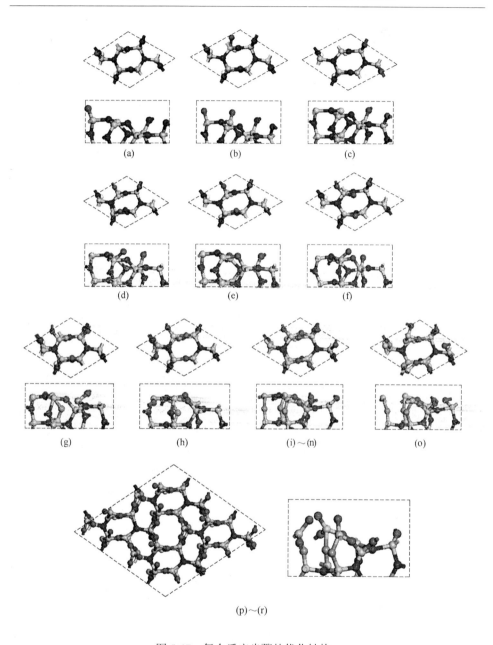

图 5-17 每个反应步骤的优化结构

（符号"+O"表示 O^{2-} 在反应步骤中被吸附，符号"-N"表示以 N_2 气体形式除去 N^{3-}。
随着氧化的进行，为了在视觉上表示由 O 原子取代的空位，为每个步骤添加侧视图。
深色 O 原子连接第一和第二层 Si 原子，浅色 O 原子连接第一和第三层 Si 原子）
(a) +O; (b) +O; (c) -N-N; (d) +O; (e) -N; (f) +O; (g) -N; (h) +O;
(i)~(n) 重复 (f)~(h); (o) -N; (p)~(r) +3O

(b)、(d) 所示。在去除 A_1 型 N（见图 5-18（c））之后，O 原子将转移到占据 V_N 的位置，直到第一层中的所有 3 个 A_1-N 原子被 O 原子取代（见图 5-17（c）、(e)）。在填充第一层的 V_N 之后，O 原子继续吸附在表面上的 Si 位点上（见图 5-17（d）和见图 5-18（d））。这之后只能去除 A_2 型和 B 型 N 原子。形成能量证明 A_2-N 型比 B 型 N 更容易被氧化。继续反应去除连接第一层、第二层和第三层中 Si 原子的第二层中的 N 原子，然后用 O 原子代替 V_N（见图 5-17（f）、(g) 和图 5-18（e））。去除 N 会破坏 3 个 Si—N 键并使每个 Si 原子具有新的悬空键。从图 5-18（e）可以看出，由于表面上大量 O 原子的排斥，O 原子优先键合第一层和第三层中的 Si 原子，这迫使 O 原子优先向下移动并连接上部和下层形成 Si—O—Si 桥键。随后，O 原子将以悬空键吸附在第一和第二层 Si 原子之间，形成另一个 Si—O—Si 键（图 5-17（h）和图 5-18（f））。基于 Si_3N_4 的旋转对称性，另外两个类型-A_2N 原子将重复图 5-17（i）~（n）中步骤（e）~（h）的氧化过程。

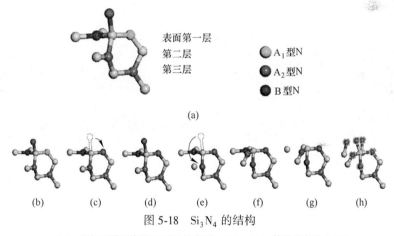

图 5-18 Si_3N_4 的结构

(a) 具有不同环境的 N 原子的类别；(b)~(h) 简化的氧化机理

可以推测，在实际氧化过程中，表面上含有悬挂键的 3 个 Si 位点的氧化顺序是随机的，受到游离 O_2 的排斥和 O 原子吸附引起的表面弛豫的影响。然而，无论该过程多么复杂，最终都可能导致步骤（n）中所示的结构。在该结构中，V_N 被 O 原子合理地取代，并且表面原子排列变得更密集。此时，在第一层中与相同的 N 原子（B 型）结合的 Si 原子上没有悬空键。然而，由于氧化过程中原子间相互作用力的影响，表面对称中心的 N 原子周围的 3 个 Si—N 键被拉长，这为去除剩余的 B 型 N 提供了机会（步骤（o）和图 5-18（g））。去除的 N 原子形成 3 个悬空键，同时产生大的间隙。因此，含有悬空键的 Si 位点最终吸附更多的 O 原子（图 5-18（h））。最后在第一和第二表面层处 Si_3N_4 完全氧化，形成无定形 SiO_2 结构（步骤（r））。如上所述，A 型 N 更容易氧化，其中 A_1 型 N 首先被氧化，因为包含悬空键，然后是 A_2 型 N，B 型 N 是最稳定的并且会在 A 型 N

完全氧化时会被氧化。在所有 N 原子被氧化之后，还有三种类型的 O 原子（见图 5-18（h）），类似于 N 原子的分类，即连接第一和第二层的 A_1-O 型、连接第一和第三层的 A_2 型 O，和吸附在第一层上的 B 型氧。从步骤（r）的优化结构的侧视图和俯视图可以看出，SiO_2 结构是 Si-O 四面体单元并且在 Si_3N_4 的表面上无序生长。

在氧化过程中，本节定义了两种反应步骤，即一种是 O 原子的吸附（标记为"+O"），另一种是 N 原子的去除（标记为"-N"）。第 i 反应的氧化能可由计算得到，在整个氧化过程中绘制在图 5-19 中。

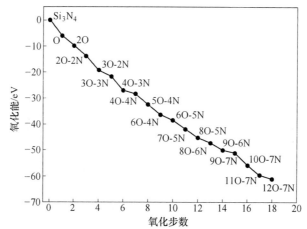

图 5-19 从 Si_3N_4 到表面形成无定形 SiO_2，每个步骤的能量演变和
整个氧化过程的相应氧化能
（为了观察，设定了 β-Si_3N_4（0001）系统的初始能量为零）

在具有表面 Si 和 N 原子的 β-Si_3N_4(0001) 表面上，存在许多 Si 和 N 原子的悬空键，其倾向于被 O 原子饱和。根据 Si 和 N 原子的相反电荷特性，O 原子优选在氧化开始时吸附在不饱和 Si 原子的顶部，这使表面钝化并降低其能量。随着表面能降低，系统的总能量也变低。从图 5-19 中可知步骤 6~8、步骤 9~11 和步骤 12~14 是将 3 个 Si 位点附近的 Si—N 键氧化成 Si—O 键的过程。观察在该过程中步骤 7、步骤 10 和步骤 13 中去除 N 原子所带来的能量变化，可以看出随着氧化的进行去除 N 原子的能量损失变大，表明去除 N 原子变得更容易。这可能是由于 O 原子侵蚀表面以使表面松弛，Si—N—Si 键伸长，表面结构变得松散，该过程随着氧化的进行而越来越明显。在上述三个步骤之后，由 O 原子吸附引起的能量减少值变小。这种现象是因为随着吸附的 O 原子数增加，O 原子之间的排斥力变得越来越大，并且 O 原子的吸附变得更加困难。

随着氧化过程的进行，与表面对称中心处的 N 原子相邻的 Si—N 键被拉长并最终被除去。该过程形成 3 个 Si 的悬挂键，其允许游离 O 原子继续吸附在 Si 的悬空键上并导致形成 Si-O 四面体。上述过程是 β-Si_3N_4（0001）表面最外层的氧化历程模拟。

E 在 β-Si_3N_4（0001）表面氧化过程中的电子结构变化

氧化总是伴随着电子结构的变化。为了更好地理解 O 原子吸附和 β-Si_3N_4（0001）表面氧化的趋势，本节计算了几个表面的态密度（DOS），如图 5-20 所示。正如 Kempisty 等人所指出的那样。吸附能量的变化是由于电子转移和费米能级的变化。对于 Si_3N_4 自由表面，在中间间隙中存在明显的属于 Si-p 悬空键状态的杂化水平（图 5-20（a））。随着氧气覆盖率的增加，Si-p 悬空键状态逐渐被 O 原子钝化，直到 1mL 完全钝化，这是由于这些 Si 悬空键对氧的电子补偿（见图5-20（a））。此外，随着氧气覆盖率的增加，O-p 的状态出现并其密度变得更强。

图 5-20（b）、（c）所示分别为自由和完全氧化的 Si_3N_4 表面的各种轨道的部分态密度状态（PDOS）。如图 5-20（b）所示，导带最小值（CBM）、价带最大值（VBM）及其附近区域主要由投射在 Si 原子上的 CBM 和 VBM 的 N 原子组成的 p 轨道组成。由于 N^{3-} 和 Si^{4+} 的价电子构型为 $2s^2p^8$ 和 $2s^2p^0$，N^{3-} 和 Si^{4+} 的 p 轨道分别完全占据和未被占据，导致它们对带结构的贡献。当第一层 Si_3N_4 表面被完全氧化时，Si 和 N 的表面态都被钝化，O 的表面态作为 VBM 及其附近的主要部分（图 5-20（c））。图 5-20（d）~（e）所示为图 5-17 中氧化步骤（c）期间具有 N 空位（V_N）和没有 N 空位的 Si_3N_4 表面的 DOS。在 V_N 存在下，由于 Si 的断裂产生了几个新的 Si 悬空键。Si—N 键在带隙中产生表面供体态。吸附在 Si 原子顶部的 O 原子带有悬空键，产生表面受体态。由于表面上存在供体和受体，配置变得不稳定（见图 5-20（d））。结果，表面吸附的 O 原子逐渐转移到 V_N 并与两个 Si 原子键合，形成 Si—O—Si 键。因此，V_N 周围的 Si 悬空键被部分钝化（即 1.8eV 的 Si-p 态密度变弱）（见图 5-20（e））。先前被 O 原子钝化的 Si 悬空键再次暴露，在 0eV 形成 Si-p 态（见图 5-20（e））。此时，所有 O 表面状态消失并且 N-p 表面状态也被钝化（见图 5-20（e））。当由 N 原子在表面上具有悬空键形成的 N 空位全部被 O 原子钝化时，只有 Si 的表面态存在于表面中（见图 5-20（f））。如上所述，在 Si_3N_4 的氧化过程中，O 原子倾向于转移到 V_N 的位置，钝化 Si 表面态并形成 Si—O—Si 键。在第一层和第二层中的 N 空位都被 O 原子钝化之后，随后吸附的 O 原子钝化表面 Si 的悬空键状态，这类似于 O 原子的初始吸附状态。这导致 O 表面状态仅存在于 VBM 附近（见图 5-20（c））。

F β-Si_3N_4（0001）面氧化过程中关于 Si_2N_2O 形成的探讨

在研究 Si_3N_4 的氧化动力学时，Ogbuji 等人指出，还有一层亚氧化物 $Si_2N_2O_2$ 存在于薄膜和基板之间。实际控制氧化速率的因素包括氧化层中 O_2 的扩散和界面上的化学反应。在两个接口上发生的反应如下：

$$\frac{3}{2}O_2(g) + 2Si_3N_4(s) =\!=\!= 3Si_2N_2O(s) + N_2(g) \tag{5-9}$$

$$Si_2N_2O + \frac{3}{2}O_2 =\!=\!= 2SiO_2(s) + N_2(g) \tag{5-10}$$

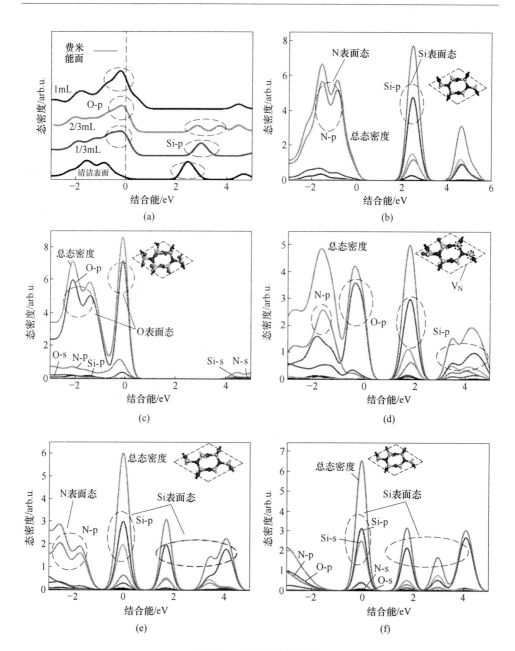

图 5-20　态密度计算结果

（O、Si 和 N 的表面状态分别用虚圆圈标出）

（a）用于 β-Si$_3$N$_4$（0001）自由表面的 DOS 由 1/3mL，2/3mL 和

1mL 氧气覆盖的表面（费米能量设定为零）；（b）氧化前的 β-Si$_3$N$_4$（0001）表面；

（c）完全氧化后的 β-Si$_3$N$_4$（0001）表面；（d）氧化过程中 O^{2-} 占据 V$_N$ 前表面的 DOS；

（e）DOS 氧化过程中 O^{2-} 部分占据 V$_N$ 后的表面；（f）氧化过程中 V$_N$ 完全被 O^{2-} 占据后表面的 DOS

这项工作中计算的氧化过程证实了 Si_2N_2O 样结构的可能性。具体地，在氧化的初始阶段形成 Si_2N_2O 前体。此外，Si_2N_2O 等结构单元也出现在氧化的最后阶段。

如图 5-21 所示，Si_2N_2O（来自 ICSD 数据库）的结构与部分/完全氧化的 β-Si_3N_4（0001）表面的结构之间存在一些相似之处。Si_2N_2O 的最小单元是 $[O\text{-}Si\text{-}N_3]$ 四面体结构（图 5-21（a）中的圆虚线以及其图示）。当 β-Si_3N_4（0001）表面的氧气覆盖率为 2/3mL 时，一些 $[O\text{-}Si\text{-}N_3]$ 四面体出现在 β-Si_3N_4（0001）表面的第一层上（图 5-21（b）中标记为圆虚线），可以认为是 Si_2N_2O 的前体。随着 β-Si_3N_4（0001）表面的氧化过程进行（图 5-21（c）），A 型和 B 型 N 原子被 O 原子取代。因此，形成几个 $[O_2\text{-}Si\text{-}N_2]$ 或 $[O_3\text{-}Si\text{-}N]$ 四面体，其中心 Si 原子位于第一层中。这些 $[O_2\text{-}Si\text{-}N_2]$ 或 $[O_3\text{-}Si\text{-}N]$ 四面体结构可以是 Si_2N_2O 和 SiO_2 相之间的亚稳相。最后，第一层的所有 $[O_n\text{-}Si\text{-}N_{4-n}]$ 四面体完全氧化成 $[SiO_4]$ 四面体，这正是 SiO_2 的结构（图 5-21（d））。而且，第二层的四面体是 $[O_2\text{-}Si\text{-}N_2]$ 四面体（即亚稳定层），第三层的四面体是 $[O\text{-}Si\text{-}N_3]$ 四面体（即 Si_2N_2O 层）。因此，从上到下的层状结构有序地称为 SiO_2 层、亚稳层、Si_2N_2O 层和 Si_3N_4 层。这意味着 Si_3N_4 的氧化程度从表面到内部变弱。根据我们的计算，第一层和第二层将成为 SiO_2 层，第四层是进一步氧化后的 Si_2N_2O 层。如上所述，提出了一种机制，用于表达将 Si_3N_4 氧化成 SiO_2 的进程：

$$[SiN_4] \rightarrow [O\text{-}Si\text{-}N_3] \rightarrow ([O_2\text{-}Si\text{-}N_2] \text{ 或} [O_3\text{-}Si\text{-}N]) \rightarrow [SiO_4]$$

为了更直观地分析 Si_3N_4 的氧化过程，本节分析了 Si_3N_4 的结构单元。如图 5-22 所示，通过最小结构单元 $[SiN_4]$ 向 $[SiO_4]$ 的转变，可以清楚地看到

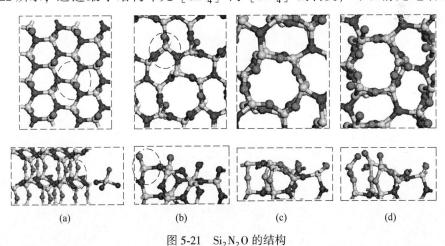

（a） （b） （c） （d）

图 5-21 Si_2N_2O 的结构

（圆虚线和（a）中的单元是 Si_2N_2O 的最小结构单元，来自 ICSD 数据库的 Si_2N_2O 晶体数据）

（a）Si_2N_2O 的俯视图和侧视图；（b）2/3mL 氧吸附的俯视图和侧视图；

（c）部分氧化的俯视图和侧视图；（d）完全氧化的顶视图和侧视图

Si_3N_4 逐渐被氧化，Si 原子周围的 N 原子被 O 原子逐个取代（见图 5-22（a））。从图 5-22（b）可以看出，由于表面原子和内部原子之间的环境差异，表面上的 [SiN_4] 到 [SiO_4] 的氧化过程和 Si_3N_4 内部的理想氧化过程具有一定的相似性和合理的差异。虽然它们有一些差异，但它们基本上符合之前提出的氧化模型。

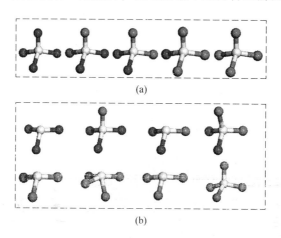

图 5-22　氧化后结果

（a）在理想条件下（Si_3N_4 内），在氧化过程中 Si-N 四面体转化为 Si-O 四面体；
（b）实际计算过程中表面的氧化过程

5.1.2.3　有无 SiO_2 层对 SiC（0001）的氧化行为影响的模拟

A　计算方法和模型构建

通过第一性原理计算研究在 4H-SiC（0001）基体氧化过程中 SiO_2 层对 C 去除过程的影响。通过在 SiC 键之间依次插入氧原子来计算插入 Si—C 键的每个氧原子的最稳定位点，以研究 SiC 的氧化过程。发现在上层中的 Si—C 键被氧化之前，第二氧原子进入衬底内的 Si—C 键，从而抑制 4H-SiC（0001）和 SiO_2 之间的晶格常数失配的增加。然后，通过分别以 CO 和 CO_2 分子的形式去除碳和氧原子，计算每个模型的 CO 和 CO_2 排放的能量的变化。

第一原理计算是在密度泛函理论的框架内使用有效空间有限差分方法进行的，可以通过节省时间的双网格技术提供基态原子和电子结构。此外，Realspace 有限差分方法能够使用大规模并行计算机执行大规模计算，因此该方法适用于包括界面缺陷在内的总能量计算。使用投影仪增强波方法对 C、O 和 Si 原子处理电子-离子相互作用，并使用 Troullier 和 Martins 的标准保守赝势。交换相关函数通过局部密度近似来处理。所有计算都使用 0.016nm 的粗网格间距。此后，氧化的初始和中间阶段的模型分别称为表面和界面模型。对于氧化的计算，超晶胞的横向尺寸是（$6 \times 6\sqrt{3}$）4H-SiC（0001）表面，并且衬底在表面（界面）模型中包含

5 个 Si-C 双原子层。最底部的 Si-C 双层以及最顶层的 SiO_2 处的悬空键简单地被 H 原子终止。用于热氧化的初始表面的原子结构取决于基体的制备。由于研究石墨烯在 SiC 表面上的外延生长的研究表明，裸露的 SiC（0001）表面在真空中出现在 1000℃ 以上，裸露的表面是真实的表面模型之一，因此，选择裸表面模型进行初始氧化。在界面模型的情况下，虽然 SiO_2 在 SiC 氧化后形成非晶相，但可以假设晶体结构在 SiC/SiO_2 界面附近局部保留，类似于 Si/SiO_2 界面。因此，构成界面的物相包括石英、α-方石英、β-方石英和 β-鳞石英。在界面模型中，氧化物区域含有 60 个 SiO_2 分子单元，即 SiO_2 的厚度为约 1.5nm。因此，在插入 O 原子之前的表面的计算模型包括 264 个原子，并且用于界面的计算模型包含 400 个原子。周期性边界条件适用于所有方向，并插入一个足够厚的真空区域（约 1.4nm）。在布里渊区域仅对 C 点进行采样。通过实施结构优化，直到所有分力降至 0.5eV/nm 以下。在结构优化过程中，确定了最底层 Si-C 双层的原子坐标和终止 C 悬挂键的 H 原子坐标。

B　无 SiO_2 层时 SiC 的氧化行为

首先，假设在氧化的初始阶段，通过在特定 C 原子周围将 O 原子依次插入 Si—C 键来计算 4H-SiC(0001) 表面的氧化能。图 5-23 所示为结构优化后的计算模型。理论研究已经表明 O_2 分子是 SiC 氧化过程中氧化物中扩散的主要物质。也有报道称，氧分子在 SiC 中不稳定，因为它的间隙体积相对较小，并且它可能断裂进入 Si—C 键，从而形成 Si—O—C 键。表面处 O 原子嵌入到 Si—C 键的氧化能 E_n^{Ox} 可由此得到。这些值由密度泛函理论在零开尔文条件下计算确定。

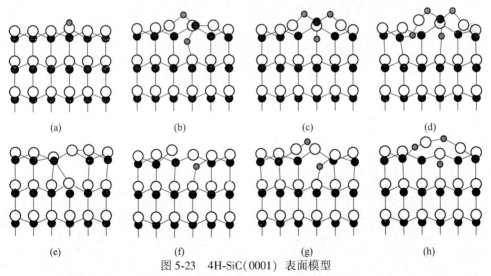

(a)　　　　　　(b)　　　　　　(c)　　　　　　(d)

(e)　　　　　　(f)　　　　　　(g)　　　　　　(h)

图 5-23　4H-SiC(0001) 表面模型

（C 逸出前 (a) $n=1$，(b) $n=2$，(c) $n=3$ 和 (d) $n=4$；(e)、(f)、(g) 和 (h) 是分别从 (a)、(b)、(c) 和 (d) 排放出 CO 后的表面原子结构（模型为结构优化后的结构）；黑色、灰色和白色球体分别代表 C、O 和 Si 原子）

　　图 5-24 所示为不同 n 值（白色条）对应的 SiC 表面的氧化能。根据式（5-4）~式（5-6），当形成能为正时，对应的氧化是优先发生的。第一个 O 原子倾向于吸附在第一个 Si-C 双层中 Si—C 键之间的位点。另一方面，第二个 O 原子的最优先位点是第一和第二 Si-C 双层之间的 Si—C 键，因此抑制了平行于表面的方向上的体积增加。在 $n=2$ 的情况下，O_2 分子从亚稳态配置到基态配置的活化能是 1.5eV。考虑到 O_2 分子在 Si 衬底氧化产生的 SiO_2 中传输的活化能约为 1.2eV，在亚稳态配置处堆叠一些 O 原子。第三个 O 原子再次优先插入第一个 Si-C 双层中的 Si—C 键。

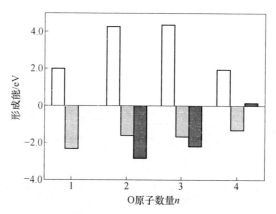

图 5-24　SiC 表面上不同数量的插入 O 原子 n 的氧化能（白条）、
CO 排放（灰条）和 CO_2 排放（黑条）的形成能

　　研究 C 的去除过程，从每个模型中以去除 CO 或 CO_2 分子的形式来进行。从氧化表面除去各种可能的 C 和 O 原子的组成，对去除后的结构进行优化，得到了 n 个 O 原子嵌入后，气体排出后系统能量的提高值 $E_n^{CO_x}$ 的计算方法如下：

$$E_n^{CO_x} = E_{nO}^{w/C} - \left(E_{(n-x)O}^{w/oC} + \mu_{CO_x} \right) \tag{5-11}$$

式中，$E_{nO}^{w/C}$，$E_{(n-x)O}^{w/oC}$ 和 μ_{CO_x} 分别为具有 n 个 O 原子的系统的总能量、具有缺失一个 C 原子的 $(n-x)$ O 原子的总能量，以及 CO_x 分子的总能量。

　　不同 n 的 CO 和 CO_2 排放的计算能量分别由灰色和黑色柱条表示，如图 5-24 所示。正（负）形成能表明 CO_x 排出是否是优选的。从结果可以看出，CO_2 分子是氧化初始阶段最优先产生的组分。此外还可以看出，尽管在 $n=3$ 的情况下，CO 排放后保留了一个完美的 SiO_2 网络，但 CO 排放理论上并不优先进行（见图 5-23（g））。

　　C　考虑 SiO_2 层时 SiC 的氧化行为

　　为了进一步研究 SiC 的氧化过程，在氧化的中间阶段分析了 4H-SiC(0001)/SiO_2 界面的碳排放量，如图 5-25 所示。图 5-25（b）~（d）显示了氧化过程中界面的优化原子结构。插入的 O 原子的优先位点与表面氧化的优先位点相同：第二个 O 原子优先插入连接第一层和第二层 Si-C 双层的 Si—C 键中的位点，而第一个和第三个 O 原子优先插入第一个双层中的位点。此外，配置能和活化能之间的能量差情况与表面氧化类似。SiC/SiO$_2$ 界面的计算氧化能如图 5-26 所示。由于界面处的氧化能比表面处的氧化能小，因此在界面处进行氧化的难度稍大。这是因为 SiC 基体上的 SiO$_2$ 阻止了界面原子结构的松弛。

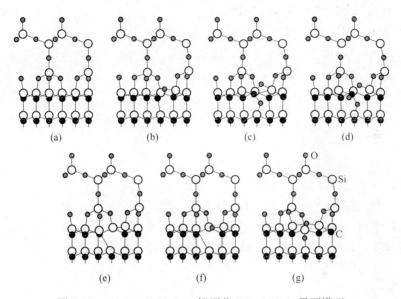

图 5-25　4H-SiC（0001）/β-鳞石英 SiO$_2$（010）界面模型

（a）在插入氧气之前；（b）$n=1$；（c）$n=2$；（d）$n=3$；（e）~（g）分别来自（b）~（d）的 CO 发射后的界面原子结构（已优化）

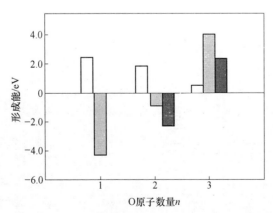

图 5-26　SiC/SiO$_2$ 界面不同数量的插入 O 原子 n 的氧化能（白条）、CO 排放（灰条）和 CO$_2$ 排放（黑条）的形成能

　　最后，研究了界面处 C 的排放。图 5-26 所示为由于一氧化碳和二氧化碳排放获得的能量。CO 排放优先发生在 $n = 3$，因为在排放后没有 Si 悬挂键和 Si—O—C 键（见图 5-25（g））。另一方面，由于 Si 的氧化能比 C 大得多，因此 CO_2 并不是最优先的排放物质；插入的 O 原子优先被消耗以形成 SiO_2 单元。$n = 3$ 时的 CO 排放和 $n = 4$ 时的 CO_2 排放产生了一个完美的 SiO_2 网络，既不含悬挂键也不含 Si—O—C 键。直观地说，O 原子的插入会增加晶格的体积，从而导致晶格的变形。在表面氧化过程中，由于 SiO_2 的缺乏，晶格的变形可以被释放，从而导致 CO 发射的负能量增益。另一方面，在界面氧化过程中，SiO_2 的存在阻止了晶格的变形。因此，当插入 3 个 O 原子时，很容易从界面逸散出 CO 分子来抑制 SiC 基体的膨胀。结果表明，由于 4H-SiC（0001）与 SiO_2 的晶格常数不匹配，界面的形成受到界面应力的影响。众所周知，热氧化制备的界面电子结构与氧化物沉积形成的界面电子结构具有不同的特性。在热氧化过程中，界面应力导致了电子结构的这种差异。

　　尽管第一性原理计算在研究非氧化物陶瓷反应方面取得了一定的应用，但也有一定的局限性，它计算的是材料基态（即 0K、0GPa 下）的性质，对于高温下的非氧化物陶瓷的反应动力学行为无法模拟。此外，由于第一性原理是基于量子力学的，计算的是电子结构以及电子之间的相互作用，计算量特别大，因此计算的材料尺度限制在纳米尺度，可以计算的原子数最多几百个。

5.2　分子动力学

5.2.1　分子动力学的介绍

　　分子动力学（molecular dynamics，MD）方法可以弥补第一性原理的不足，可以计算特定温度、特定压强下的材料的结构和性质，也可模拟大分子体系的动力学行为，计算体系小至几个粒子，大到上百万甚至上亿个粒子。分子动力学是根据牛顿力学的基本原理，在原子、分子水平上求解多体问题，模拟大分子的相互作用和运动变化的计算机模拟方法。分子动力学的核心便是牛顿运动方程：$F_i = -\dfrac{\partial U(r)}{\partial r} = m_i a$，其中 $U = U(r)$ 为势函数。势函数用来描述原子与原子之间的相互作用，所以分子动力学便是根据描述原子间相互作用的势函数，求解经典牛顿运动方程，得到系统确定的运动轨迹。因此，分子动力学对势函数有着很强的依赖性，所有从分子动力学计算出来得到的宏观性质最终都取决于势函数。由于分子动力学是经验的计算方法，故不同的分子动力学方法会采用不同的势函数表达式，而且力场参数值也会不同。根据宏观约束条件，分子动力学的系统被分为以下几种：

（1）正则系综（canonical ensemble），简写为 NVT，即具有确定的粒子数（N）、体积（V）、温度（T）。正则系综是蒙特卡罗方法模拟处理的典型代表。

（2）微正则系综（micro-canonical ensemble），简写为 NVE，即具有确定的粒子数（N）、体积（V）、总能量（E）。微正则系综广泛被应用在分子动力学模拟中。

（3）等温等压（constant-pressure，constant-temperature），简写为 NPT，即具有确定的粒子数（N）、压强（P）、温度（T）。

（4）等压等焓（contant-pressure，constant-enthalpy），简写为 NPH，即具有确定的粒子数（N）、压强（P）、焓（H）。

（5）巨正则系综（grand canonical ensemble），简写为 VTμ，即具有确定的粒体积（V）、温度（T）和化学势（μ）。

常规 MD 模拟包括以下几步：

（1）初始化。能量优化和进行 MD 模拟之前的所有步骤都属于初始化。包括选择模拟所用的软件和力场、生成和修改默认的输入文件、确定模拟系统空间结构、加水以及加抗衡离子等。体系准备这一阶段所需的工作量较大、处理的文件繁杂而且包含的操作较多，却直接决定了 MD 模拟能否成功。

（2）能量最小化。为了消除体系准备中产生的不合理的分子间接触，必须充分地对体系进行能量优化，然后才能进行 MD 模拟。比较常用的能量最小化有两种——最速下降法和共轭梯度法，最速下降法是快速移除体系内应力的好方法，但是接近能量极小点时收敛比较慢，而共轭梯度法在能量极小点附近收敛相对效率高一些所以我们一般做能量最小化都是在最速下降法优化完之后再用共轭梯度法优化，这能有效地保证后续模拟的进行。

（3）平衡。平衡相模拟旨在使系统达到热力学平衡态。如何判断体系达到平衡，简单地讲可以通过以下几种方式：1）看能量（势能，动能和总能）是否收敛；2）看系统的压强，密度等等是否收敛；3）系统的 RMSD 是否达到你能接受的范围，等等。

（4）数据产出。在生产相模拟过程中，程序会保存粒子的新坐标和速度等运动量，还有体系的温度、压力和能量等宏观性质的有关信息，用于计算结果分析。一般需要基于生产阶段 MD 模拟的数据来分析体系各种结构、动态属性以及动力学性质。

因此，分子动力学是深入研究非氧化物陶瓷高温反应动力学的一个有力手段。但传统的分子动力学需要准确的势函数来描述原子和原子之间相互作用，而由于物质系统的复杂性以及原子间相互作用类型的不同，很难得到满足各种不同体系和物质的一般性而又精度较高的势函数，所以针对不同的物质体系，研究人员不断发展了大量的经验和半经验的势函数。与传统分子动力学不同的从头算分子动力学（Ab initio molecular dynamics，AIMD）方法把密度泛函理论和分子动力学有机地结合起来，使得基于密度泛函理论的第一性原理计算可以直接用于分子动力学的模拟，不需要借助任何经验参数就可得到基于 DFT 的电子结构性质和基于 MD 的动力学性质。目前，分子动力学在部分非氧化物陶瓷的高温反应过程中取得了一定的应用，相关更深入的工作有待继续展开。

5.2.2　分子动力学的应用实例

5.2.2.1　SiC 陶瓷在高温下与 O_2 和 H_2O 的反应过程模拟

A　计算方法介绍

ReaxFF 方法是一种经验力场，它允许化学反应的完全反应性原子尺度分子动力学模拟。ReaxFF 方法中使用的参数通常通过拟合包括量子力学（QM）和实验数据的训练集来导出。ReaxFF 方法在反应力场方法中是独特的，因为它获得了反应能量和反应屏障的良好准确度。此外，ReaxFF 方法与基于 QM 的模拟相比快几个数量级，这使得能够进行更大规模（≥1000 原子）的化学反应的完全动态模拟，兼具精确能量和低计算费用的优点，使得 ReaxFF 方法非常适合使用分子动力学评估复杂的反应系统。

图 5-27 和图 5-28 所示为比较碳化硅状态方程和氧气与 QM 数据结合的 ReaxFF 结果。可以看出，ReaxFF 提供了平衡周围碳化硅材料的非常准确的再现。在高扩张（>50%扩张）时，ReaxFF 高估了能量损失；然而，即使在高温下，也不会预期观察到晶体体积膨胀>50%，这表明这些高度膨胀的晶体状态与目前的研究并不直接相关。

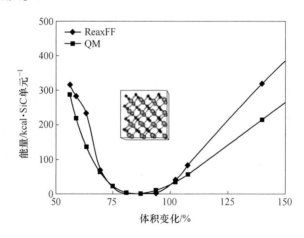

图 5-27　QM(DFT) 和 ReaxFF 金刚石结构中碳化硅的状态方程

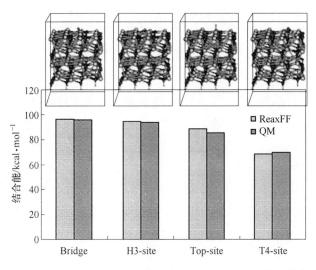

图 5-28　QM 和 ReaxFF 结合能为四个 SiC（001）表面位点

B　REaxFF MD 模拟设置

为了探索结构修改，制备了在 x 和 y 方向上连续的周期性碳化硅板，并与 O_2 和/或 H_2O 分子的高压浴相接，如图 5-29 所示的针对 O_2 的情况。由于裸碳化硅表面具有高反应性，因此我们在碳化硅板表面上填充了羟基，从而确保在模拟开始时所有碳和硅原子的正常配位为 4。该系统首先在 100K 下平衡，主要是为了去除 O_2 气相中与其随机放置相关的短接触，之后系统温度迅速升高到目标温度 500K、750K、1000K、1250K、1500K、1750K、2000K、2500K、3000K、3500K、4000K、4500K、5000K 和 5500K。使用 Berendsen 恒温器控制温度，温度阻尼常数为 100fs。在高达 3500K 的所有模拟中使用 0.25fs 的时间步长，超过该时间步长将时间步长降低至 0.1fs。所有模拟均在 NVT（canonical）集合中进行，使用 1.592mm×1.207mm×5nm 且含有 680 个原子的固定正交周期性单元。为了比较，截止半径为 1nm。平板本身长度超过这个长度的 2 倍，大约为 2.5nm。为了证明 ReaxFF 如何模拟 SiC 的表面氧化，该结构尺寸被认为足以模拟足够数量的氧化事件。增加规模可能会改善统计数据，但不会改变整体观察结果。虽然两个周期性的盒子长度小于实际截止半径的 2 倍，但氧化实际上由

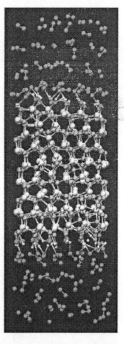

图 5-29　模拟中使用的
RMD 模拟设置
（初始结构的表面原子
被—OH 基团钝化）

共价键形成和断裂支配，因此这种效应很小，因为共价键仅覆盖几埃。此外，ReaxFF 考虑所有图像交互，而不仅仅是最小图像，除了小的人工对称效果之外，相对较小的系统尺寸不会导致任何计算不准确。

C　SiC 与 O_2 反应过程的模拟

图 5-30 所示为 3000K 条件下碳化硅氧化过程中观察到的结构演变。可以观察到 SiC 材料的非常快速的氧化，导致形成无定形或液体状的二氧化硅低氧化物。虽然我们不能在此阶段得出氧化物的相，但考虑到二氧化硅的熔点（<2000K），所得结构可能是液体形式。Castro-Marcano 等人采用 ReaxFF 模拟小结晶 SiO_2 团簇，预测熔点约为 1800K。这表明本节使用的方法提供了合理的二氧化硅熔化行为。由于这种氧化，SiC 经历相对缓慢的相分离，导致形成无定形二氧化硅板，同时分离类石墨碳相。二氧化硅表面顶部的气相由一系列气相分子组成，包括 CO、CO_2 和 H_2O，它们在模拟过程中很早就形成，因此可以描述为早期动力学产物。SiC 板坯氧化的动力学可以大致细分为快速表面氧化，伴随较慢的相分离和相关的石墨化事件。与碳相比，硅的较高氧化电位驱动固态化学，导致 Si 与 C 竞争 O 原子。本节的观察结果似乎表明即使在较低的氧化温度下也会形成非晶 SiO_2，这似乎是合理的，因为这种材料倾向于形成玻璃。鉴于该材料的玻璃性质，在模拟中没有观察到强烈的熔融转变或相关的改性扩散。此外应该指出的是，模拟中没有观察到任何气相氧化硅，这可能是由于蒸发速率慢而且在模拟的时间范围内无法捕获。

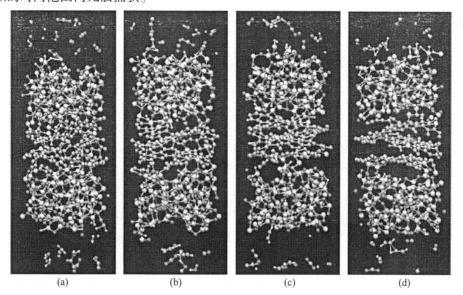

图 5-30　在 3000K ReaxFF MD 模拟碳化硅氧化过程中观察到的结构演变（每帧与 100ps 的时间相关）

(a) 100ps；(b) 200ps；(c) 300ps；(d) 400ps

正如在图 5-30 中观察到的那样，3000K 模拟产生了非常干净的相分离，与碳材料的几乎完全石墨化相关，然而，图 5-31 显示该最终结果是高度依赖于温度的。在低于 3000K 的温度下，观察到更不完全的相分离，表明该固态重排相对较慢；在高于 3000K 的温度下，石墨材料失去其稠度，导致出现更低密度的碳相，主要由 sp-杂化的碳链组成；在 5000K 时，二氧化硅相变成多孔的，导致气体/二氧化硅界面的反转和 SiO_x 物质对碳材料的氧化，从而在模拟盒的中心形成 CO，此时，模拟箱中的所有 O_2 分子都被消耗掉了。可以预计，如果气相中存在过量的氧，则碳相将被 SiO_x 物质完全氧化，并且用于氧化的氧将由气相 O_2 分子补偿。应该指出的是，在迄今为止进行的所有氧化模拟中，还没有检测到任何 $SiO_x(g)$ 物质。该观察结果可能是由于进行这些模拟的高压导致氧化处于无法形成 $SiO_x(g)$ 的惰性区域。

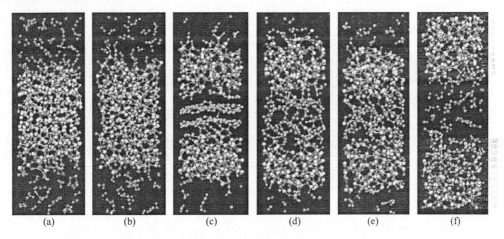

$$(a) \qquad (b) \qquad (c) \qquad (d) \qquad (e) \qquad (f)$$

图 5-31　用 ReaxFF MD 模拟得到的最终结构在不同温度下的碳化硅氧化
(a) 750K；(b) 1500K；(c) 3000K；(d) 4000K；(e) 4500K；(f) 5000K

为了研究反应的进展，还进行了键分析，开发了一种计算机代码，用于从 MD 模拟轨迹中识别和计算每种键类型。图 5-32 所示为在 2500K 下用 O_2 氧化的 SiC 的键合分布。该图清楚地显示了以 O—O 和 Si—C 键为代价同时形成 Si—O 和 C—C 键。氧分子在约 75ps 时完全消耗。图 5-33 所示为在氧化过程中各种温度下 Si—C 键数如何随时间变化。结果表明，正如预期的那样，随着温度的升高，Si—C 键以更快的速率消失，并且由于相分离，同时形成 Si—O 和 C—C 键。

本节还使用三原子簇跟踪反应的演变。考虑的物质是 Si—C—Si、Si—C—C、C—C—C、Si—O—Si、Si—O—C、Si—O—O 和 Si—O—H。每个三原子簇有效地代表可在反应过程中形成和/或消失的复合物质。它们的定义如下：Si—C—Si，碳化硅；Si—C—C，碳化硅和碳界面；C—C—C，含碳材料；Si—O—Si，硅的

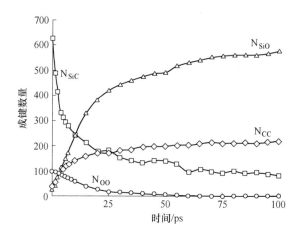

图 5-32　在 2500K 下，O_2 氧化 SiC 期间 Si—C、Si—O、O—O 和 C—C 键的变化情况

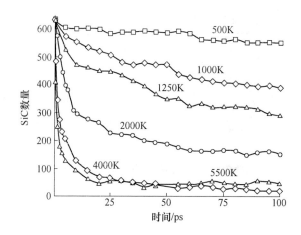

图 5-33　Si—C 在不同温度下随时间的变化

氧化物；Si—O—O，O_2 分子黏附在 Si 原子上的中间体；Si—O—C，氧化物和碳质材料的二氧化硅之间的中间桥基；Si—O—H，与 OH 基键合的 Si 原子。沿着轨迹跟踪这些簇物种的数量，并且在图 5-34 中示出了 3000K 模拟。它清楚地表明 Si—C—Si 物质被迅速消耗，同时形成 Si—O—Si 和 C—C—C 物质。由于缺陷逐渐降低到稳定值，系统中存在一些界面物质（Si—C—C）。Si—O—C 是用于将 Si—C 转换成 Si—O 的中间物质，其存在的数量很少，因为它们是短寿命的并且不能在轨迹的输出频率内被跟踪。其他物种的数量也很少。对较大比例模型的模拟可以改善中间物种的统计数据并提供更可靠的集群计数。

　　如前所述，在过量 O_2 的存在下，中间碳质层可以被已经存在于 Si 氧化物中的氧原子更有效地氧化，而氧原子又被来自气相的新的 O 原子补偿。因此，为了

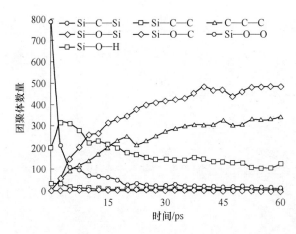

图 5-34 用 O_2 在 3000K 下氧化 SiC 的三点集群分析

比较富燃料（即氧气较少）与贫燃料（即氧气过量）燃烧行为，通过增加初始 O_2 分子的数量从 100～300，重复 2000K 模拟。

图 5-35 所示为这种贫燃料 MD 模拟的快照，图 5-36 所示为在富燃料和贫燃料模拟过程中观察到的关键气相物质（O_2、CO_2、CO 和 H_2O）的浓度分布。图 5-36 表明，贫燃料模拟确实包括过量的氧化剂，因为在模拟结束时约 50 个 O_2 分子未参考反应。在富燃料模拟时，可以观察到 SiC 结构的石墨化（见图 5-30）；材料在贫燃料模拟中的行为明显不同，起初可观察到相分离和石墨化的进行（图 5-35，$t = 50ps$），但增加的氧气压力使更多的氧气扩散通过二氧化硅层，导致大部分碳材料通过和硅的氧化物反应间接燃烧成 CO（见图 5-35，$t = 150ps$ 及以后）。在 SiO_2 层的氧化完成之后，这些层对于过量的氧变得不可穿透，在 SiO_2 层之间形成富燃料的环境，导致仅碳材料的部分燃烧（即到 CO）。这种部分燃烧的证据可以从图 5-36 中的气相物质分析中获得，可以观察到在贫燃料条件下大量的 CO 形成。对最终结构的更密切分析表明，所有这些 CO 分子都位于二氧化硅层之间的富碳区域，而 CO_2 和 H_2O 分子几乎仅位于 SiO_2 层之间的顶部空间中。这表明了一种复杂的情况，其中氧气最初可以通过相分离 SiC 层，直到形成完全氧化的 SiO_2 材料，其完全密封碳材料与氧化剂。然后通过以下反应间接氧化碳材料：$C + SiO_x(s) \rightarrow CO_x + SiO_y$，然后 $SiO_y + O_2 \rightarrow SiO_x(s)$。

D SiC 与 H_2O 氧化反应的模拟

本节进行了模拟以研究 H_2O 对 SiC 的氧化。初始配置如图 5-37（a）所示，最终配置为 2000K（图 5-37（b））和 4000K（图 5-37（c））。定性地，在 2000K 下来自 H_2O 的 SiO_2 层与来自 O_2 的 1000K 下的 SiO_2 层相似，表明 O_2 的氧化强度更高；在 4000K 时，SiO_2 层变得更厚，因为即使对于如此极端温度的 H_2O，输

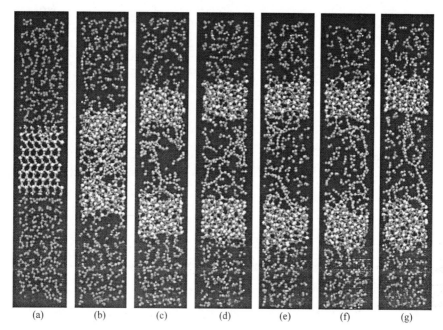

图 5-35　在 $T=2000K$ 的贫燃料 ReaxFF MD 模拟期间观察到系统配置

（a）0ps；（b）50ps；（c）100ps；（d）150ps；（e）200ps；（f）250ps；（g）300ps

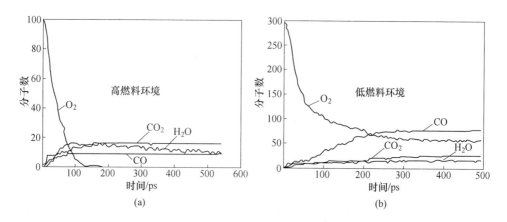

图 5-36　在 2000K 的 ReaxFF MD 模拟期间观察到主要的气相物质浓度

（a）高燃料浓度；（b）低燃料浓度

送活化屏障也不那么重要，尽管 SiO_2 区域比 O_2 在 5000K 时更加分散和扩散。另外，请注意 H 原子在（标称）SiO_2 区域中可见，作为白色键/顶点，表明 H 也可以存在于氧化剂的扩散传输区域中。

三原子团簇分析也适用于 H_2O 氧化，如图 5-38 所示。显然，代表 SiC 的 Si—C—Si 物种随时间减少。然而，Si—O—Si 和 C—C—C 物质随时间增加，表

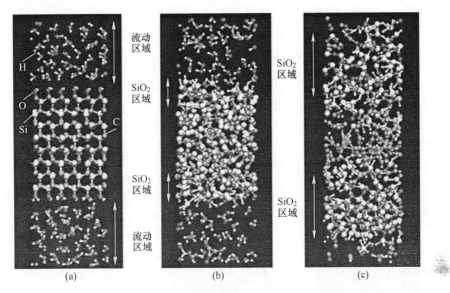

图 5-37　SiC 反应前后结构变化

（a）氧化前；（b）2000K 反应后；（c）4000K 反应后

明同时形成 Si 和碳材料的氧化物（见图 5-38（a））。应该注意的是，由于在高温下形成缺陷，例如 3000K，观察到相当数量的 Si—C—C 物质。Si—O—C 物种的数量、Si—C 与 Si 之间的中间体 O 转换再次被发现可以忽略不计。图 5-38（b）所示为由于存在主要来自 H_2O 的 H 原子而形成的一些另外的物质。它表明随着氧化的进行形成大量的 Si—H 和 C—H 键。

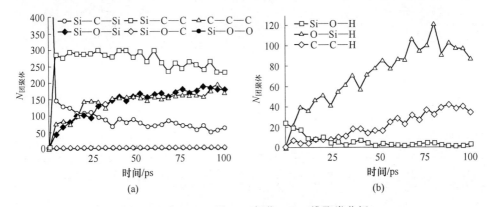

图 5-38　在 3000K 用 H_2O 氧化 SiC 三维聚类分析

（a）追踪主要物种和进展的集群；（b）代表具有 H 原子的物种的簇

E　SiC 与 O_2 和 H_2O 同时发生氧化反应的模拟

在 O_2 和 H_2O 的二元混合物中，氧化基本上分两步进行。图 5-39 显示了二元混合物在 2500K（见图 5-39（b））和 5000K（见图 5-39（c））下 SiC 氧化的快照。图 5-39（a）所示为初始条件，其中 O_2 和 H_2O 分子的 O 原子以相同的数量存在。在 2500K 时，整个 O_2 群扩散到 SiC 板并氧化 SiC 板。在纯 H_2O 的 2000K 的可比温度下，一些分子略微穿透固相。然而，即使在模拟结束时，对于 2000K 的二元混合物，H_2O 也根本没有穿透 SiC 板。相反，在 2500K 时，观察到一些 H_2O 分子穿透板坯。图 5-39（b）所示为发育良好的 SiO_2 相，许多 H_2O 分子仍然未反应并且不能进入 SiO_2 结构。SiO_2 的形成主要是由于 O_2 分子，在这个温度下容易进入。在 5000K（见图 5-39（c））下，整个 SiO_2 板坯更大并且也结合在一起。尽管未示出，但是当石墨状结构热解时，两个 SiO_2 板破裂，它们漂移并最终重新组合成单个 SiO_2 板坯。石墨样区域在此温度下完全分解，有效地转化为大的 $C_xO_yH_z$ 型碎片。

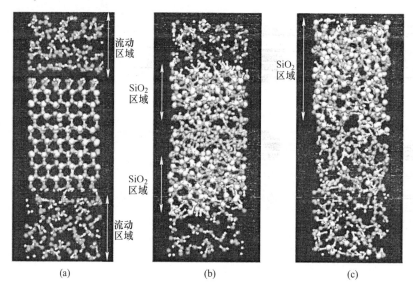

图 5-39　SiC 在氧化和水蒸气混合气氛中反应前后的变化
（a）未反应前；（b）2500K 反应后；（c）5000K 反应后

5.2.2.2　AlN 陶瓷在高温下的表面热氧化

A　计算方法介绍及模型设置

Atomistix ToolKit 分子动力学程序包提供了可视化的模型搭建窗口与参数设置模块，对 AlN 表面热氧化过程进行模拟过程如下：首先，建立模拟体系的几何模型，并在 ATK-Classical 模块中选择模拟所用的力场、系综、积分算法、时间步长、积分步长、边界约束条件和温度等参数；然后，将上述模型及参数导入到软件自带的 Python 语言编译器中，该过程是可逆的；再次，在编译器中插入 Python

语言编写的氧化模块，并进行模拟；最后，通过软件的分析动力学分析模块进行数据处理。

几何模型如图 5-40 所示，模拟盒子为含有576 个原子的纤锌矿结构的超晶胞，包含：（1）热激发表面层（3 个 AlN 双原子层）；（2）固定原子层（2 个 AlN 双原子层）；（3）原子储备层（3 个 Al 与 O 原子相间的固定双原子层）。沿[0001] 方向总共有 8 个双原子层，盒子的大小为 1.9nm×1.6nm×4.1nm。中间的固定原子层将热表面与有待投入其上的氧原子隔离开，热表面的温度设定为与热氧化温度相同。模拟热氧化的过程中，在原子储备层随机选择 O 原子投送到靠近盒子顶部的位置，使原子具有垂直向下的初速度，大小通过所选氧化温度时的玻耳兹曼分布速度抽样获得。

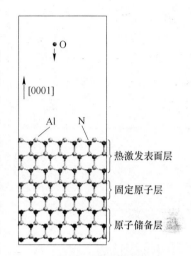

图 5-40　AlN 表面热氧化的分子
动力学模拟盒子

分子动力学基本参数设置如下：系综为 NVT，调温方法为 Nose Hoover，时间步长为 1fs，边界条件为周期性边界，原子投送的时间间隔为 1000fs。力场采用自开发的包含 Al、O 和 N 三种原子相互作用的反应力场。

B　表面氧化过程分析

如图 5-41 所示，为研究热氧化温度对 AlN 表面结构的影响，分别采用 T =573K、973K、1373K、1573K 进行模拟，每次模拟的总时长为 20000fs。结果发现，在上述 4 种温度条件下，氧原子均可以通过扩散进入 AlN 表层。温度越高，氧原子扩散进入表面的距离越深；同时，温度对于 O 原子参与成键的比例有明显影响。当 T =573K 时，参与成键的氧原子占投送总数的比例为 80%，而其他 3 个温度下该比例为 90%~95%，说明高温下 AlN 表面氧化反应更容易进行。氧原子的引入，使得 AlN 表层的晶体结构变得无序，形成了无定型的 Al-O-N 氧化物结构。

为研究热氧化时间的影响，采用热氧化温度 T =973K，总时长为 100ps 进行模拟。图 5-42 所示为成键氧原子数目与热氧化时间的关系曲线。可以发现最开始的 20ps 内投送的氧原子大多与 AlN 反应生成氧化物，表面反应能顺利进行；当时间大于 20ps、小于 75ps 时，投送的氧原子成键数目明显减少，说明 AlN 表面生成的无定形结构氧化物开始对氧化产生阻碍作用，使得新增的氧原子无法成键；当时间大于 75ps 时，发现参与成键的氧原子数目不再变化，说明 AlN 的表面氧化存在饱和效应。

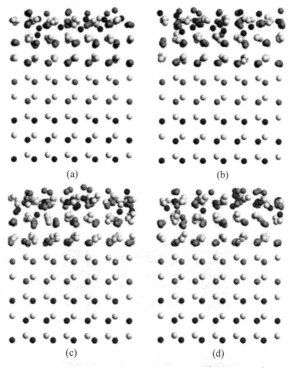

图 5-41   AlN 表面经不同温度热氧化后的结构

（a） $T=573K$；（b） $T=973K$；（c） $T=1373K$；（d） $T=1573K$

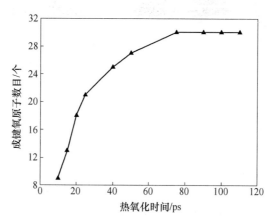

图 5-42   成键氧原子数目与热氧化时间关系曲线 （$T=973K$）

5.3   小结

如上所述，第一原理计算和分子动力学使得在原子和分子尺度上模拟非氧化物陶瓷的反应路径成为可能，从而可以更准确地确定限速步骤、潜在的反应产物和反应机理。这些信息对于非氧化物陶瓷的改性研究以及开发新型高性能的非氧化物陶瓷具有很大的帮助。然而，上述模拟研究在实际应用方面还存在很多待解决的问题，主要表现为：一方面，由于杂质的存在或温度的波动，反应界面的结晶状态往往会发生变化，这在模拟过程所构建的理想单元模型中是尚未考虑的；另一方面，很难建立合理的模型来模拟非氧化物陶瓷基复合材料的气固反应行为，上述过程需要考虑各单相的反应及其产物之间的反应，因此，更多的工作还有待软件开发者和非氧化物陶瓷高温反应领域学者合作探讨，以使现有计算软件的适用性更强、计算精度更高。

6 已有研究工作的应用拓展及未来研究工作的展望

6.1 已有研究工作的应用拓展

6.1.1 动力学模型在其他材料体系中的应用拓展

如第 4 章的讨论，RPP 模型是基于材料反应特点构建的，具有显函数表达和参数物理意义明确的特点。基于这些优势，此模型对材料高温气固反应的描述并不局限于非氧化物陶瓷。目前，RPP 模型在描述铁素体钢和合金材料的高温氧化过程中也获得了应用。图 6-1 所示为 5Cr 钢在空气中高温反应后的实验结果，可以看出 5Cr 钢在 $500 \sim 900\text{℃}$ 条件下的反应遵循扩散控速的规律。考虑到实验用 5Cr 钢试样的形状特点，可以将材料假定为二维的薄片材料，其氧化反应分数与时间和温度的关系可以用 RPP 模型表示为：

$$\xi = \sqrt{\frac{1}{\Theta_T}\exp\left(-\frac{\Delta E}{RT}\right)t} \tag{6-1}$$

其中：

$$\Theta_T = \frac{v_{\mathrm{m}}L_0^2}{2K_0^{0\beta}D_0^{0\beta}\left(\sqrt{P_{\mathrm{O}_2}} - \sqrt{P_{\mathrm{O}_2}^{\mathrm{eq}}}\right)} \tag{6-2}$$

式中，L_0 为 5Cr 钢薄片试样的厚度，其余参数的物理意义在第 4 章已做介绍。此处，考虑到薄片材料的反应特点，可以采用单位面积质量 $\Delta m/S$ 来代替反应分数 ξ 的形式，相应所需进行的转换如下：

$$\xi = \frac{\Delta m/S}{\Delta m_{\max}/S} \tag{6-3}$$

式中，S 是试样未反应前的表面积；$\Delta m_{\max}$ 是材料完全氧化后的最大理论增重量。

对图 6-1 中数据根据式（6-1）~式（6-3）进行非线性拟合，可以得到 ΔE 和 Θ_T 分别为 111.64kJ/mol 和 1867.21。将上面两个参数代入到式（6-1）中可以得到描述 5Cr 钢在空气条件下相同反应机理不同温度反应行为的动力学表达式如下：

$$\Delta m/S = \sqrt{3.867 \times 10^5 \exp\left(\frac{-111640}{RT}\right)t} \tag{6-4}$$

式中，$\Delta m/S$ 的单位为 mg/cm^2。

利用式（6-4）对实验曲线进行计算的结果与实际测量结果符合得很好，平均误差仅为 8.27%。此外，式（6-4）还可以对 5Cr 钢在 $500 \sim 900℃$ 范围的任意温度反应进行预报，图 6-1 所示为 750℃ 和 850℃ 条件下的预报结果。

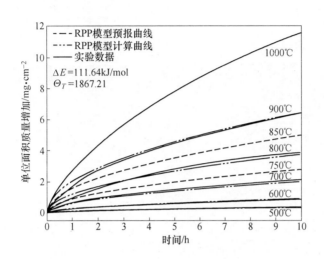

图 6-1 5Cr 钢在 500~1000℃ 空气环境下高温反应后的等温热重曲线、
用 RPP 模型的拟合曲线以及 RPP 模型
对 750℃ 和 850℃ 反应的预测曲线

6.1.2 模拟计算在指导材料合成方面的应用拓展

图 6-2 所示为不同结晶状态 SiC 纤维高温氧化后的形貌照片。可以看出单晶的 SiC 纤维（见图 6-2（b））经过高温氧化后产物的形貌仍是平整光滑的结构（见图 6-2（e））。而具有孪晶位错结构的 SiC 纤维（见图 6-2（c））经过高温氧化后在位错聚集出现了优先氧化，形貌方面表现为出现了鼓包结构，这些鼓包结构在后续的反应中会逐渐发生断裂（见图 6-2（f）），进而导致 SiC 材料的性能下降。结合本书第 5 章中关于 AlN 材料氧化过程的第一性原理计算工作可以对上述现象进行解释，即孪晶结构的位错结构作为面缺陷的一种，会引起 SiC 纤维点缺陷的出现，而点缺陷又会导致相应位点出现空位，进而会在该处发生优先氧化，随着反应时间的延长就会形成鼓包的结构。基于此，对于 SiC 纤维的合成要尤其重视合成工艺条件，在产品中减少缺陷的存在，这样就可以很大程度上提高材料的高温稳定性。

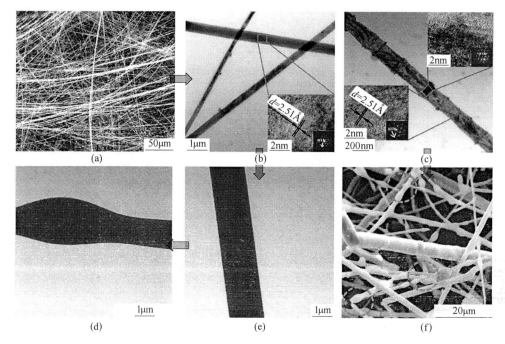

图 6-2　不同结晶状态的 SiC 纤维反应后的形貌照片

（a）未反应 SiC 纤维的低倍形貌；（b）单晶 SiC 纤维；（c）含孪晶结构的 SiC 纤维；
（d）含孪晶结构的 SiC 纤维氧化后透射照片；（e）单晶 SiC 纤维氧化后透射照片；
（f）氧化后整体 SiC 纤维的 SEM 照片

6.2　未来研究工作的展望

尽管目前对非氧化物陶瓷高温气固反应的认识已经取得了一定的成果，但在已有的不同的研究方法中仍存在各自的局限性。为了更深入地研究非氧化物陶瓷的高温失效机理并指导材料性能优化，未来还需进行了如下研究：在理论方法上，需要建立一个综合物理模型和经验模型优点的更为全面的动力学模型，这对于高温环境下烧结非氧化物陶瓷或非氧化物陶瓷基复合材料的使用寿命评价具有重要意义。对于实验方法来说，在不同的应用条件下进行原位观测是一个很大的挑战。为了实现这一目标，需要开发相应的低成本样品制备方法，特别是用于TEM 分析表征仪器，具有较高的稳定性。对于模拟方法，需要将第一性原理计算与分子动力学完美结合，来处理非氧化物陶瓷反应过程中晶体状态的变化。此外，对非氧化物陶瓷基复合材料气固反应行为的模拟仍然是有待突破的空白领域。因此，迫切需要进行更多有助于解决上述问题的研究。未来对气固界面反应的研究必将促进高性能非氧化物陶瓷的广泛应用和设计。

参 考 文 献

[1] 李云凯，周张键. 陶瓷及其复合材料 [M]. 北京：北京理工大学出版社，2007.

[2] 王秀飞. 坦克离合器用 C/C-SiC 复合材料的制备及其性能研究 [D]. 长沙：中南大学，2007.

[3] 于新奇，任欧旭，鲁占全. 碳化硅材料在机械密封中的应用 [J]. 河北工业科技，2005，22（3）：134-137.

[4] 孙见君，魏龙，顾伯勤. 机械密封的发展历程与研究动向 [J]. 润滑与密封，2004（4）：128-134.

[5] 谭寿洪. 机械密封用高性能碳化硅陶瓷的无压烧结进展 [J]. 流体机械，2005，33（2）：9-13.

[6] 杜明玺. 碳化硅耐火材料的特点和用途 [J]. 国外耐火材料，1999，8：42-47.

[7] Zhang L T, Cheng L F, Xu Y D. Progress in research work of new CMC-SiC [J]. Aeronautical Manufacturing Technology, 2003（1）：24-32.

[8] Collins J F, Gerby R W. New refractory uses for silicon nitride reported [J]. JOM, 1955, 7（5）：612-615.

[9] Sheppard L M. Automotive performance accelerates with ceramics [J]. American Ceramic Society Bulletin, 1990, 69（6）：1012-1021.

[10] 邹东利，阎殿然，何继宁，等. AlN 陶瓷粉体的主要制备方法及展望 [J]. 山东陶瓷，2006（4）：10-13.

[11] 秦明礼，林健凉，肖平安，等. 低温碳热还原法合成氮化铝陶瓷超细粉体 [J]. 无机材料学报，2002（5）：1054-1058.

[12] 严光能，邓先友，林金堵. 高导热氮化铝基板在航空工业的应用研究 [J]. 印制电路信息，2017，25（10）：32-37.

[13] 陈肇友. ZrB$_2$ 质与 TiB$_2$ 质耐火材料 [J]. 耐火材料，2000，34（4）：224-229.

[14] 林佳. 3Y-ZrO$_2$ 纤维增韧 ZrB$_2$ 基超高温陶瓷微观结构及性能研究 [D]. 哈尔滨：哈尔滨工业大学，2013.

[15] Fahrenholtz W G, Hilmas G E. Ultra-high temperature ceramics：Materials for extreme environments [J]. Scripta Materialia, 2016, 16（4）：112-143.

[16] Petrovic J J. Mechanical behavior of MoSi$_2$ and MoSi$_2$ composites [J]. Materials Science and Engineering：A, 1995, 192：31-37.

[17] Su X, Lin R, Hao W, et al. Molybdenum disilicide oxidation protective coating for silicon carbide heating element at high-temperature condition [J]. Xiyou Jinshu Cailiao yu Gongcheng（Rare Metal Materials and Engineering), 2006, 35（1）：123-126.

[18] Yokota H, Kudoh T, Suzuki T. Oxidation resistance of boronized MoSi$_2$ [J]. Surface and Coatings Technology, 2003, 169：171-173.

[19] 韩超. MoSi$_2$ 基耐高温涂层的制备及性能研究 [D]. 哈尔滨：哈尔滨工业大学，2014.

[20] Alliegro R A, Coffin L B, Tinklepaugh J R. Pressure-sintered silicon carbide [J]. Journal of

the American Ceramic Society, 1956, 39 （11）: 386-389.

［21］ Prochazka S, Ssanlan R M. Effect of boron and carbon on sintering of SiC ［J］. Journal of the American Ceramic Society, 1975, 58 （1-2）: 72.

［22］ Shinoda Y, Nagano T, Wakai F. Fabrication of nanograined silicon carbide by ultrahigh - pressure hot isostatic pressing ［J］. Journal of the American Ceramic Society, 1999, 82 （3）: 771-773.

［23］ Munir Z A, Holt J B. The combustion synthesis of refractory nitrides ［J］. Journal of materials science, 1987, 22 （2）: 710-714.

［24］ Hlrao K, Miyamoto Y, Koizumi M. Synthesis of silicon nitride by a combustion reaction under high nitrogen pressure ［J］. Journal of the American Ceramic Society, 1986, 69 （4）: 60-61.

［25］ Kimura I, Ichiya K, Ishii M, et al. Synthesis of fine AlN powder by a floating nitridation technique using an N_2/NH_3 gas mixture ［J］. Journal of Materials Science Letters, 1989, 8 （3）: 303-304.

［26］ Dunmead S D, Moore W G, Howard K E, et al. Aluminum nitride, aluminum nitride containing solid solutions and aluminum nitride composites prepared by combustion synthesis: U. S. Patent 5, 649, 278 ［P］. 1997-7-15.

［27］ Costantino M, Firpo C. High pressure combustion synthesis of aluminum nitride ［J］. Journal of materials research, 1991, 6 （11）: 2397-2402.

［28］ Lee W C, Tu C L, Weng C Y, et al. A novel process for combustion synthesis of AlN powder ［J］. Journal of Materials Research, 1995, 10 （3）: 774-778.

［29］ 马艳红. 反应烧结多孔 Si_3N_4 陶瓷的制备与研究 ［D］. 天津: 天津大学, 2007.

［30］ 李勇霞. 高性能氮化硅的制备及其性能研究 ［D］. 哈尔滨: 哈尔滨工业大学, 2013.

［31］ 许珂洲. 氮化铝陶瓷的致密化研究 ［D］. 淄博: 山东理工大学, 2014.

［32］ 秦明礼. AlN 粉体的制备、低温烧结及其注射成形技术的研究 ［D］. 长沙: 中南大学, 2002.

［33］ 方舟, 傅正义, 王皓, 等. ZrB_2 陶瓷的制备和烧结 ［J］. 中国有色金属学报, 2005, 15 （11）: 1699-1704.

［34］ Katsuhiro N, Takanobu N, Shigenori U, et al. Preparation of ultrafine boride powders by metallothermic reduction method ［C］. 16th International Symposium on Boron, Borides and Related Materials. Matsue, Shimane: Journal of Physics: Conference Series, 2009, 176 （1）: 1-8.

［35］ Camurlu H E, Maglia F. Preparation of nano-size ZrB_2 powder by self-propagating high-temperature synthesis ［J］. Journal of the European Ceramic Society, 2009, 29 （8）: 1501-1506.

［36］ Yan Y J, Huang Z R, Dong S M, et al. New route to synthesize ultra-fine zirconium diboride powders using inorganic-organic hybrid precursors ［J］. Journal of the American Ceramic Society, 2006, 89 （11）: 3585-3588.

［37］ Zhang Y, Li R X, Jiang Y S, et al. Morphology evolution of ZrB_2 nanoparticles synthesized by sol-gel method ［J］. Journal of Solid State Chemistry, 2011, 184 （8）: 2047-2052.

［38］ 李运涛, 陶雪钰, 邱文丰, 等. 液相前驱体转化法制备 ZrB_2 粉体 ［J］. 北京化工大学学

报（自然科学版），2010, 37 (4)：78-82.

[39] 贾全利，张海军，贾晓林，等. 溶胶-凝胶微波碳热还原制备二硼化锆粉体 [J]. 材料导报，2007, 21 (11A)：65-67.

[40] Liu Q, Han W B, Hu P. Microstructure and mechanical properties of ZrB_2-SiC nanocomposite ceramic [J]. Scripta Materialia, 2009, 61 (7)：690-692.

[41] Hwang S S, Vasiliev A L, Padture N P. Improved processing and oxidation-resistance of ZrB_2 ultra-high temperature ceramics containing SiC nanodispersoids [J]. Materials Science and Engineering：A, 2007, 464 (1-2)：216-224.

[42] Wu W W, Zhang G J, Kan Y M, et al. Reactive Hot Pressing of ZrB_2-SiC-ZrC Composites at 1600℃ [J]. Journal of the American Ceramic Society, 2008, 91 (8)：2501-2508.

[43] Yan Y J, Huang Z R, Dong S M, et al. Pressureless Sintering of High-Density ZrB_2-SiC Ceramic Composites [J]. Journal of the American Ceramic Society, 2006, 89 (11)：3589-3592.

[44] Ma E, Pagan J, Cranford G, et al. Evidence for self-sustained $MoSi_2$ formation during room-temperature high-energy ball milling of elemental powders [J]. Journal of Materials Research, 1993, 8 (8)：1836-1844.

[45] 郜剑英，江莞，王刚. 自蔓延高温燃烧合成 $MoSi_2$ [J]. 材料科学与工艺，2005, 13 (6)：669-672.

[46] 王学成，柴惠芬，王笑天. 燃烧合成 $MoSi_2$ 的组织结构特征分析 [J]. 中国有色金属学报，1995 (5)：103-107.

[47] Gras C, Vrel D, Gaffet E, et al. Mechanical activation effect on the self-sust aining combustion reaction in the $MoSi_2$ system [J]. Journal of Alloys and Compounds, 2001, 314：240-250.

[48] Sastry S M L, Suryanarayanan R, Jerina K L. Consolidation and mechanical properties of $MoSi_2$-based materials [J]. Materials Science and Engineering, 1995 (A192/193)：881-890.

[49] Henager C H. Synthesis of a $MoSi_2$-SiC composite in situ using a solidstate displacement reaction [J]. Materials Science and Engineering, 1997 (A225)：105-117.

[50] 孙祖庆，张来启，杨王玥，等. 原位合成 $MoSi_2$-SiC 复合材料的室温增韧 [J]. 金属学报，2001, 37 (1)：104-108.

[51] 郜剑英，蒋明学，王刚，等. 原位合成 $MoSi_2$ 反应烧结 $MoSi_2$-SiC 复合材料 [J]. 耐火材料，2003, 37 (5)：259-261.

[52] Shimizu H, Yoshinaka M, Hirota K, et al. Fabrication and mechanical properties of monolithic $MoSi_2$ by spark plasma sintering [J]. Materials Research Bulletin, 2002, 37 (9)：1557-1563.

[53] Kuchino J, Kurokawa K, Shibayama T, et al. Effect of microstructure on oxidation resistance of $MoSi_2$ fabricatedby spark plasma sintering [J]. Vacuum, 2004, 73：623-628.

[54] 李建华，张超，王晓辉. 三元层状可加工导电 MAX 相陶瓷研究进展 [J]. 现代技术陶瓷，2017, 38 (1)：3-20.

[55] Barsoum M W, Radovic M. Elastic and mechanical properties of the MAX phases [J]. Annual Review of Materials Research, 2011, 41：195-227.

［56］Zhou Y C, Wang X H, Sun Z M, et al. Electronic and structural properties of the layered terna-ry carbide Ti_3AlC_2 ［J］. Journal of Materials Chemistry, 2001, 11 （9）: 2335-2339.

［57］Wideman T, Cortez E, Remsen E E, et al. Reactions of monofunctional boranes with hydri-dopolysilazane: synthesis, characterization, and ceramic conversion reactions of new processible precursors to SiNCB ceramic materials ［J］. Chemistry of Materials, 1997, 9 （10）: 2218-2230.

［58］Hegemann D, Riedel R, Oehr C. PACVD-Derived Thin Films in the System Si-B-C-N ［J］. Chemical Vapor Deposition, 1999, 5 （2）: 61-65.

［59］王起. Si-B-C-N 系非晶陶瓷的制备及性能研究 ［D］. 北京: 北京科技大学, 2018.

［60］Hou X, Zhang G, Chou K C. Influence of particle size distribution on oxidation behavior of SiC powder ［J］. Journal of Alloys and Compounds, 2009, 477 （1-2）: 166-170.

［61］Hou X, Chou K. Model of oxidation of SiC microparticles at high temperature ［J］. Corrosion Science, 2008, 50 （8）: 2367-2371.

［62］Hou X, Wang E, Fang Z, et al. Characterization and properties of silicon carbide fibers with self-standing membrane structure ［J］. Journal of Alloys and Compounds, 2015, 649: 135-141.

［63］Maeda M, Nakamura K, Yamada M. Oxidation resistance evaluation of silicon carbide ceramics with various additives ［J］. Journal of the American Ceramic Society, 1989, 72 （3）: 512-514.

［64］Rodríguez-Rojas F, Ortiz A L, Borrero-López O, et al. Effect of the sintering additive content on the protective passive oxidation behaviour of pressureless liquid-phase-sintered SiC ［J］. Journal of the European Ceramic Society, 2012, 32 （13）: 3531-3536.

［65］Rodríguez-Rojas F, Ortiz A L, Guiberteau F, et al. Anomalous oxidation behaviour of pressure-less liquid-phase-sintered SiC ［J］. Journal of the European Ceramic Society, 2011, 31 （13）: 2393-2400.

［66］Ogbuji L U J T, Opila E J. A comparison of the oxidation kinetics of SiC and Si_3N_4 ［J］. Jour-nal of the Electrochemical Society, 1995, 142 （3）: 925-930.

［67］Hinze J W, Graham H C. The active oxidation of Si and SiC in the viscous gas-flow regime ［J］. Journal of the Electrochemical Society, 1976, 123 （7）: 1066-1073.

［68］Wagner C. Passivity during the oxidation of silicon at elevated temperatures ［J］. Journal of Ap-plied Physics, 1958, 29 （9）: 1295-1297.

［69］Heuer A H, Lou V L K. Volatility Diagrams for Silica, Silicon Nitride, and Silicon Carbide and Their Application to High-Temperature Decomposition and Oxidation ［J］. Journal of the Ameri-can Ceramic Society, 1990, 73 （10）: 2789-2803.

［70］Schneider B, Guette A, Naslain R, et al. A theoretical and experimental approach to the active-to-passive transition in the oxidation of silicon carbide: Experiments at high temperatures and low total pressures ［J］. Journal of Materials Science, 1998, 33 （2）: 535-547.

［71］Hou X, Chou K C, Hu X, et al. A new measurement and treatment for kinetics of isothermal oxidation of Si_3N_4 ［J］. Journal of Alloys and Compounds, 2008, 459 （1-2）: 123-129.

［72］Peter Tatarko, Monika Kašiarová, Ján Dusza. Influence of rare-earth oxide additives on the oxidation resistance of Si_3N_4-SiC nanocomposites [J]. Journal of the European Ceramic Society, 2013, 33 (12): 2259-2268.

[73] Galanov B A, Ivanov S M, Kartuzov E V, et al. Model of oxide scale growth on Si_3N_4 ceramics: Nitrogen diffusion through oxide scale and pore formation [J]. Computational Materials Science, 2001, 21 (1): 79-85.

[74] Honghua Du, Cheryl A Houser, Richard E Tressler, et al. Isotopic Studies of Oxidation of Si_3N_4 and Si using SIMS [J]. Journal of the Electrochemical Society, 1990, 137 (2): 741-742.

[75] Krishan L Luthra. A Mixed Interface Reaction/Diffusion Control Model for Oxidation of Si_3N_4 [J]. Journal of the Electrochemical Society, 1991, 138 (10): 3001-3007.

[76] Ogbuji L U J T, Bryan S R. The SiO_2-Si_3N_4 Interface, Part I: Nature of the Interphase [J]. Journal of the American Ceramic Society, 1995, 78 (5): 1272-1278.

[77] 张其土. Si_3N_4 陶瓷材料的氧化行为及其抗氧化研究 [J]. 陶瓷学报, 2000 (1): 23-27.

[78] 谢宁, 邵文柱, 甄良, 等. 不同烧结助剂制备的 Si_3N_4 陶瓷的氧化行为 [J]. 硅酸盐学报, 2010 (8): 1542-1546.

[79] Zheng Z, Tressler R E, Spear K E. A comparison of the oxidation of sodium-implanted CVD Si_3N_4 with the oxidation of sodium-implanted SiC-crystals [J]. Corrosion Science, 1992, 33 (4): 569-580.

[80] Lee K N, Fox D S, Bansal N P. Rare earth silicate environmental barrier coatings for SiC/SiC composites and Si_3N_4 ceramics [J]. Journal of the European Ceramic Society, 2005, 25 (10): 1705-1715.

[81] 张淑会, 康志强, 吕庆, 等. Si_3N_4/TiN 复相陶瓷的抗氧化性能 [J]. 硅酸盐学报, 2011, 39 (3): 518-524.

[82] 王黎, 蒋明学, 尹洪峰, 等. Si_3N_4 结合 SiC 复相材料的高温氧化行为 [J]. 兵器材料科学与工程, 2012, 35 (2): 23-26.

[83] Hou X M, Chou K C, Li F S. Some new perspectives on oxidation kinetics of SiAlON materials [J]. Journal of the European Ceramic Society, 2008, 28 (6): 1243-1249.

[84] Peter Tatarko, Monika Kašiarová, Ján Dusza, et al. Influence of rare-earth oxide additives on the oxidation resistance of Si_3N_4-SiC nanocomposites [J]. Journal of the European Ceramic Society, 2013, 33 (12): 2259-2268.

[85] Goto T, Narushima T, Iguchi Y, et al. Active to passive transition in the high-temperature oxidation of CVD SiC and Si_3N_4 [M] //Corrosion of Advanced Ceramics. Dordrecht: Springer, 1994: 165-176.

[86] Narushima T, Goto T, Yokoyama Y, et al. High-Temperature Active Oxidation and Active-to-Passive Transition of Chemically Vapor-Deposited Silicon Nitride in N_2-O_2 and Ar-O_2 Atmospheres [J]. Journal of the American Ceramic Society, 1994, 77 (9): 2369-2375.

[87] Long M, Li Y, Qin H, et al. Mechanism of active and passive oxidation of reaction-bonded Si_3N_4-SiC refractories [J]. Ceramics International, 2017, 43 (14): 10720-10725.

[88] Hou X, Yue C, Singh A K, et al. Morphological development and oxidation mechanisms of aluminum nitride whiskers [J]. Journal of Solid State Chemistry, 2010, 183 (4): 963-968.

[89] Brown A L, Norton M G. Oxidation kinetics of AlN powder [J]. Journal of Materials Science Letters, 1998, 17 (18): 1519-1522.

[90] Suryanarayana D. Oxidation kinetics of aluminum nitride [J]. Journal of the American Ceramic Society, 1990, 73 (4): 1108-1110.

[91] Hou X, Chou K C, Zhong X, et al. Oxidation kinetics of aluminum nitride at different oxidizing atmosphere [J]. Journal of Alloys and Compounds, 2008, 465 (1-2): 90-96.

[92] Kim H E, Moorhead A. Oxidation behavior and flexural strength of aluminum nitride exposed to air at elevated temperatures [J]. Journal of the American Ceramic Society, 1994, 77 (4): 1037-1041.

[93] Yue R, Wang Y, Wang Y, et al. SIMS study on the initial oxidation process of AlN ceramic substrate in the air [J]. Applied Surface Science, 1999, 148 (1-2): 73-78.

[94] Bellosi A, Landi E, Tampieri A. Oxidation behavior of aluminum nitride [J]. Journal of Materials Research, 1993, 8 (3): 565-572.

[95] Chaudhuri J, Nyakiti L, Lee R G, et al. Thermal oxidation of single crystalline aluminum nitride [J]. Materials Characterization, 2007, 58 (8-9): 672-679.

[96] Osborne E W, Norton M G. Oxidation of aluminium nitride [J]. Journal of Materials Science, 1999, 33 (15): 3859-3865.

[97] Gu Z, Edgar J H, Speakman S A, et al. Thermal oxidation of polycrystalline and single crystalline aluminum nitride wafers [J]. Journal of Electronic Materials, 2005, 34 (10): 1271-1279.

[98] Yeh C T, Tuan W H. Oxidation mechanism of aluminum nitride revisited [J]. Journal of Advanced Ceramics, 2017, 6 (1): 27-32.

[99] Parthasarathy T A, Rapp R A, Opeka M, et al. A model for the oxidation of ZrB_2, HfB_2 and TiB_2 [J]. Acta Materialia, 2007, 55 (17): 5999-6010.

[100] Rezaie A, Fahrenholtz W G, Hilmas G E. Evolution of structure during the oxidation of zirconium diboride – silicon carbide in air up to 1500℃ [J]. Journal of the European Ceramic Society, 2007, 27 (6): 2495-2501.

[101] Hu P, Guolin W, Wang Z. Oxidation mechanism and resistance of ZrB_2-SiC composites [J]. Corrosion Science, 2009, 51 (11): 2724-2732.

[102] Balat M J. Determination of the active-to-passive transition in the oxidation of silicon carbide in standard and microwave-excited air [J]. Journal of the European Ceramic Society, 1996, 16 (1): 55-62.

[103] Gulbransen E A, Jansson S A. The high-temperature oxidation, reduction, and volatilization reactions of silicon and silicon carbide [J]. Oxidation of Metals, 1972, 4 (3): 181-201.

[104] Tian C, Gao D, Zhang Y, et al. Oxidation behaviour of zirconium diboride-silicon carbide ceramic composites under low oxygen partial pressure [J]. Corrosion Science, 2011, 53 (11):

3742-3746.

[105] Han W B, Hu P, Zhang X H, et al. High-Temperature Oxidation at 1900℃ of ZrB_2-xSiC Ultrahigh-Temperature Ceramic Composites [J]. Journal of the American Ceramic Society, 2008, 91 (10): 3328-3334.

[106] Fahrenholtz W G. Thermodynamic analysis of ZrB_2-SiC oxidation: formation of a SiC−depleted region [J]. Journal of the American Ceramic Society, 2007, 90 (1): 143-148.

[107] Karlsdottir S N, Halloran J W. Formation of oxide scales on zirconium diboride-silicon carbide composites during oxidation: relation of subscale recession to liquid oxide flow [J]. Journal of the American Ceramic Society, 2008, 91 (11): 3652-3658.

[108] Han J, Hu P, Zhang X, et al. Oxidation-resistant ZrB_2-SiC composites at 2200℃ [J]. Composites Science and technology, 2008, 68 (3-4): 799-806.

[109] Williams P A, Sakidja R, Perepezko J H, et al. Oxidation of ZrB_2-SiC ultra-high temperature composites over a wide range of SiC content [J]. Journal of the European Ceramic Society, 2012, 32 (14): 3875-3883.

[110] Wang Y, Ma B, Li L, et al. Oxidation Behavior of ZrB_2-SiC-TaC Ceramics [J]. Journal of the American Ceramic Society, 2012, 95 (1): 374-378.

[111] Paul A, Jayaseelan D D, Venugopal S, et al. UHTC Composites for Hypersonic Applications [J]. American Ceramic Society Bulletin, 2012, 91 (1): 22-29.

[112] Rezaie A, Fahrenholtz W G, Hilmas G E. The effect of a graphite addition on oxidation of ZrB_2-SiC in air at 1500℃ [J]. Journal of the European Ceramic Society, 2013, 33 (2): 413-421.

[113] Zamora V, Nygren M, Guiberteau F, et al. Effect of graphite addition on the spark-plasma sinterability of ZrB_2 and ZrB_2-SiC ultra-high-temperature ceramics [J]. Ceramics International, 2014, 40 (7): 11457-11464.

[114] Zhang S C, Hilmas G E, Fahrenholtz W G. Improved oxidation resistance of zirconium diboride by tungsten carbide additions [J]. Journal of the American Ceramic Society, 2008, 91 (11): 3530-3535.

[115] Kováčová Z, Bača L', Neubauer E, et al. Influence of sintering temperature, SiC particle size and Y_2O_3 addition on the densification, microstructure and oxidation resistance of ZrB_2-SiC ceramics [J]. Journal of the European Ceramic Society, 2016, 36 (12): 3041-3049.

[116] Fizer E. Molybdenum disilicide as high-temperature material [M]. Proe and Plansee semin, Vienr: Springer, 1955: 56-79.

[117] McKamey C G, Tortorelli P F, Devan J H, et al. A study of pest oxidation in polyerystalline $MoSi_2$ [J]. Journal of Materials Research, 1992, 7 (10): 2747-2755.

[118] 颜建辉, 张厚安, 李益民, 等. 二硅化钼基高温结构材料氧化行为的研究进展 [J]. 材料导报, 2005, 19 (11): 65-68.

[119] Drowart J, Goldfinger P. Investigation of inorganic systems at high temperature by mass spectrometry [J]. Angewandte Chemie International Edition in English, 1967, 6 (7): 581-596.

［120］ Matsuda T. Stability to moisture for chemically vapour-deposited boron nitride ［J］. Journal of Materials Science. 1989, 24 (7): 2353-2357.

［121］ Singhal S C. Effect of Water Vapor on the Oxidation of Hot-Pressed Silicon Nitride and Silicon Carbide ［J］. Journal of the American Ceramic Society. 1976, 59 (1-2): 81-82.

［122］ Belton G R, Richardson F D. A volatile iron hydroxide ［J］. Trans Faraday Soc, 1962, 58: 1562-1572.

［123］ Opila E J. Oxidation Kinetics of Chemically Vapor-Deposited Silicon Carbide in Wet Oxygen ［J］. Journal of the American Ceramic Society, 1994, 77 (3): 730-736.

［124］ Wang E, Hou X, Chen J, et al. Comparison of the Reaction Behavior of Hexagonal Silicon Carbide Powder in Different Atmospheres ［J］. Metallurgical and Materials Transactions A, 2017, 48 (10): 5122-5131.

［125］ Park D J, Jung Y I, Kim H G, et al. Oxidation behavior of silicon carbide at 1200℃ in both air and water-vapor-rich environments ［J］. Corrosion Science, 2014, 88: 416-422.

［126］ Cappelen H, Johansen K H, Motzfeldt K. Oxidation of silicon carbide in oxygen and in water vapor at 1500℃ ［J］. Acta Chem Scand, Ser A, 1981, 35: 247-254.

［127］ Maeda M, Nakamura K, Ohkubo T. Oxidation of silicon carbide in a wet atmosphere ［J］. Journal of materials science, 1988, 23 (11): 3933-3938.

［128］ Opila E J. Variation of the oxidation rate of silicon carbide with water-vapor pressure ［J］. Journal of the American Ceramic Society, 1999, 82 (3): 625-636.

［129］ More K L, Tortorelli P F, Ferber M K, et al. Observations of accelerated silicon carbide recession by oxidation at high water-vapor pressures ［J］. Journal of the American Ceramic Society, 2000, 83 (1): 211-213.

［130］ Ralph M Horton. Oxidation Kinetics of Powdered Silicon Nitride ［J］. Journal of the American Ceramic Society, 2010, 52 (3): 121-124.

［131］ Wang E, Li B, Yuan Z, et al. Morphological evolution of porous silicon nitride ceramics at initial stage when exposed to water vapor ［J］. Journal of Alloys and Compounds, 2017, 725: 840-847.

［132］ Hou X, Wang E, Li B, et al. Corrosion behavior of porous silicon nitride ceramics in different atmospheres ［J］. Ceramics International, 2017, 43 (5): 4344-4352.

［133］ Tomohiro Suetsuna, Tatsuki Ohji. Oxidation of silicon nitride in wet air and effect of lutetium disilicate coating ［J］. Journal of the American Ceramic Society, 2005, 88 (5): 1139-1144.

［134］ Minoru Maeda, Kazuo Nakamura, Tsutomu Ohkubo. Oxidation of silicon nitride in a wet atmosphere ［J］. Journal of Materials Science, 1989, 24 (6): 2120-2126.

［135］ Wang C, Wang E, Chen J, et al. The morphological evolution of the oxide products of Si_3N_4/Al_2O_3 composite refractory under different oxidizing conditions ［J］. Journal of the Ceramic Society of Japan, 2017, 125 (9): 661-669.

［136］ Sato T, Haryu K, Endo T, et al. High-temperature oxidation of silicon nitride-based ceramics by water vapour ［J］. Journal of Materials Science, 1987, 22 (7): 2635-2640.

[137] Deal B E, Grove A S. General relationship for the thermal oxidation of silicon [J]. Journal of Applied Physics, 1965, 36 (12): 3770-3778.

[138] Hou X, Wang E, Liu Y, et al. The Effect of Water Vapor and Temperature on the Reaction Behavior of AlN Powder at 1273K to 1423K (1000℃ to 1150℃) [J]. Metallurgical and Materials Transactions A, 2015, 46 (4): 1621-1627.

[139] Liu Y X, Wang E H, Hou X M, et al. Morphological Development of AlN Powder in Wet Air Between 1273 and 1773 K [J]. Oxidation of Metals, 2015, 83 (5-6): 595-606.

[140] Long G, Foster L M. Aluminum nitride, a refractory for aluminum to 2000℃ [J]. Journal of the American Ceramic Society, 1959, 42 (2): 53-59.

[141] Kim H E, Moorhead J A. Oxidation behavior and flexural strength of aluminum nitride exposed to air at elevated temperatures [J]. Journal of the American Ceramic Society, 1994, 77 (4): 1037-1041.

[142] Guérineau V, Julian-Jankowiak A. Oxidation mechanisms under water vapour conditions of ZrB_2-SiC and HfB_2-SiC based materials up to 2400℃ [J]. Journal of the European Ceramic Society, 2018, 38 (2): 421-432.

[143] 王习东. AlON 及 MeAlON 陶瓷的性能与结构 [D]. 北京: 北京科技大学, 2001.

[144] Koga N, Criado J M. Influence of the particle size distribution on the CRTA curves for the solid-state reactions of interface shrinkage type [J]. Journal of Thermal Analysis and Calorimetry, 1997, 49 (3): 1477-1484.

[145] Koga N, Criado J M. Kinetic Analyses of solid-state reactions with a particle-size distribution [J]. Journal of the American Ceramic Society, 1998, 81 (11): 2901-2909.

[146] Jander W. Reactions in solid states at room temperature I announcement the rate of reaction in endothermic conversions [J]. Zeitschrift für Anorganische und Allgemeine Chemie, 1927, 163 (1): 1-30.

[147] Shimada S, Inagaki M, Matsui K. Oxidation kinetics of hafnium carbide in the temperature range of 480 to 600℃ [J]. Journal of the American Ceramic Society, 1992, 75 (10): 2671-2678.

[148] Ichimura H, Kawana A. High temperature oxidation of ion-plated CrN films [J]. Journal of Materials Research, 1994, 9 (1): 151-155.

[149] Ginstling A, Brounshtein B. Concerning the diffusion kinetics of reactions in spherical particles [J]. American Journal of Applied Chemistry, 1950, 23: 1327-1338.

[150] Kiyono H, Shimada S. Kinetic and magic angle spinning-nuclear magnetic resonance studies of dry oxidation of beta-sialon powders [J]. Journal of the Electrochemical Society, 2001, 148 (2): B79-B85.

[151] Carter R E. Kinetic model for solid-state reactions [J]. The Journal of Chemical Physics, 1961, 34 (6): 2010-2015.

[152] He J, Ponton C B. Oxidation of SiC powders for the preparation of SiC/mullite/alumina nanocomposites [J]. Journal of Materials Science, 2008, 43 (12): 4031-4041.

［153］Nasiri N A, Patra N, Ni N, et al. Oxidation behaviour of SiC/SiC ceramic matrix composites in air ［J］. Journal of the European Ceramic Society, 2016, 36 (14): 3293-3302.

［154］Irene E A, Silicon oxidation studies: A revised model for thermal oxidation ［J］. Journal of Applied Physics, 1983, 54 (9): 5416-5420.

［155］Nicollian E H, Reisman A. A new model for the thermal oxidation kinetics of silicon ［J］. Journal of Electronic Materials, 1988, 17 (4): 263-272.

［156］Song Y, Dhar S, Feldman L C, et al. Modified Deal Grove model for the thermal oxidation of silicon carbide ［J］. Journal of Applied Physics, 2004, 95 (9): 4953-4957.

［157］Šimonka V, Hössinger A, Weinbub J, et al. Growth rates of dry thermal oxidation of 4H-silicon carbide ［J］. Journal of Applied Physics, 2016, 120 (13): 135705.

［158］Chou K C, Hou X M. Kinetics of high-temperature oxidation of inorganic nonmetallic materials ［J］. Journal of the American Ceramic Society, 2009, 92 (3): 585-594.

［159］Chou K C. A kinetic model for oxidation of Si-Al-O-N materials ［J］. Journal of the American Ceramic Society, 2006, 89 (5): 1568-1576.

［160］侯新梅. 碳基和氮基无机非金属氧化动力学 ［D］. 北京：北京科技大学, 2009.

［161］Hou X M, Hu X J, Chou K C. Kinetics of thermal oxidation of titanium nitride powder at different oxidizing atmospheres ［J］. Journal of the American Ceramic Society, 2011, 94 (2): 570-575.

［162］Hou X, Wang E, Fang Z, et al. Characterization and properties of silicon carbide fibers with self-standing membrane structure ［J］. Journal of Alloys and Compounds, 2015, 649: 135-141.

［163］Nickel K G. Ceramic matrix composite corrosion models ［J］. Journal of the European Ceramic Society, 2005, 25 (10): 1699-1704.

［164］Persson J, Käll P O, Nygren M. Interpretation of the parabolic and nonparabolic oxidation behavior of silicon oxynitride ［J］. Journal of the American Ceramic Society, 1992, 75 (12): 3377-3384.

［165］Nickel K G. Multiple law modelling for the oxidation of advanced ceramics and a model-independent figure of merit//Corrosion of Advanced Ceramics. Dordrecht: Springer, 1994: 59-71.

［166］Brach M, Sciti D, Balbo A, et al. Short-term oxidation of a ternary composite in the system AlN-SiC-ZrB$_2$ ［J］. Journal of the European Ceramic Society, 2005, 25 (10): 1771-1780.

［167］Hou X, Chou K C, Hu X, et al. A new measurement and treatment for kinetics of isothermal oxidation of Si$_3$N$_4$ ［J］. Journal of Alloys and Compounds, 2008, 459 (1-2): 123-129.

［168］Kays W M, Crawford M E, Convective Heat and Mass Transfer ［M］. 2nd ed. New York: McGraw Hill, 1980: 139.

［169］Hinze J W, Graham H C. The high-temperature oxidation behavior of a HfB$_2$+20V/O SiC composite ［J］. Journal of the Electrochemical Society, 1976, 123: 1066.

［170］Turkdogan E T, Grieveson P, Darken L S. Enhancement of diffdsion-limited rates of vaporization of metals ［J］. Journal of Physical Chemistry, 1963, 67: 1647

[171] Heuer A H, Lou V L K. Volatility diagrams forsilica, silicon nitride, and silicon carbide and their application to high-temperature decomposition and oxidation [J]. Journal of the American Ceramic Society, 1990, 73: 2789

[172] Nickel K G. The role of condensed silicon monoxide in the active-to-passive oxidation transition of silicon carbide [J]. Journal of the European Ceramic Society, 1992, 9 (1): 3-8.

[173] Balat M, Flamant G, Male G, et al. Active to passive transition in the oxidation of silicon carbide at high temperature and low pressure in molecular and atomic oxygen [J]. Journal of Materials Science, 1992, 27 (3): 697-703.

[174] Wang J, Zhang L, Zeng Q, et al. Theoretical Investigation for the Active-to-Passive Transition in the Oxidation of Silicon Carbide [J]. Journal of the American Ceramic Society, 2008, 91 (5): 1665-1673.

[175] Ogura Y, Morimoto T. Mass spectrometric study of oxidation of SiC in low-pressure oxygen [J]. Journal of the Electrochemical Society, 2002, 149 (4): J47-J52.

[176] Harder B, Jacobson N, Myers D. Oxidation Transitions for SiC Part Ⅱ. Passive-to-Active Transitions [J]. Journal of the American Ceramic Society, 2013, 96 (2): 606-612.

[177] Geiger G H, Poirier D R. Transport Phenomena in Metallurgy [M]. Reading MA: Addision-Wesley, 1980: 464.

[178] Tedmon C S. The High-Temperature Oxidation of Fe-Cr Alloys in the Composition Range of 25-95% Cr [M]. Journal of The Electrochemical Society, 1967, 114 (8): 788-795.

[179] Opila E J, Jacobson N S. SiO (g) formation from SiC in mixed oxidizing-reducing gases [M]. Oxidation of Metals, 1995, 44 (5): 527-544.

[180] Narushima T, Goto T, Yokoyama Y, et al. High-Temperature Active Oxidation of Chemically Vapor-Deposited Silicon Carbide in $CO-CO_2$ Atmosphere [M]. Journal of the American Ceramic Society, 1993, 76 (10): 2521-2524.

[181] Wang E, Chen J, Hu X, et al. New Perspectives on the Gas-Solid Reaction of α-Si_3N_4 Powder in Wet Air at High Temperature [J]. Journal of the American Ceramic Society, 2016, 99 (8): 2699-2705.

[182] Wang E, Li B, Yuan Z, et al. Morphological evolution of porous silicon nitride ceramics at initial stage when exposed to water vapor [J]. Journal of Alloys and Compounds, 2017, 725: 840-847.

[183] Fang Z, Wang E, Chen Y, et al. Wurtzite AlN (0001) Surface Oxidation: Hints from Ab Initio Calculations [J]. ACS applied materials & interfaces, 2018, 10 (36): 30811-30818.

[184] Perdew J P, Burke K, Ernzerhof M. Generalized gradient approximation made simple [J]. Physical Review Letters, 1996, 77 (18): 3865-3868.

[185] Vanderbilt D. Soft self-consistent pseudopotentials in a generalized eigenvalue formalism [J]. Physical Review B, 1990, 41 (11): 7892-7895.

[186] Miao M S, Weber J R, Van de Walle C G. Oxidation and the origin of the two-dimensional electron gas in AlGaN/GaN heterostructures [J]. Journal of Applied Physics, 2010, 107

（12）: 123713.

[187] Kempisty P, Strak P, Sakowski K, et al. Thermodynamics of GaN(s)-NH$_3$(v)+N$_2$(v)+H$_2$ (v) system-electronic aspects of the processes at GaN (0001) surface [J]. Surface Science, 2017, 662: 12-33.

[188] Krukowski S, Kempisty P, Strak P. Fermi level influence on the adsorption at semiconductor surfaces-ab initio simulations [J]. Journal of Applied Physics, 2013, 114 (6): 063507.

[189] Ye H, Chen G, Wu Y. Structural and electronic properties of the adsorption of oxygen on AlN (1010) and (1120) surfaces: A first-principles study [J]. The Journal of Physical Chemistry C, 2011, 115 (5): 1882-1886.

[190] Gibson S E, Castaldi M P. C3 symmetry: Molecular design inspired by nature [J]. Angewandte Chemie International Edition, 2006, 45 (29): 4718-4720.

[191] Newsome D A, Sengupta D, Foroutan H, et al. Oxidation of silicon carbide by O$_2$ and H$_2$O: A ReaxFF reactive molecular dynamics study, Part I [J]. The Journal of Physical Chemistry C, 2012, 116 (30): 16111-16121.

[192] vanDuin, A C T, Dasgupta S, Lorant F, et al. Reaxff: a reactive force field for hydrocarbons. J Phys Chem A, 2001, 105: 9396.

[193] 文于华, 张梅, 金佳鸿, 等. 氮化铝表面热氧化的分子动力学研究 [J]. 科技创新导报, 2018, 15 (5): 82-84.

[194] Wang E, Cheng J, Ma J, et al. Effect of Temperature on the Initial Oxidation Behavior and Kinetics of 5Cr Ferritic Steel in Air [J]. Metallurgical and Materials Transactions A, 2018, 49 (10): 5169-5179.